国家出版基金项目
NATIONAL PUBLICATION FOUNDATION

"十三五"国家重点出版物出版规划项目

中国城市地理丛书

4

中国村镇

张小林　曹广忠　林文棋 等／著

科学出版社
北 京

内 容 简 介

村镇在中国城乡居民点体系中数量最多、规模最小、分布最广，在中国特色城镇化进程以及乡村振兴的新时代具有重要且独特的功能和价值。

本书以地理学的视角，从分析村镇在中国城乡居民点体系中的地位和作用入手，分析了中国村镇形成发展的历史演变过程及其地理基础，阐述了中国村镇的空间格局、类型及其功能结构，探讨了中国特色村镇发展演化的动力机制，提出了中国村镇的地域分区系统，对新时代背景下中国村镇的未来发展作了一定的思考。

本书可为从事城乡建设、规划、管理，特别是奋斗在乡村振兴前沿的村镇建设管理工作者提供理论依据和决策参考，同时可作为广大城市地理、乡村地理、区域地理等研究工作者和大专院校有关师生的参考书。

审图号：GS（2020）5086 号

图书在版编目（CIP）数据

中国村镇 / 张小林等著 . —北京：科学出版社，2021.1
（中国城市地理丛书）
"十三五"国家重点出版物出版规划项目 国家出版基金项目
ISBN 978-7-03-066430-3

Ⅰ.①中… Ⅱ.①张… Ⅲ.①乡村规划—研究—中国 Ⅳ.① TU982.29

中国版本图书馆 CIP 数据核字 (2020) 第 202996 号

责任编辑：赵　峰　文　杨 / 责任校对：何艳萍
责任印制：肖　兴 / 封面设计：黄华斌

科 学 出 版 社 出版
北京东黄城根北街16号
邮政编码：100717
http：//www.sciencep.com
北京九天鸿程印刷有限责任公司 印刷
科学出版社发行　各地新华书店经销

*

2021年1月第　一　版　开本：787×1092　1/16
2021年1月第一次印刷　印张：16
字数：370 000

定价：160.00元
（如有印装质量问题，我社负责调换）

丛书序一

中国进入城市化时代，城市已成为社会经济发展的策源地和主战场。改革开放 40 多年来，城市地理学作为中国地理学的新兴分支学科，从无到有、从弱到强，学术影响力从国内到国际，相关的城市研究成果记录了这几十年来中国城市发展、城市化进程、社会发展和经济增长的点点滴滴，城市地理学科的成长壮大也见证了中国改革开放以来科学技术迅速发展的概貌。欣闻科学出版社获得 2018 年度国家出版基金全额资助出版"中国城市地理丛书"，这是继"中国自然地理丛书""中国人文地理丛书""中国自然地理系列专著"之后，科学出版社推出的又一套地理学大型丛书，反映了改革开放以来中国人文地理学和城市地理学的重要进展和方向，是中国地理学事业发展的重要事件。

城市地理学，主要研究城市形成、发展、空间演化的基本规律。20 世纪 60 年代，随着系统科学和数量地理的引入，西方发达国家城市地理学进入兴盛时期，著名的中心地理论、城市化、城市社会极化等理论推动了人文地理学的社会转型和文化转型研究。中国城市历史悠久，但因长期处在农耕社会，发展缓慢，直到 1978 年以后的改革开放带动的经济持续高速发展才使其进入快速发展时期。经过 40 多年的发展，中国的城镇化水平从 16% 提升到 60.6%，城市数量也从 220 个左右增长到 672 个，小城镇更是从 3000 多个增加到 12000 个左右，经济特区、经济技术开发区、高新技术开发区和新城新区这些新生事物，都为中国城市地理工作者提供了广阔的研究空间和研究素材，社会主义城市化、城镇体系、城市群、都市圈、城市社会区等研究，既为国家经济社会发展提供了研究成果和科技支撑，也在国际地理学界标贴了中国城市地理研究的特色和印记。可以说，中国城市地理学，应国家改革开放而生，随国家繁荣富强而壮，成为中国地理学最重要的研究领域之一。

科学出版社本期出版的"中国城市地理丛书"第一辑共9册，分别是：《中国城市地理基础》（张小雷等）、《中国城镇化》（顾朝林）、《中国新城》（周春山）、《中国村镇》（张小林等）、《中国城市空间结构》（柴彦威等）、《中国城市经济空间》（孙斌栋等）、《中国城市社会空间》（李志刚等）、《中国城市生活空间》（冯健等）和《中国城市问题》（高晓路等）。从编写队伍可以看出，"中国城市地理丛书"各分册作者都是中国改革开放以来培养的城市地理学家，在相关的研究领域均做出了国内外城市地理学界公认的成绩，是中国城市地理学研究队伍的中坚力量；从"中国城市地理丛书"选题看，既包括了国家层面的城市地理研究，也涵盖了城市分部门的专业研究，可以说反映了城市地理学者最近相关研究的最好成果；从"中国城市地理丛书"组织和出版看，也是科学性、系统性、可读性、创新性的有机融合。

值此新中国成立70周年之际，出版"中国城市地理丛书"可喜可贺！是为序。

中国科学院院士
原中国地理学会理事长
国际地理联合会（IGU）副主席
2019年8月

丛书序二

城市是人类文明发展的高度结晶和传承的载体，是经济社会发展的中心。城市是一种人地关系地域综合体，是人流、物流、能量流高度交融和相互作用的场所。城市是地理科学研究的永恒主题和重要方向。城镇化的发展一如既往，将是中国未来20年经济社会发展的重要引擎。

改革开放以来，中国城市地理学者积极参与国家经济和社会发展的研究工作，开展了城镇化、城镇体系、城市空间结构、开发区和城市经济区的研究，在国际和国内发表了一系列高水平学术论文，城市地理学科也从无到有到强，迅速发展壮大起来。然而，进入21世纪以来，尤其自2008年世界金融危机以来，中国经济发展进入新常态，但资源、环境、生态、社会的压力却与日俱增，迫切需要中国城市地理学者加快总结城市地理研究的成果，响应新时代背景下的国家战略需求，特别是国家推进新型城镇化进程的巨大科学需求。因此，出版"中国城市地理丛书"对当下城镇化进程具有重要科学价值，对推动国家经济社会持续健康发展，具有重大的理论意义和现实应用价值。

丛书主编顾朝林教授是中国人文地理学的第一位国家杰出青年基金获得者、首届中国科学院青年科学家奖获得者，是世界知名的地理学家和中国城市地理研究的学术带头人。顾朝林教授曾经主持翻译的《城市化》被评为优秀引进版图书，并被指定为干部读物，销售30000多册。参与该丛书的柴彦威、方创琳、周春山等教授也都是中国知名的城市地理研究学者。

因此，该丛书作者阵容强大，可保障该丛书将是一套高质量、高水平的著作。

该丛书均基于各分册作者团队有代表性的科研成果凝练而成，此次推出的 9 个分册自成体系，覆盖了城市地理研究的关键科学问题，并与中国的实际需要相契合，具有很高的科学性、原创性、可读性。

相信该丛书的出版必将会对中国城市地理研究，乃至世界城市地理研究产生重大影响。

中国科学院院士

2019 年 10 月

丛 书 前 言

中国是世界上城市形成和发展历史最久、数量最多、发育水平最高的国家之一。中国城市作为国家政治、经济、社会、环境的空间载体，也成为东方人类社会制度、世界观、价值观彰显的璀璨文化明珠，尤其是1978年以来的改革开放给中国城市发展注入了无尽的活力，中国城市也作为中国经济发展的"发动机"引导和推动着经济、社会、科技、文化等不断向前发展，特别是2015年以来党中央、国务院推进"一带一路（国家级顶层合作倡议）"、"京津冀协调发展"、"长江经济带和长江三角洲区域一体化"和"京津冀城市群"、"粤港澳大湾区"等建设，中国城市发展的影响力开始走向世界，也衍生为成就"中国梦"的华丽篇章。

城市地理学长期以来是中国城市研究的主体学科，城市地理学者尽管人数不多，但一直都在中国城市研究的学科前沿，尤其是改革开放以来，在宋家泰、严重敏、杨吾扬、许学强等城市地理学家的带领下，不断向中国城市研究的深度和广度进军，为国家经济发展和城市建设贡献了巨大的力量，得到了国际同行专家的羡慕和赞誉，成为名副其实"将研究成果写在中国大地"蓬勃发展、欣欣向荣的基础应用学科。

2012年党的十八大提出全面建成小康社会的奋斗目标，将城镇化作为国家发展的新战略，中国已经开始进入从农业大国向城市化、工业化、现代化国家转型发展的新阶段。2019年中国城镇化水平达到了60.6%，这也就是说中国已经有超过一半的人口到城市居住。本丛书本着总结过去、面向未来的学科发展指导思想，以"科学性、系统性、可读性、创新性"为宗旨，面对需要解决的中国城市发展需求和城市发展问题，荟萃全国最优秀的城市地理学者结集出版"中国城市地理丛书"，第一期推出《中国城市地理基础》、《中国城镇化》、《中国新城》、《中国村镇》、《中国城市空间结构》、《中国城市经济空间》、《中国城市社会空间》、《中国城市生活空间》和《中国城市问题》共9册。

  "中国城市地理丛书"是中国地理学会和科学出版社联合推出继"中国自然地理丛书"（共13册）、"中国人文地理丛书"（共13册）、"中国自然地理系列专著"（共10册）之后中国地理学研究的第四套大型丛书，得到傅伯杰院士、周成虎院士的鼎力支持，科学出版社李锋总编辑、彭斌总经理也对丛书组织和出版工作给予大力支持，朱海燕分社长为丛书组织、编写和编辑倾注了大量心血，赵峰分社长协调丛书编辑组落实具体出版工作，特此鸣谢。

"中国城市地理丛书"编辑委员会

2020年8月于北京

前　言

改革开放以来，中国经历了世界上最大规模、最快速度的城镇化进程。据国家统计局数据，中国常住人口城镇化水平从 1978 年的 17.9%，提高到 2018 年的 59.58%，平均每年提高 1 个百分点以上，城镇人口由 17245 万人增长到 83137 万人，平均每年增长 1647 万人；乡村人口从 79014 万人减少到 56401 万人，净减少 22613 万人。伴随着城镇化的快速推进，中国城乡经济、社会、空间等进入了快速重构期。

村镇是中国城乡居民点体系中数量最多、规模最小、分布最广的居民点，在城乡居民点体系中居于基础地位。但同时小城镇又是中国城镇体系的重要组成部分，村镇这种城乡兼具的特性决定了它在中国特色城镇化进程以及乡村振兴的新时代具有重要且独特的功能和价值。党的十九大以来，在乡村振兴战略的指引下，中国坚持农业农村优先发展，建立健全城乡融合发展体制机制和政策体系已经成为新时代城乡关系改革的主旋律。中国村镇发展迎来了前所未有的机遇。一方面，中国新型城镇化进入了快速发展与质量提升的新阶段，城市辐射带动农村的能力进一步增强，在一个农业大国实现城市现代化的同时，同步实现乡村的现代化转型，当前乡村发展处于大变革、大转型的关键时期。另一方面，中国农村的基本国情是大量农民仍然生活在农村，乡村差异性显著，在快速城镇化的背景下乡村愈发呈现出多样性分化发展的格局。我们可以清晰地看到这样一幅场景：一部分村镇越来越城镇化；一部分向特色化、专业化方向演变，成为历史文化名村名镇、旅游村、特色小镇、工业村、现代农业村等；一部分则出现了既有扩张又存在内部"空心化"现象，成为引起广泛讨论的"空心村"问题；还有部分村镇则出现了人口外流引发的衰退乃至消亡。城镇化进程中面临着村庄"空心化"和农村老龄化、乡村文脉传承、乡村治理体系重构等艰巨任务。我们更加欣喜地看到，当代中国大地上正在大力开展生态文明指引下的美丽乡村、美丽城镇的建设和实践；正在探索协调推进新型城镇化战略和乡村振兴战略，推动城乡融合高质量发展的新路径；正在深入创新城乡融合发展的体制机制，重塑新型城乡关系。我们相信在新型城镇化与乡村振兴双轮驱动下，城乡之间将形成双向互动、互为依存的融合发展格局，村镇空间新一轮的转型前景看好。

多年来，中国城市地理研究中，对居于城乡居民点体系基础地位的村镇关注不足。记得2003年，在顾朝林教授主持召开的第一届人文地理学术沙龙上，我在主题报告中就提到一个比较尖锐的问题：当我们站在城市的角度看待城镇化时，更多看到的是城市的高楼大厦、日新月异的现代化场景；可当我们站在农村的立场上看待城镇化时，城镇化给乡村带来的是什么呢？城市不断以"摊大饼"的模式向外扩张，位居城市边缘的村镇，快速并入到城市之中；位于城市外围的村镇呢？人口、土地、资金、信息等生产要素向城市集中，留下的是破败凋敝的乡村。据统计，2018年，中国农民工总量28836万人，其中，外出农民工17266万人，本地农民工11570万人。最终形成不断稳固的城乡二元结构，表现为贫富差距与区域差异越来越大。当然，城镇化是人类社会发展的客观趋势，是国家现代化的重要标志。积极、稳妥、扎实、有序推进城镇化，对中国全面建成小康社会、加快社会主义现代化进程、实现中华民族伟大复兴的中国梦，具有重大的现实意义和深远历史意义。因此，从这个视角看，快速城镇化进程下乡村的转型和重构有其必然性。

　　在中国地理学领域，村镇研究更多地受到乡村地理学者的关注。特别是农村聚落地理将一个特定范围内的村镇作为有机整体，"研究农村聚落的形成、发展及其与环境的关系，研究农村聚落分布规律与特点"（金其铭，1988）。国内关于农村聚落的研究内容范围较广，涵盖了农村聚落的形成及其发展演变、空间分布特点及其规律、农村聚落的规模与类型、农村聚落体系、村镇规划等内容。20世纪90年代以来，随着中国乡村地理学的全面复兴，在加强探讨村镇形成发展演化过程、类型及其功能结构特征的基础上，以一定地域范围内的村镇为研究对象，探究乡村转型和重构的动力机制及其演变规律成为乡村地理研究的前沿课题。南京师范大学的乡村地理研究由来已久，在国内外具有一定的特色。1952年，时任南京大学地理系主任的李旭旦教授调至南京师范学院创办地理系，开创了农业地理、乡村地理的小区域研究等主要科研方向。70年代后期，南京师范大学金其铭先生在所从事的农业地理与土地利用科研实践中，注意到各地农村不同的聚落形态特征，开始研究探讨农村聚落与地理环境之间的关系；80年代，金先生先后出版了该领域两部专著，即《农村聚落地理》（科学出版社，1988）、《中国农村聚落地理》（江苏科学技术出版社，1989），逐步创建起农村聚落地理这门分支学科。1990年，在金先生带领下，进一步拓展了乡村地理学的研究领域，出版了国内第一部乡村地理学著作（《乡村地理学》，人文地理学丛书，江苏教育出版社）。此后南京师范大学乡村地理科研团队进一步加强了对乡村城镇化、乡村性、乡村空间系统等乡村发展的研究，围绕乡村空间、城乡空间组织演化过程及路径、乡村聚落转型与重构等方面开展了系统的基础理论和应用研究。

　　很荣幸，《中国村镇》一书列入"中国城市地理丛书"之中。本书以地理学的视角，从分析中国村镇在城乡居民点体系中的地位和作用入手，系统梳理了中国村镇形成发展的历史演变过程及其地理基础，阐述了中国村镇的空间格局、类型及其功能结构，探讨了中国特色村镇发展演化的动力机制，提出了中国村镇的地域分区系统，对新时代背景下中国村镇的未来发展作了一定的思考。

本书由南京师范大学张小林、北京大学曹广忠、清华大学林文棋共同负责，三家单位的多名科研人员参与撰写，张小林负责统稿。全书共分 10 章，各章分工如下：第一、二章张小林、袁源撰写；第三章张小林、李红波、高丽撰写；第四章林文棋主笔，郝新华、吴梦荷、刘丽参与撰写；第五章曹广忠、史秋洁主笔，佟圣楠、林佩琪、刘祥、赵维姗参与了部分初稿撰写工作；第六章曹广忠、卢志强主笔，张玉昆、雷夏、勉小玲、张燕华参与了部分初稿撰写工作；第七章曹广忠、林文棋主笔，简新华、吴梦荷、牛大卫、陈思创参与了部分初稿撰写工作；第八章林文棋、刘丽、史未名、陈会宴、胡晓亮撰写；第九章张小林、王泽东撰写；第十章张小林、李红波、袁源撰写。在此向全体团队成员表示衷心的感谢！

本书在写作过程中，参阅了大量国内外相关学者的论著，在此一并表示衷心的感谢和诚挚的敬意！国家出版基金和科学出版社对"中国城市地理丛书"的出版给予了大力的支持，本书的责任编辑赵峰社长对本书的出版付出了高效率、高质量的辛勤劳动，在此也一并表达由衷的感谢。

张小林

南京师范大学地理科学学院 教授 博士生导师

2020 年 5 月

目　　录

第一章　绪论

第二章　中国村镇的形成与演化

第三章　中国村镇发展的地理基础

第四章　中国村镇的空间格局

第五章　中国村镇的类型与分化

第六章　中国村镇的功能结构及变化

第七章 中国村镇发展演化的动力机制

第八章 中国村镇规划建设

第九章 中国村镇地域分区系统

第十章 中国村镇发展的思考与展望

参考文献
索引

第一章 绪 论

第一节 中国的城乡居民点体系

居民点又称聚落，是人们居住、生活、休憩、工作等活动的场所，是人类活动的中心。聚落是人类社会发展到一定阶段的产物，并且随着人类社会的发展，聚落也在不断发展、演化，从各类原始的居住形式到固定的居民点，从小型的村落到集市，从集镇到各类城镇，从各级各类的城镇到大都市，从大都市到大都市带，人类的居住形式越来越丰富，聚落的大小相差悬殊，功能也日趋多样化。

根据聚落规模及其在社会经济建设中所发挥的功能，可以把居民点分为城市居民点和农村居民点两大类。一般来说，具有一定规模、以非农业人口为主的是城市居民点；相对应的，居住规模较小，以从事农业生产和农业人口为主的居民点，均属于农村居民点的范畴。世界各国的国情不同，对城乡居民点的划分及其认定标准有比较大的差异，依据《城市规划基本术语标准》（GB/T 50280—1998），城市（城镇）是"以非农业和非农业人口聚集为主要特征的居民点，包括按国家行政建制设立的市和镇"。城市（城镇）以外的地区一般称为农村（或乡村），一般认为农村的人口密度低，聚居规模较小，以农业生产为主要经济基础，社会结构相对较简单、类同，居民生活方式及景观与城市有明显差别等。

中国地域广袤，自然环境、文化类型复杂多样，长期的历史过程塑造了特征各异、复杂多样的聚落。城市居民点和农村居民点之间既有明显的差别，又具有密切的有机联系，共同构成完整的城乡居民点体系（图1.1）。

城市居民点又称城镇，包括按国家行政建制设立的市和建制镇。城市包括丰富多样的类型和等级，仅考虑城市人口规模的差异，依据《国务院关于调整城市规模划分标准的通知》（国发〔2014〕51号），按照城区常住人口为统计口径，中国城市划分为五类七档，五类分别为：1000万以上的超大城市、500万以上1000万以下的特大城市、100万以上500万以下的大城市、50万以上100万以下的中等城市、50万以下的小城市，七档则是在超大城市、特大城市、中等城市维持不变的基础上，把小城市划分为20万以上50万以下的Ⅰ型小城市和20万以下的Ⅱ型小城市，把大城市划分为300万以上500万以下的Ⅰ型大城市和100万以上300万以下的Ⅱ型大城市。除了等级多样

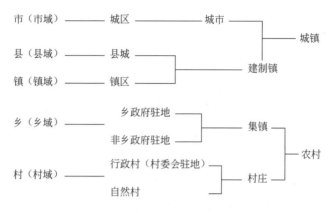

图 1.1　中国的城乡居民点体系

的城市以外，中国面广量大的城镇还包括建制镇。建制镇是乡村一定区域内政治、经济、文化和生活服务的中心，具有一定人口规模，人口结构（主要是劳动力结构）和产业结构达到一定要求，基础设施达到一定水平，并且被省（直辖市、自治区）人民政府批准设置的镇。按照现行管理体制的不同，建制镇又可分为两类：一类属于县城镇，另一类属于县城范围外的建制镇。

　　农村居民点是农村居民（包括农业人口和非农业人口）进行生产和生活的场所，具体分为集镇和村庄。集镇通常是一定地域范围内的乡村政治、经济和文化中心，一般为乡人民政府所在地，又称乡镇；随着中国乡村经济社会的快速发展，有不少地区为了推进乡村地区的城镇化进程，开展了乡镇合并工作，由此产生了一批非乡人民政府驻地的集镇。国务院 1993 年发布的《村庄和集镇规划建设管理条例》中对集镇有明确界定，即集镇是指乡、民族乡人民政府所在地和经县级人民政府确认由集市发展而成的作为农村一定区域经济、文化和生活服务中心的非建制镇。村庄又称农村聚落，是人类聚落发展中的一种形式，是以从事农业为基础、人口较分散的居民点形式，是农村居民生活和生产的聚居点。根据中国现行的管理体制，村庄可以分为行政村驻地和非行政村驻地的自然村两种类型。

　　值得注意的是，中国城乡居民点体系不仅仅是个居民点这个"点"的概念，它同时与各级政府行政管理和公共服务能力紧密联系在一起，因此，不同的城乡居民点层级都与对应的行政管辖地域相匹配。于是城市对应的就是不同层级的市域，县城对应的就是县域，镇区对应的就是镇域，集镇对应的就是乡域，行政村驻地对应的就是行政村管辖的村域，自然村也是基层村，往往是村组所在的地域。由此可见，中国城乡居民点也包含着"地区"的概念，包括一定地域范围内的用地面积与人口规模。

第二节　中国村镇的基本特征

一、中国村镇的概念和内涵

村镇是村庄和镇的统称。狭义的理解包括了村庄和集镇，是城市范围以外农村居民点的总称。但在中国城乡居民点体系中，镇是个比较特殊的范畴，它是介于城市和农村居民点之间的过渡型居民点，一方面，包括县城镇在内的镇是中国城镇体系中重要的组成部分，另一方面，镇与广大的农村、农业和农民存在着密切的联系，在城镇化进程中发挥着承上启下的重要作用。镇的这种交叉性、过渡性特点充分反映了中国城乡居民点体系的复杂性和特殊性。我们用二分法把人类聚落划分为城市居民点和农村居民点，"非城即乡"或者"非乡即城"这种思路在城乡界限非常明确的传统社会中是比较合理的，但随着中国经济社会的发展和城镇化的推进，传统乡村特征逐渐演化，聚落从乡村向城市的转型加快，随之而来的则是传统的城乡二元结构的划分越发难以适应模糊化了的格局。

在学术界和社会上，使用率更高的是小城镇的概念。仅从城乡划分的角度看，小城镇可以上到人口 20 万以下的小城市，下至集镇，也可以仅限于建制镇，但建制镇中是否包括县城镇，众说纷纭，莫衷一是。本书对镇的认定包括了建制镇和集镇，建制镇里不包括县城镇，主要理由是：在中国的行政管理体制中，县城镇是县人民政府所在地，比一般的县城以外的建制镇明显要高一个层次，一般的建制镇与乡集镇并没有本质的区别，只是体现在行政建制的变化，《中华人民共和国城乡规划法》明确把建制镇定义为城市，而现行管理体制又把建制镇纳入村镇一体的乡村性居民点范畴。依据中国村镇的现行管理体制，村镇包括：①城区（县城）范围外的建制镇、乡以及具有乡镇政府职能的特殊区域（农场、林场、牧场、渔场、团场、工矿区等）；②全国的村庄。

二、村镇的基本特征

村镇是城乡居民点体系中数量最多、规模最小、分布最广的居民点，同时也具有差异显著、形态多样的特征，可以概括为以下几个方面。

1. 村镇数量多但规模普遍较小

截至 2018 年末，中国共有建制镇 1.83 万个，乡 1.02 万个，村庄 245.2 万个。村镇数量众多，人口规模也较大。据不完全统计，2018 年村镇户籍总人口 9.57 亿，占全国总人口的 68.58%[①]；其中，建制镇建成区 1.61 亿，占村镇总人口的

---

① 根据《中国统计年鉴 2019》，2018 年全国总人口为 139538 万人。

16.82%；乡建成区 0.25 亿，占村镇总人口的 2.61%；村庄 7.71 亿，占村镇总人口的 80.57%[①]（表 1.1）。

表 1.1　中国村镇户籍人口统计（2010~2018 年）　　　　单位：亿人

年份	村镇户籍总人口	建制镇建成区户籍人口	乡建成区户籍人口	村庄户籍人口
2010	9.40	1.39	0.32	7.69
2011	9.39	1.44	0.31	7.64
2012	9.42	1.48	0.31	7.63
2013	9.45	1.52	0.31	7.62
2014	9.49	1.56	0.30	7.63
2015	9.54	1.60	0.29	7.65
2016	9.53	1.62	0.28	7.63
2017	9.36	1.55	0.25	7.56
2018	9.57	1.61	0.25	7.71

中国村镇的规模普遍较小。据 2018 年底 1.83 万个建制镇、1.02 万个乡的建成区汇总统计，建制镇建成区面积 405.3 万 hm^2，乡建成区面积 65.39 万 hm^2，建制镇建成区的平均户籍人口为 8798 人、平均面积 221.48hm^2，乡建成区的平均户籍人口就更小了，只有 2451 人，平均面积也只有 64.11hm^2。2016 年底 261.7 万个村庄平均户籍人口仅为292 人[②]，平均面积为 5.32hm^2。

2. 村镇是中国城乡居民点体系中变动最为剧烈的部分

随着中国经济社会的持续快速发展，村镇数量发生了剧烈的变化，成为城乡居民点体系中变动最为剧烈的部分。从 1990 年到 2018 年，中国建制镇统计数量由 1.01 万个增加到 1.83 万个，乡统计数量由 4.02 万个减少到 1.02 万个，村庄统计数量由 377.3 万个减少到 245.2 万个（图 1.2）。同时，建制镇建成区面积由 82.5 万 hm^2 增加到 405.3 万 hm^2，建成区户籍人口由 0.61 亿人增加到 1.61 亿人；乡建成区面积由 110.1 万 hm^2 减少到 65.39 万 hm^2，户籍人口由 0.72 亿人减少到 0.25 亿人；而村庄用地面积则由 1140.1 万 hm^2 增加到 1392.2 万 hm^2（2016 年），户籍人口由 7.92 亿人减少到 7.71 亿人（图 1.3）[③]。

---

① 数据来源于《城乡建设统计年鉴 2018》，下同。
②《城乡建设统计年鉴 2018》村庄现状用地面积仅统计到 2016 年。
③ 数据来源于《城乡建设统计年鉴 2018》。

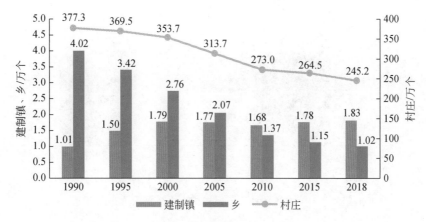

图 1.2 中国村镇数量变化（1990~2018 年）

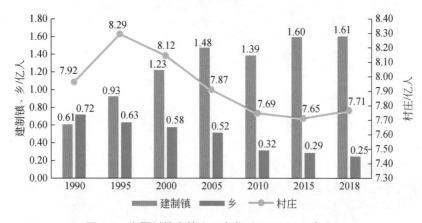

图 1.3 中国村镇户籍人口变化（1990~2018 年）

同时，随着村镇建设投入的不断扩大，村镇规模也在不断发生变化。1990~2018 年，中国平均建制镇建成区面积由 81.48hm² 提高到 221.48hm²，建成区户籍人口由 6039 人提高到 8798 人。平均乡建成区面积由 27.41hm² 提高到 64.11hm²，建成区户籍人口由 1803 人提高到 2451 人。

3. 建制镇是中国城镇体系的重要组成部分

建制镇是"城市－县城－建制镇（镇区）"城镇体系中重要的组成部分。2018 年中国设市城市 673 个、县城 1518 个、建制镇 18337 个；城镇总人口为 84456.55 万人，其中，城市城区人口 42730.0 万人，城区暂住人口 8421.7 万人，两项小计占比 60.57%，县城人口 13973 万人，县城暂住人口 1722 万人，两项小计占比 18.58%，建制镇建成区常住人口 17609.85 万人（户籍人口 16058.77 万人），占比 20.85%；城镇建成区总面积为 11.12 万 km²，其中城市建成区面积 58455.7km²，占比 49.03%，县城建成区面积 20238km²，占比 16.98%，建制镇建成区面积 40528.84km²，占比 33.99%（图 1.4）。

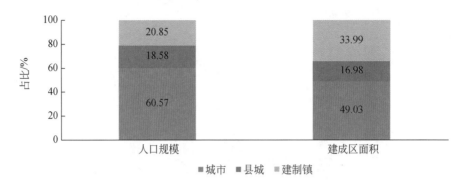

图 1.4　中国城镇体系人口规模与建成区面积（2018 年）

第三节　中国村镇研究现状

中国村镇的研究集中在地理学、社会学、城乡规划等相关学科，主要以乡村聚落研究为主题。国内关于乡村聚落的研究内容范围较广，涵盖了乡村聚落的区位空间、乡村聚落布局的影响因素、乡村聚落的空间形态、乡村聚落的分布规律、乡村聚落的演变、乡村聚落的等级体系与形态、乡村聚落的规模与腹地、乡村聚落的内部空间结构、乡村聚落的功能组织、乡村聚落的区划、乡村聚落的空间格局等内容。

一、中国乡村聚落地理研究

中国乡村聚落地理研究兴起于 20 世纪 30 年代（朱炳海，1939；刘恩兰，1945；严钦尚，1936；林超，1983），1979 年之后得到快速发展（何仁伟等，2012）。改革开放以后，经济社会的转型使得中国乡村地区发生巨大变化，围绕乡村聚落形成、乡村聚落体系、乡村聚落形态和类型的研究得到较大发展（李旭旦，1983；陈桥驿，1980；金其铭，1988）。1990 年以来的城市化热潮，使得城市化对乡村聚落的影响研究成为重要领域，研究内容扩展到乡村城镇化、乡村聚落空间结构、乡村聚落用地的扩展、城乡一体化、乡村聚落演化及其动力机制等方面（陈宗兴，1995；王发曾，1991；万庆，1997；张小林，1999）。21 世纪以来，在城乡统筹与建设社会主义新农村等新理念的指引下，乡村聚落的研究得以快速发展，研究内容也更加丰富，涉及基于 GIS 与 RS 的乡村聚落空间格局分析、乡村聚落生态、乡村社区、乡村聚落景观、乡村聚落的"空心化"、乡村聚落规划与组织等（汤国安等，2000；蔡为民，2004；李红波，2015）。

1. 乡村聚落影响因素研究

国内学者对乡村聚落与各种影响因素之间的关系研究主要从自然环境、经济发展和社会文化等多方面进行探讨（李红波，2015）。国内早期的相关研究多侧重地形、地质、气候、水文等自然因素对乡村聚落选址的影响，研究方法也以定性描述为主（严钦尚，1939；刘恩兰，1948）。近年来，关于乡村聚落区位空间研究呈现明显的定量化、社会化、多样化趋势，影响因素研究的范围也逐步扩大到非自然影响因素，研究主要集中在市场与交通（冯文兰，2008；吴江国等，2013）、地域文化与社会结构（唐燕，2006）等方面。此外，耕作半径（角媛梅等，2006）和风水观念对乡村聚落选址的影响也有学者涉猎（梁宇元，2006）。与此同时，研究方法也逐渐采用 RS、GIS 等新技术和定量化手段。通过对遥感影像提取与判读进行解译分析、基于 GIS 平台的空间分析、地理建模等新方法与新技术广泛应用于聚落区位研究，聚落区位与周边环境因子相互关系的定量化研究成果大量涌现（董春等，2005；国巧真等，2009；刘仙桃等，2009）。也有学者采用 GIS 的空间分析方法探讨乡村聚落的区位分布特征与规律（汤国安等，2000；陈振杰等，2008；单勇兵等，2011）。

综上所述，国内对乡村聚落影响因素研究，从只关注自然因素到自然人文社会多因素的综合考虑，研究视角逐步多元化，研究方法注重了定性分析与定量评价相结合，新技术、新方法逐步得到重视并应用。定性的角度探讨乡村聚落的影响因素，主要包括地理环境、文化背景、生产方式、居民思想观念、宗族势力、邻里关系等（冯健，2012；Chen，2016；Liu，2017）。定量研究主要分析一定区域范围内自然地理条件与乡村聚落之间的关系。乡村聚落的形成、发展及空间分布是多种因素共同作用的结果，自然因素是乡村聚落形成和发展的基础，人文社会因素是乡村聚落发展及空间演变的主要驱动因素（刘彦随，2009；龙花楼，2017）。

2. 乡村聚落空间分布格局研究

国内对乡村聚落空间格局的研究始于 20 世纪 30 年代，朱炳海（1939）、严钦尚（1939）、刘恩兰（1948）分别对不同地区农村居民点的分布位置，及其与自然条件、耕地的关系等进行了相关研究调查。金其铭（1989）划分中国的聚落区并对不同类型聚落区的特征进行分析研究。

近年来，乡村聚落空间格局的研究逐步升温，尤其是 90 年代以来，随着遥感动态监测技术和 GIS 空间分析技术的兴起，研究方法逐步从定性研究向定量与定性相结合发展，并开始注重 RS 和 GIS 的利用（尹怀庭等，1995；徐雪仁，1997；朱彬等，2011）。乡村聚落空间分布格局的探讨主要从中观和微观两个角度展开（李小建，2015；庄至凤，2015；杨忍，2016；Qu，2017），中观尺度上相关学者主要研究的是一定区域内不同自然环境条件下聚落空间分布特征。对乡村聚落"空心化"问题的探讨则侧重于微观层面（刘彦随，2009），是对村庄内部的聚落分布状态的研究。伴随着经济的飞速发展，新房多建在村外或公路附近，乡村建设用地呈现外延内空的态势，逐步形成乡村聚落的"空心化"，"空心村"及村庄中心衰败现象在农村地区出现（冯健，2016；Liu et al.，2019）。部分学者研究了"空心村"的形成机制、结构形态以及防治对策等内容。

乡村聚落空间格局特征和影响因素研究是乡村聚落地理研究的重要内容，在研究内容、研究尺度、研究区域、研究方法方面都逐步系统、科学和深入，对全面了解乡村聚落的空间分布特征、演变规律和演化趋势都有积极的作用。

3. 乡村聚落形态特征研究

乡村聚落空间形态特征研究主要是从多种空间指标定性描述或定量分析某一区域内的聚落空间形态差异并且分析形态差异的影响因素。这一方向的研究主要基于聚落数量、面积、密度、形状等空间分析指标来定性描述或定量分析一定区域范围内的聚落空间形态差异，进而探讨其影响因素（曾山山等，2011）。金其铭（1988）较早的关注了聚落的空间形态，并将农村居民点分集村和散村为两种形态。

乡村聚落空间形态的形成不仅受地形地貌等自然条件的影响，还受土地利用方式、生产方式、城镇化以及相关政策和政府行为等人文社会因素的影响。同时，乡村聚落空间形态与其周边自然和社会人文条件双向作用机制的研究也逐步得到重视（伍锡论，2008）。乡村聚落空间形态的研究从形态类型特征来看，一般倾向于利用聚散程度与几何形状双重属性来定义聚居空间形态（王焕等，2008；樊尚新，2009）。还有学者认为分形几何为研究聚落的组合、结构及相互关系提供了十分有益的量化方法，并运用分形理论对甘肃省（徐建华，2001）、浙江省平湖市（管驰明，2001）、陇中黄土丘陵区（郭晓东等，2010）的乡村聚落体系空间结构的分形特征进行了研究。近年来相关学者借助 RS、GIS 平台，采用多种空间韵律指数，定量分析乡村聚落空间形态（马晓东，2012；Tian，2014；Cao，2017）。

综上可知，乡村聚落空间形态的形成是自然因素和人文社会因素双向互动的结果，乡村聚落空间的形态特征也主要是基于聚落的聚散程度与几何形状双重属性来综合考量的，乡村聚落空间形态也具有明显的分形特征。在研究方法上，这类研究主要借助 RS、GIS 平台，定量评价乡村聚落的空间形态和格局，进而寻求分布规律。

4. 乡村聚落时空演化研究

随着当前新型城镇化与乡村振兴战略的大力推进，乡村聚落演变研究成为人文地理学的热点研究内容，形成大量实证研究成果，从地域分布来看，研究对象包括黄土高原（郭晓东，2007；周庆华，2009）、关中地区（雷振东，2009）、晋中平原（冯文勇等，2003）、黄淮海平原（吴文恒等，2008；李裕瑞等，2011）、长江沿岸（龙花楼等，2005）、苏南地区（张小林，1999；李立，2007）等。据此，学者们基于实证进一步探讨了乡村聚落空间演化的结构、关系、过程及动力机制。张小林（1999）通过对苏南乡村空间系统演变的探讨，从聚落体系的演化角度提出了城乡聚落连续体的概念，并深化了乡村空间系统理论研究。雷振东（2009）运用整合与重构的系统方法论思想，揭示经济欠发达地区乡村聚落由传统型向现代型演变的问题。刘彦随等（2009）、龙花楼等（2009）从农村土地利用格局方面作了探讨，深入分析了"农村宅基地转型""空心村""村域土地利用"的空间过程与机理。周国华等（2011）提出乡村聚落空间演变的影响因素和典型驱动路径，即基础因子作用下低速平稳的传统路径、新型因子作用下快速发展的新型路径、突变因子作用下的突变性偶然路径。在乡村聚落空间的演化趋势和演化阶段方面，张京祥（2002）从整体角度将乡村聚落空间演化分为农业社会阶段、过渡性阶段、工业化阶段、技术工业和高消费阶段四个阶段。

从上述分析可以看出，国内关于乡村聚落演化的研究相对较多，研究区域几乎涵盖了国内典型的各个区域，诸多学者研究了乡村聚落演变的影响因素、演变阶段和演化趋势，探讨了演化机理，深化了乡村空间系统理论研究。

二、中国乡村规划与建设研究

长期以来，中国村镇建设处于自发状态，缺乏规划指导，为了有效节约土地、合理布局居民点，完善乡村空间规划成为乡村聚落研究的重要内容之一。随着社会主义新农村建设受到普遍关注，乡村聚落整理成为村庄规划的重要内容之一，主要是因为其在落实耕地占补平衡和优化乡村聚落布局方面起着重要作用（杨庆媛，2004）。目前的研究主要包括乡村聚落整理的主要问题、必要性、适宜性评价、推动力、主要模式以及对策等。仇保兴（2006）分析了村庄整治的意义、误区及对策。陈国阶（2006）以山区为研究区域，认为需要构建山区聚落的新模式，重点是空间重构、组织重构、产业重构，建议积极研究中国山区聚落的现状、历史演化和未来可能的发展模式。韩非等（2011）研究了半城市化地区乡村聚落的重建路径，分为城镇化整理型、迁建型、保留发展型，基于北京市门沟头区乡村聚落的实证研究，将乡村重建模式分为生态旅游导向下的民俗旅游村发展模式、农民集中安置导向下的农民新村发展模式、农业专门化生产导向下的农业专业村发展模式。邓春凤等（2012）以社会和空间两个视角，研究在社会转型下，桂北少数民族聚落空间重构特征及所面临的挑战，并从转变价值观念、提高就业水平、注重特色引导和集聚发展等方面提出解决聚落空巢现象严重、空间形态遭到破坏、空间发展粗犷无序等问题的思路和建议，使空间重构与社会转型良性互动，从而使民族聚落得到保护与发展。

三、乡村聚落人居环境研究

乡村人居环境的内涵可分解为人文环境、地域空间环境和自然生态环境，国内乡村人居环境的研究学科主要有建筑学、地理学和社会政治学等，其中地理学经历了乡村聚落研究、乡村环境研究和乡村文化转型研究 3 个阶段（李伯华，2008）。在乡村聚落研究中，学者通过选取典型案例区，对乡村人居环境空间规划（顾姗姗，

2007）、人居环境质量（吴秀芹等，2010）、聚落宜居性（高延军，2011）等进行了分析和评价，李伯华等（2012）通过驻村开展问卷调查和深度访谈，进一步探讨了转型期特定区域乡村人居环境演变特征和微观机制，认为乡村人居环境演化的实质从微观的视角来看是农户空间行为作用。

聚落人居环境研究成果较多。刘邵权等（2001）、周秋文等（2009）通过在典型案例区构建评价指标体系，分别对聚落生态环境质量、生态系统健康状况及其演化趋势进行了评价和分析。除了实证研究，李君等（2010）根据乡村聚落发展与资源环境条件的关系，初步探讨了生态位理论在乡村发展研究中的应用。

近年来，聚落人居环境中文化景观的研究也有所发展。不同学者在全国和地方尺度开展了相关研究，刘沛林等（2009，2010）基于景观基因完整性理念探讨了传统聚落的保护与开发，并基于中国传统聚落景观本身存在的地域性、系统性、稳定性、发展性、一致性、典型性和协调性等特点，划分了中国聚落景观的大区和亚区。此外，在不同地域的研究还发现，湘中丘陵地区乡村文化景观演化主要表现在聚落景观的空间演化等方面（何金廖等，2007），黄土丘陵地区农村聚落"空心化"不仅破坏了农村聚落生态环境，且加剧了黄土丘陵地区的水土流失，也使以窑洞景观为典型特征的村镇形态有消失的危险（冯文勇等，2008）。

四、乡村聚落空间结构研究

乡村聚落空间结构是在特定生产力水平下，人类认识自然、利用自然的活动及其分布的综合反映，是乡村经济、社会、文化过程综合作用的结果，学者们在不同时代形成了不同研究成果。20世纪90年代，姚建衢（1992，1993）以黄淮海地区为地域单元，研究了不同功能类型的乡村空间的分布、特征及其经济发展的地域模式。陈晓键等（1993）通过分析乡村聚落空间形态和空间结构演变，揭示了关中地区乡村聚落类型差异的原因及其聚落空间分布演化过程。李雅丽等（1994）通过总结陕北乡村聚落的位置特点和集镇分布特征，对空间结构形式作了划分。2000年以后，关于乡村聚落体系的研究得到进一步强化，研究视角也转向村镇建设。张京祥等（2002）阐述了乡村聚落体系演化理论、规划组织理论，并结合江苏的有关案例，重点论述了中心镇及中心村选建、设施配置、政策配套等内容。吴映梅等（2009）强调了集镇在聚落体系中的依托作用，并结合实证对山区集镇的时空分布、结构层次、形成机理等展开了多视角的研究。惠怡安等（2010）通过对农村聚落功能体系的分析，将聚落功能分为必要功能和非必要功能，进而通过功能的"经济门槛"分析，探讨了聚落适宜规模的确定方法。

第四节 中国村镇研究的意义

一、村镇是城乡居民点体系的基础

改革开放以来，中国进入快速城镇化时期，城乡发展水平显著提高。据统计，中国常住人口城镇化水平从 1978 年的 17.9% 提高到 2018 年的 59.58%，平均每年提高1.04 个百分点；城镇常住人口由 17245 万人增长到 83137 万人，平均每年增长 1647万人；乡村人口从 79014 万人减少到 56401 万人，净减少 22613 万人。中国经历了世界历史上规模最大、速度最快的城镇化进程，取得了举世瞩目的成就。小城镇位处城市与农村相交错的地区，在吸纳农村剩余劳动力和农户迁移中发挥了重要作用，为解决"三农"问题做出了重要贡献。

《国家新型城镇化规划（2014—2020 年）》确立了"三个 1 亿人"问题，即到2020 年实现 1 亿左右农业转移人口和其他常住人口一样可在城镇落户，完成约 1 亿人居住的棚户区和"城中村"改造，引导约 1 亿人在中西部地区就近城镇化。如果这些人口全部落户大城市，大约需要 30 个千万人口级别的超大城市或 300 个百万人口级别的大城市。但是，大城市的形成和发展受到区位条件、生态环境、资源承载力的限制，单纯依靠发展大城市来实现中国城镇化是不现实的，中国城镇化发展必须"坚持大中小城市和小城镇协调发展，走中国特色的城镇化道路"。

党的十八大在全面深化改革的战略部署中明确提出，城乡二元结构是制约城乡发展一体化的主要障碍。必须坚持走中国特色新型城镇化道路，推进以人为核心的城镇化，推动大中小城市和小城镇协调发展、产业和城镇融合发展，促进城镇化和新农村建设协调推进。必须健全体制机制，形成"以工促农、以城带乡、工农互惠、城乡一体"的新型工农城乡关系，让广大农民平等参与现代化进程、共同分享现代化成果。坚持走中国特色的新型城镇化道路，赋予了当前乃至未来城乡发展的总方向，同时也在体制、机制上明确了改革的路径。

二、村镇在城乡融合发展中起着重要作用

城乡融合就是要把城市、城镇、乡村纳入统一的经济社会发展系统中，改变城乡分割局面，建立新型城乡关系，改善乡镇功能和结构，重视社会主义新农村建设，实现城乡生产要素合理配置，协调城乡利益，逐步消除城乡二元结构，缩小城乡差别。

城乡融合发展包括经济和社会两大方面，从区域看，是指城市和乡村的发展；从产业看，是指工业和农业的发展；从群体看，是指市民和农民的利益；从主体看，城乡统筹的主体应是农村和城市相结合而形成的一种新的城乡融合体。

村镇在城乡融合发展中起着重要作用，对于加速城镇化进程、解决"三农"问题、

保障国民经济健康快速发展有着重要的意义。村镇是大中城市发展的基础和保障，离开村镇发展，城市的发展将成为无源之水、无本之木。村镇为城市的发展提供充足劳动力、原材料、广大市场和发展空间，对城市稳定发展起保障作用；同时小城镇自身人口集聚度的增加是提高城镇化水平的重要部分。村镇的发展和建设有利于解决"三农"问题，促进社会主义新农村建设。村镇建设通过发展经济，增加就业岗位，吸纳农村剩余劳动力，同时通过改善农村人居环境加快社会主义新农村建设，实现城乡协调发展。村镇发展能够增强对农村剩余劳动力的吸纳能力并带动第三产业的发展，也使得农业可能集中利用土地实行规模经营，改变农村小规模生产方式，使用现代生产工具，提高劳动生产率和农业经济效益，真正做到农村区域内第一、二、三产业一体化发展，达到农业现代化、城乡经济协调发展、城乡统筹、共同富裕的目的。总体来看，村镇发展的好坏，对于改善生产力布局、调节城乡人口分布、组织物资、人才和信息的交流，丰富农民的精神生活，提高全民族的科学、文化水平，都有重要的作用。

三、村镇是实施乡村振兴战略的重要抓手

近年来，中国城镇化发展既取得了巨大成就，也造成了日益严峻的"城市病"和"乡村病"，城乡二元结构矛盾依旧突出，传统的"重城轻乡"的城镇化发展模式已经难以为继。当前中国仍有5亿多农村常住人口，并面临严峻的粮食安全和生态环境问题。如果一味强调城镇发展，而不能有效推进城乡协调可持续发展，势必会进一步加剧城乡二元结构矛盾。当前我国正处于经济社会转型期，党的十九大提出大力实施乡村振兴战略，重塑城乡关系，走城乡融合发展的道路。

乡村振兴是破解中国新时期社会发展主要矛盾的总抓手，要发挥乡村在保障粮食等农产品供给、保护生态环境、传承发扬中华优秀传统文化等方面的特有功能，加强和改进乡村治理，增进居民福祉，实施路径的正确与否很大程度上影响中国社会的方向。尽管中国乡村建设取得初步成效，道路交通条件、农村医疗教育设施等得到改善，但存在的问题依然严峻，比如，农村基础设施建设任重道远、资金、人才、技术等要素支撑不足、基层组织建设和带动力偏弱、重点领域融合发展不够等。未来，加强特色小城镇等项目平台建设、强化基层党组织和乡贤的带动力、壮大集体经济及提升乡村自我发展能力是乡村振兴战略持续发展的重要方向。

四、村镇对构建城乡聚落体系具有重要意义

中国的村与镇之间构成紧密联系的整体。村是城乡居民点体系的基础，镇是城乡接合部的社会综合体，是一定乡镇域范围内经济、政治、文化的中心，上接城市、下引农村，具有促进乡镇域经济和社会全面进步的综合功能。

城镇和乡村聚落是彼此共生的关系，随着城镇化的不断推进，共同构成密切联合发展的有机整体，城乡聚落空间的协同演化是区域发展的客观规律。一方面，城乡地

域空间是难以分割的。从城市起源来看，城镇是由乡村发展演变而来的，城镇和乡村聚落之间没有绝对的界限。随着城镇化的不断推进，城乡地域空间界限日益模糊化，并出现了大量的杂合性聚落，城乡地域的混杂性日益凸显。比如，城乡交错带、都市化村落、城市通勤区等。另一方面，城乡聚落空间是同步变化和相互影响的。城镇空间不断向外扩张，致使乡村地域空间不断收缩，城乡关系随之不断变化，而且中心镇、普通镇与城郊村、远郊村、都市化村落等不同类型聚落的演变存在密切关联。比如，一些城郊村不断成长，逐渐与城镇相互融合，而一些远郊村的自我更新能力较弱，出现了内部"空心化"的现象。

　　城镇化发展初期，中国城乡聚落体系的格局主要表现为村镇密集化和城镇均衡化。随着城镇化水平不断提高，城镇聚落体系呈现出等级化发展特征，进入新型城镇化发展阶段，城乡聚落体系逐渐由以地理条件为限定的、相对自给自足的等级化结构转变为城乡聚落网络化结构。城乡聚落成为有机整体是城乡聚落演变的必然结果和客观趋势，故统筹城乡聚落体系研究，更有助于客观揭示城乡聚落的演化规律及其驱动机制，而且主体功能区划、生态红线划定、田园综合体的建设等诸多实践问题的解决也需要坚持城乡融合发展的理念，加强城乡聚落系统化研究。科学合理的城乡聚落体系，是城乡地域系统在空间上、功能上有效衔接的重要支撑，是实现城乡融合发展的重要保障，对于促进城乡要素的合理流动与优化配置具有重要意义。

第二章　中国村镇的形成与演化

第一节　原始人类的居所

一、旧石器时代

中国是世界上发现早期人类化石和文化遗存的重要地区之一，云南元谋县发现距今 170 万年前的人类牙齿化石和石器（李普等，1976），为现知最早的古人化石遗存。原始人类在旧石器时代背景下，产生了最原始的居住方式——巢居和穴居，长江流域和黄河流域是中华文明的主要发源地，因此也形成了具有代表性的长江流域沼泽地带的巢居和黄河流域黄土地带的穴居两种原始建筑形式。

1. 巢居

传说中的古代人类是巢居的。"上古之世，人民少而禽兽众，人民不胜禽兽虫蛇。有圣人作构木为巢以避群害，而民悦之，使王天下，号之曰'有巢氏'"（《韩非子·五蠹》），"有巢氏"指利用树木枝干建造窝棚居住的氏族。一般"巢居"，是指架空居住面的居住形式。通常来说，地势低洼、有地表水积存或者流经的沼泽地带，具有丰富的水源和动、植物资源，是渔猎和采集的理想场所，因此也成为原始人选择居住的主要地区。架空的巢居成为长江流域水网沼泽及热湿丘陵地区的主要居住形式。

之后，受到自然树木支撑作用的启发，原始人又探索出以人工栽立桩、柱的构筑方法，就是文献所记的"干阑（栏）"或"高栏"（《蛮书》卷四）、"阁栏"（《太平寰宇记》卷八八）、"葛栏"。这些都是少数民族同一词汇的译音，是指一种"结栅以居，上设茅屋，下豢牛豕"（《岭外代答》卷四）的竹木建筑。直到今天，中国西南、东南的部分少数民族，例如傣、侗、景颇等仍有使用该建筑的情况；而东北地区也有类似情况。

2. 穴居

大约在距今 150 万年到三四十万年的晚期猿人阶段，天然洞穴逐渐成为古代人类用来躲避野兽和恶劣天气的理想住所。旧石器时代原始人类居住过的岩洞在北京、山西、辽宁、贵州、广东、湖北、浙江等地都有发现。北京房山区周口店村西的龙骨山是由奥陶纪石灰岩构成的仅高出周口河面 70m 的低丘，人们在此处发现了中国猿人及其文化的洞穴，洞穴是中国猿人（也称北京猿人）藏身和保存火种的地方，距今已约 69 万年历史，经多次大规模发掘，发现大量人类化石、文化遗物和脊椎动物化石（邱中郎等，1973），证明当时的中国猿人已有控制火和制造工具的能力。时间更早的元谋人（约 107 万年前）和周口店第 13 地点（约 100 万年前）都发现了用火的遗迹（张兴永，1978），掌握火，对人类洞穴生活和露天居住有着重要意义。

但天然山洞并非古人类居住的先决条件，大量的史前居住实物是在平地发现的，因此古代人类的文化遗址散布在更为广大的地域内。《易传·系辞上》有"上古穴居而野处"的记载，《礼记·礼运》中则有："昔者先王，未有宫室，冬则居营窟，夏则居橧巢。"这里所说的"穴居"，并不一定是天然洞穴。随着当时人口的逐渐增加和扩散，以及人类制造工具技术的提高，生活地域进一步扩大，但仍不能达到建筑房屋的境地，在平地上居住也是采取挖掘洞穴，加以简单的覆盖而成。

3. 原始村落

房屋和村落的出现，始于旧石器时代中期。中国虽尚未发现这一时期的村落或住宅，但与其同时代相当的"丁村文化"，分布范围十分广阔，在汾河中游南北 20km、东西 10km 的范围内共发现石器地点 45 处，下游 10km 范围内有 10 处。对"丁村人"居住遗址的发掘，同时还出土了 2000 多件石器和动物化石等（李炎贤，1996）。

据贺云翔（1982）研究结果，旧石器时代的人类居住情况大约经历这样一个过程：早期：树居→树居和地面露天居住相互补充→洞穴居（仍有地面露天居）；中期：穴居、半穴居或地面房屋（仍有洞穴居），原始聚落出现；晚期：半穴居或地面房屋（仍有洞穴居），有不同类型的房屋，聚落扩大。

二、新石器时代

大约 1 万年前，中国已完成了由旧石器时代到新石器时代的过渡。社会生产由采集、渔猎的攫取经济进化到原始农业与畜牧业的农业经济，即人类社会历史上的第一次社会大分工，也出现了真正的聚落——以农业生产为主的固定居民点。当时劳动有了很大进步，已经出现各种类型的石斧、石刀、石铲、石锄、骨铲、箭头、鱼钩等，彩陶是日常生活中的主要用具，生产以农业为主，种植粮食、蔬菜，还从事家畜饲养、捕鱼打猎和采集等活动。中国的新石器时代已被发现和发掘的遗址有 2000 余处，本书分别选取黄河流域和长江流域有一定代表性的遗址进行介绍。

1. 黄河流域遗址

1）裴李岗遗址

河南裴李岗等遗址距今 7000 多年，是中国目前发现最早的新石器时代遗址之一（安志敏，1979）。由于黄河流域在第四纪堆积了大量的黄土，这种土质垂直节理发育，有壁立不易倒塌的特点，易于挖掘，又比较干燥，为当时人们建造住宅创造了条件。从发掘情况看，磁山遗址已是一个相当大的村落，其中有一部分被认为是住室——半地穴式房屋。从穴室内出土文物看，有粮食加工工具石磨盘、石磨棒，炊煮用具陶盂、支架以及罐、杯等陶器和骨针等日常用品。这种单个房间可能是对偶家庭居住的地方。

2）半坡遗址

陕西西安半坡氏族公社距今大约 6000 年，聚落规模已相当大，每个聚落是一个氏族或胞族的住地（张云，1989）。聚落的布局与氏族公社的社会结构相适应。聚落的居住区内，已发现 40 余座房基紧密地排列在一起，在中心有一所氏族成员集体活动的大房子。当时居住的房屋，大的有 60~150m^2，中等为 30~40m^2，小者为 12~20m^2。房屋中央都有一个火塘，供取暖、煮饭、照明之用，居住面平整光滑，有的房屋分高低不同的两部分，可能分别用作睡觉和放置东西之用。在当时的母系氏族公社中，全氏族分为若干母系家庭，全体成员生活在一起，过着族外的对偶婚姻生活，男女双方分别住在自己的族氏或家庭中，少年、老年则住在公共的大房子中。

3）姜寨遗址

姜寨遗址位于陕西骊山北麓，也属于仰韶文化遗存，保留了仰韶文化早期基本完整的村落布局（巩启明，1981）。遗址面积 5 万多平方米，大都已于 20 世纪 70 年代发掘。发现的大批遗迹包括房屋、地窖、墓葬、广场、壕沟、圈栏、陶窑等，构成了一个基本完整的原始聚落基址。两条壕沟将整个村落分作居住区和墓葬区两个部分。壕沟起到了保护村落的作用，沟外是三块墓地，沟内是村落的居住区，在河岸附近有一片面积不大的窑场，用于制造陶器。居住区内有一个面积较大的中心广场，四个方向分布着以房屋为主要组成部分的五片建筑群，每个建筑群又各有大型房屋一座，而在其周边又分布几十座中小型房屋，所有房屋的门都向着中心广场。烧制陶器的遗址除了集中在河岸附近，在建筑群内部也有零星分布。就整个原始村落而言，考虑到当时的社会发展阶段以及周边同期发掘的遗址分布情况，五个建筑群以及三块墓地可能分属于若干个氏族，这几个氏族又组成了同一个胞族或者较小的部落。

2. 长江流域遗址

1）河姆渡文化遗址

浙江余姚河姆渡村的建筑遗址距今约六七千年，这是中国已知最早采用榫卯技术构筑木结构房屋的一个实例（黄渭金，1998）。已发掘的部分是长约 30m，进深约 7m 的木架建筑遗址，推测原是一座长条形的体积相当大的干阑式建筑，许多木构件上都带有榫卯。在南方，主要是长江中下游地区，由于地下水位高、气候潮湿，建筑的发展是由"构木为巢"逐渐下降到地面。随着社会发展和技术进步，逐步形成了这种独树一帜的建筑形式与建筑风格。

长江下游新石器时代晚期聚落遗址的房屋，除了干阑式结构住宅外，一种位于平坦的岗地上，每个聚落面积不大，但往往彼此毗邻成群，这些地区土壤黏性大、排水慢、含水量较大，因此多在地面建造窝棚式住房。住宅的平面为圆形或方形，墙壁及屋顶可能用植物干茎编织为骨架，上面敷以泥层。

2）良渚文化聚落遗址

江南其他广大地区的聚落，仍以土木结构的半穴居或地面建筑为主。江苏吴江龙南村发展的聚落遗址属于良渚文化时期，该聚落夹建于一小河的南北两岸，已发掘的文化层分为上下两层，分属良渚文化的二期（均为早期），其中以下层表现的聚落内容为多。共有建筑遗址 9 处，均为半穴居及浅穴居。另有灰坑 19 处，码头残迹 1 处，沿岸又筑有护房堤坝。住房的平面有圆形、条形、"T"形，其余残缺不全的，经检测其平面多为方形或矩形式样。东侧有柱洞 10 个，并在东南隅置一踏道，推测是 1 处公共活动场所。上层文化层仅发现方形平面房屋 1 座，古代道路 1 条，另有灰坑 3 处。建构筑物少、墓葬多，共有 15 座，表明此时该聚落供生活居住的主体区域已不在此。

这一时期的村落布局也发生了变化。过去居住区、墓区、制陶区之间的明显界限已经消失，有的墓葬和窖穴、房屋交错在一起，这是氏族制度解体的表现。

第二节　村落的形成和演变

传统村落形成和发展于农耕社会，农业经济和社会形态是大背景，自然环境则是其形成和发展的基础。位于长江流域的苏南地区农业开发历史悠久，文化源远流长，本节以此为典型案例介绍村落的形成和演变过程。

一、村落的形成

村落的起源是自发的、多种多样的，取决于不同的社会、经济文化诸多因素的综合作用。部分是由婚姻血缘关系构成的社会群体，聚族而居，世代延续；部分则是出于对自身安全的需要，在自然灾害与变迁、人为破坏（如战争）的影响下被动形成的；但最主要的原因则是为了耕作方便。农业生产离不开土地，农民只能就近定居在田地附近，并世世代代从事农业生产劳动，于是村落便星罗棋布地分布在广袤的土地上。

1. 自然经济特征

农耕文明是以农为本的自然经济，无论是奴隶社会还是封建社会，耕作均处于支配地位，土地提供了人们最基本和最大量的生活资料，农业活动也就成为传统社会最主要的经济活动。这一特征在中国长期的发展过程中最为典型。

自然经济的基本特征是自给性。这种自给性特征的形成是适应传统农业生产力发展水平的，最直接的原因是生产技术水平停滞不前，原始的生产工具和生产技术迫使农民一家一户在小块土地上耕作，形成低水平的超稳定型耕作方式和生产技术。在自然经济条件下，推动区域经济增长的主要动力一是人口总数的增长，二是耕地面积的扩大。受社会变动的影响，苏南地区一直是接纳北方移民的重要场所，这些移民既带来了北方的耕作技术，又加快了苏南地区的开发，为苏南地区农业经济的发展提供了动力。

2. 村落的空间模式

1）家庭经济构成的内向型空间

家庭是自春秋战国时期起中国广大地域内集生育、生产和消费于一体的社会组织形式，在当时以犁锄为主要生产工具的生产力水平下，家庭是最有效的农业生产组织。作为内向型经济空间的基本组成部分，家庭的经济活动表现为原始的综合化，耕织结合是其最突出的特点，由耕织结合的家庭经营这种基础社会结构奠定了内向型经济空间模式。小规模土地，男耕女织，对外界的依赖性很少。因此，在村落经济圈内，家庭经济又表现出相当高的同质化、均一化特征。

2）内向型空间的距离约束

就单个村落分析，其最大的耕作半径可以是家庭劳动力人均可耕地量的最远距离，最小的生存半径是维持村落全部人口生存的空间。通常情况下，一个村落的实际经济活动半径介于这两个数值之间。在当时技术水平较为落后的条件下，农业劳动力耕作半径的最大值事实上规定了一个地区村落发展的最大规模。村落规模越小，其生存半径越小；反之，村落规模越大，生存半径越大。所以传统乡村空间系统就必然倾向于分散化。苏南地区以种植水稻为主，需工量大，还有较多的笨重农具，耕地不宜离住宅太远，所以"江南平原一般耕地离村二三百米"（金其铭，1988）。

3）经济空间组织模式

在自然经济格局下，形成了大大小小不同规模的村落经济圈空间组织模式。由于村落的经济活动过程是封闭性的，每个农户构成自给自足的经济实体，若干个农户家庭定居在一起，组成一个对外封闭的村落经济圈。这个经济圈以村落为圆心、以耕作半径划定的圆圈为腹地，其大小与村落的规模紧密联系在一起。在一定的耕作技术条件下，最大耕作半径所限定的村落人口规模之内，不同规模村落的出现都是合理的。在距离规模较大的村落较远的耕地处，往往建立起零散的小村、独家村、三家村。

随着劳动分工的发展，手工业、商业逐步从农业中分离出来，小农经济的封闭格局被打破，村落经济圈中的商品生产者空间活动半径也必然突破耕作半径的束缚而逐渐扩大，导致传统乡村空间系统的组织模式并非完全封闭。一方面，虽然村落经济圈不依赖于城镇而独立演化，但城镇却通过各种作用影响乡村空间系统发展，城镇的行政管理控制着广大乡村，市场力量及超经济的政治力量对村落经济圈产生了一定的影响。另一方面，手工业生产有了一定程度的发展，必然脱离农民家庭的附属地位而成为独立的生产部门，早在春秋战国时期就出现了以商品生产为主的小手工业者。因此，除了耕织结合这种家庭经营方式，随着商品交换品种的增多，乡村内部也开始出现原始市场。

二、村落的演变和发展

1. 村落组织模式及其演变

1）"村落结构化"空间的组织模式

村落居民自发而独立的发展并不是无序的，而是具有自组织性。这种自组织性表现在以下几个方面：

第一，聚落规模的分布具有自我调节的能力。大中小村落相间分布，互相镶嵌，对区域空间进行不断的充填。由于聚落之间的规模分异，所形成的地域空间结构就不是像克里斯塔勒模式认定的会产生较大的空隙（图2.1）（张小林，1999）。

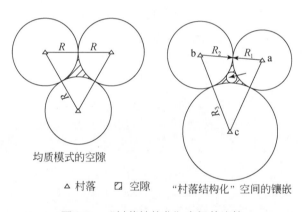

均质模式的空隙

△ 村落　　☐ 空隙　　　　"村落结构化"空间的镶嵌

图2.1　"村落结构化"空间的比较

第二，作为聚落的构成单元——家庭，也有自适应性。家庭人口的自然繁衍使小家庭变成大家庭，在小农经济格局下，五口之家乃是农业生产的最有效规模，于是家庭规模发展到一定程度后便再次分家析户，成为小家庭，世代延续，从而发展成为聚族而居的村落。

第三，村落规模扩张的限制性决定了：随着人口增长，村落本身应寻求新的土地占有形式。主要包括向外移民、更集约地利用土地及限制人口增长三种方式。可见村落空间分布的内在动力是人口增长对空间的需求，不断适应外在环境的变化而寻求突破。

第四，自然村落具有适应社会环境变动的能力。政治变动与朝代更替、大规模的战争和自然灾害都足以破坏村落的演进，但即使如此，只要影响村落演进的生存方式不变，就会在原有的废墟上重建起新的村落。"村落结构化"空间具有持久的生命力。

2）城镇影响

城镇对乡村的影响主要是通过行政原则控制广大乡村空间。在传统乡村空间系统的组织中，城镇既有工商业中心和行政中心的职能，又要发挥军事防御的作用。从古代城镇的兴起看，封建社会的古代城市不是随着工商业的发展而成长起来的，而是随着分封制度的扩展和政治需要分布在实施统治所需的适当地点，并根据封建"礼法"有计划、有目的地建立起来的。

同时，城镇也是工商业的集中地点，但封建社会的"抑末"政策限制了城镇经济作用的发挥。随着中央集权制度的建立，城镇的政治统治作用得以强化，所有过去的诸侯都邑和卿大夫采邑，都变成直接为中央控制的郡县，每一个郡城或县城都交织在整个统治机构之中，成为整个统治机构的一个组成部分，亦即全国统一行政系统中的一个基层单位。

2. 村落社会空间发展

1）村落内部的空间组织

村落本身并不是均一化的空间，而是有社会性质的分化，形成村落内部的不同社会空间。尽管村落内部的组成单元——家庭在经济活动的性质上是同质的，但其社会等级与地位是不同的，家庭、家族、宗族等都并非孤立存在于村落中。

村落内部公共活动中心的形成。传统的村落均聚族而居，血缘关系便成为维系人际关系的纽带，反映在物质形态上，常常是以宗祠为核心而形成一种节点状态的公共活动中心，凡祭祀、诉讼、节庆等族中大事均在这里进行，逐渐转变成为村民心目中的政治、文化和精神上的中心，特别是一些历史久远的大村镇，这种节点往往不止一个，并且还可以分出层次，从而形成一种树状结构。

村落内部空间地域分化。在传统村落内部会出现按宗族及其下属各支系划分空间领域并组织生活空间的模式。村落内部以血缘关系为基础连接起来，按封建伦理道德观念，长者尊，幼者卑，等级分明，但宗族内部不可避免地会有这样那样的矛盾，致使宗族聚落发展到一定规模便走向分裂。彭一刚（1992）在剖析皖南黟县西递村时，认为村落组织按亲缘关系划分为九个支系，各据一片"领地"，既有全村性的中心——总祠，也有每个支系内部的支祠作为副中心，分别布置于村落周围，各部分既能分，又能合，从而形成一个统一的整体。

2）村落与外界的社会交往空间

凡聚落所在的地方，必然有交往活动。由于地理上分散性的客观限制和经济上的自给性所提供的可能性，传统村落在社会生活中表现出明显的孤立性特征。但村落社会的孤立性是相对的，村民的基本需要总要有赖于相邻聚落的人和物质才能获得满足，村与村之间的直接交往是农民生活的基本组成部分。

最突出的空间组织是乡村的"通婚圈"，由于封建落后的小农经济造成的封闭性，人们的活动范围有限，联姻渠道也很少，加上过去有"同村不通婚"的禁忌，以及"男女授受不亲"的封建礼教，因此，一般不在本村联姻，而是在邻近的村庄选择婚配对象。

由于传统乡村的宗族势力强大，尽管每个村落过着一种自给自足的生活，但它与周围村庄的亲戚关系十分密切复杂，主要表现为走亲戚串门和互相帮忙。因此，乡村的社会空间丰富多样，超越了封闭而内向的经济空间局限，既反映了人与人之间交流的需求，同时也丰富了广大村民的文化生活，使村落空间系统由分散化走向有限的结构化，由此可见社会活动在乡村空间组织的巨大作用。

第三节　集镇的形成与发展

一、集镇的形成

集镇出现于奴隶社会。随着生产工具的改进与生产力的发展，产生了私有制和商品交换，出现了人类社会第二次劳动大分工，即商业、手工业与农业的分工，村落中开始出现产品交换的场所，乡村聚落也逐渐分化为以农业生产为主的村落和以商业、手工业为主的集镇。

1. 集市的发育

早在春秋战国时期，随着商品经济的发展，市就已经兴起。"古之为市也，以其所有易其所无者，有司者治之耳。有贱丈夫焉，必求龙断而登之，以左右望而罔市利。人皆以为贱，故从而征之。征商，自此贱丈夫始矣"（《孟子·公孙丑下》）。这是民间物物交换的原始形态，小农经济占统治地位的时代，并非每个家庭生产单位都能自给自足，必须以商品经济作为补充，农夫要"以粟易器械"，工匠要"以器械易粟"，于是形成了最原始的"以有易无"的商品集散地，这些市大多分布于城镇外的大道两旁。

先秦时代的市，大多是"朝则满，夕则虚"（《战国策·齐四》）。乡人赶集多在早晨，这一传统一直延续了很长的时间。当时的市被称为"草市"或"村市"，乃是乡村间进行交易的初级市场，在中国北方出现了城郭、草市、乡村作为三级行政区划加以区别对待。不是州县所设置的市，称为草市，由原先"朝满夕虚"的交易场所，转而成为一个地理实体，即商业性的居民点。随着商业的逐渐发达，不断兴起新的市，市的数量增多，原有的聚落空间结构有所变化。一部分市由于地处交通要道，贸易发达，规模日渐扩大，以至陆续被升为县治。

苏南地区除了郡县治所在地外，在水运通道开始发育一些集市。如破岗渎开通后，因跨越茅山丘陵，河道纵坡形成以分水岭为中心向东西两侧下倾，坡面比降较陡，所以在总长仅四五十里[①]运道中修建了 14 座埭（《吴录》称十二埭），平均三四里路一座埭，上七埭通往延陵界，下七埭通往江宁界，实行分级蓄水通航，每座埭坎附近都

---

① 1 里 =0.5km。

建有旅馆和商栈，形成集市。但除这些位于主要水运通道上的商业性聚落乃至都会外，面广量大的还是广大乡村地区的"草市""村市"，集市尚处于初步发育阶段。

多数集市是在聚落的内部或一端产生的，如在村落的桥头或打谷场。这种当地有定居人口的集市，一般是在较大村落的基础上发展起来的，有一定的商业服务业，逢集的日期，赶集人数常超过当地居民几倍，甚至几十倍。还有一种较大村落，平时没有集市，但在每年春天举行一次定期的物资集散活动。这种一年一次的大集一般放在农忙开始以前。在江南，大都在农历三四月份，各村镇赶集的日期互相错开，以便商贩活动，他们常于清晨起即汇集于此，甚至提前一天到达，村镇中临时开设了饭馆、旅社等服务行业，亲友们也借此机会互相走访留饭。四乡十余里的人们拥向这里，小村镇变得水泄不通。农村的庙会也是一种集市的形式，农民一方面利用庙会烧香敬佛，许愿还愿，一方面出售自己的农产品，买回必需的生活用品。各地农村还有许多传统的专业集市，如牲口集市、竹木集市、粮食集市、山货集市等。南方农村最常见的是猪市和买卖耕牛的牛市，出名的猪市、牛市，连几百里外邻省的猪牛都会被运来交易。

可见，早期的集市是出于商品交换的需要。人们在交通道口、码头边、河闸、山前坪地、庙宇前的空地等处，把自己生产的瓜果、鸡蛋、手工产品或捕获的鱼虾等在地上设摊，等候过往行人购买。这些交易的地方起初并没有固定的营业建筑，当地也不一定有定居人口，仅是一片空旷的场地，至约定的日期，或初一、月半，或逢五逢十等，四乡的人们带着货物纷沓而至，熙熙攘攘，日中以后，交易结束的人们陆续散去，最后留下一片空场。在中国各地农村，直到现在还有这类自发产生的集市。

2. 市镇的兴起

一大批小城市以镇市的方式兴起，这是唐以后城市化发展的一个显著特点，也是乡村空间系统改造的突出表现，有国外学者称之为唐代末叶开始的"中世纪城市革命"（宁欣等，2010）。镇的性质转变则发生于唐代后期至北宋元丰年间，镇的职能变化的转折点是在宋建隆三年（郁越祖，1988）。唐代后期，特别是"安史之乱"，导致了全国范围内的藩镇割据局面，地方基层出现了政区系统和藩镇系统的权力转移现象，镇将干政，镇在表面上是一种驻军单位的设置，而实际上却分割县级治所的行政与财政权力。

公元 10 世纪中至 19 世纪中叶的宋、元、明、清时期，中国封建社会进入了发展的后期。与宋以前相比，其变化表现在：首先，随着商品经济的发展，市的数量增多，集期逐渐频繁，集市作为基层经济中心地的作用日趋明显，唐以前广泛发育的草市，到了两宋时期，逐步演化为定期市（有固定的 10 日或 5 日一集的交易时间），而后又转化为经常市（也成为常市、日集市、每日市）；其次，镇的性质发生了根本性变化，宋以前，镇是作为一种军事单位出现的，经过北宋时期不断的发展和演变，最终成为专用于县以下小型商业聚落的行政建制单位，在宋人的记载中，设镇聚落常被称作"镇市"，是介于县市和草市之间的市场设置，并在镇市设置监镇官，"诸镇监官，掌警逻盗及烟火之禁，兼征税榷酤"。于是，宋以前一个县域范围内以县城镇与村落为基本聚落单元的状况，改造为以州县（坊郭）、镇市、集市、乡村等多层次格局。集市由初期的半个月一次发展成十天三次，进而成为每天都有集市，并出现了固定的商贩。他们建造房屋，开设店铺，收购和出售各种手工业和农副产品，出现了手工业作坊，特别是为农业和农民服务的手工业作坊，如油坊、糟坊、制伞、铁匠铺等，甚至出现经销外地商品的商店，如绸市、南北货等，以及为赶集人服务的饭馆、茶馆、书场等，从而完成了"村落→集市→镇"的发展过程。

中国台湾学者刘石吉在《明清时代江南市镇研究》一文中指出，"就中国都市发展的过程来看，随着宋代工商业的发展，原有乡村地区的草市逐渐演变为商业性的聚落，而军事性及以行政机能为主的城镇也渐次蜕化为工商业的据点"。

草市与镇的结合成为宋代乡村空间系统职能变动的主要驱动力。"诸非州县之所，不得置市"的规定因为唐代后期草市与镇的同时兴起而被彻底打破。如苏州市常熟县梅李镇的兴起就是典型的例证，"吴越钱氏时遣二将梅世忠、李升山戍此，以防江北南唐之军，居民依军成市。"梅李至元丰间始为镇，可知吴越为戍防时未置镇，镇市相结合才形成一个独立的地理实体。

二、集镇的发展

1. 专业市镇的发展

明清的 500 余年是中国封建社会渐趋没落、资本主义出现萌芽的时期。乡村的社会分工随之日益扩大，从事工商业的人口不断增多，市镇因此日益发展和繁荣起来。在苏南地区，乡村经济的商品化发展突出表现在新兴的棉作经济与蚕桑经济，包括与之相配套的家庭手工业以及其他经济作物的栽培与加工的商品化经营，明显压倒了传统的稻作经济，改变了唐宋时期以粮食作物为主体的农业结构在宏观经济变革的大背景下，乡村空间系统的变动主要体现在以下几个方面。

1）市镇数量大幅增长

与南宋时期比较，苏南乡村地区的镇、市数量增长很快。以常熟县为例，明代已达九市五镇，而到清代末期，绝大多数集市都转变为镇了。明清时期是苏南市镇大量兴起的阶段，基本奠定了现今小城镇的框架结构。一些典型县域，形成于明清之际的市镇占 50%~80%（樊树志，1990）。

2）专业性市镇应运而生

在区域专业化生产的影响下，因商品性作物棉花和蚕桑的种植、加工与贸易，兴起了一批专业性市镇。以松江和太仓州各县为中心的棉市，如璜泾镇、鹤王市、唯亭镇等；太湖周边的专业丝市，如盛泽、震泽等镇；以及为满足食物需求而形成的米粮市镇，如苏州近郊的枫桥，吴江的平望、盛泽等市镇；此外还有一些因其他手工业或商品的专业生产而发展起来的市镇，如江阴谢园镇的蔬菜瓜果业，吴江屯村镇的冶炼、铸铁业等。

3）城镇人口规模进一步扩大

许多市镇在明清之际由乡村聚落快速发展成为地方贸易中心，且往往成为数千或数万户人口的大市镇。吴江的盛泽镇在元代时尚为一小村落，居民仅数十家，明中叶后增至三四百家，弘治、嘉靖年间已有千余家；清初由于丝织兴盛，"货物并聚"，居民达二三千家。市镇一方面吸引了附近乡村人口至丝织厂做工，增加乡村人口就业机会；另一方面把绫绸业逐渐从城镇中推广到乡村地区，形成生产与贸易的连锁体，几乎所有农家均以蚕桑及丝织为副业，加速了乡村经济的商品化进程。

2. 经济空间的转型

1）"村落经济圈"的瓦解

"村落经济圈"的瓦解与商品化发育程度密切相关，市镇的发展加速了这一过程。封建社会，小农业与家庭手工业相结合的自然经济结构是其主体，自给性生产与商品性生产的双重结合是小农经济的基本特征，商品经济和自然经济逐步形成互相制约、互为消长的对立统一关系。有的农民家庭商品化程度较高，生产的大部分产品以交换为目的，一部分直接供自己消费，即以商业性生产为主，自给性生产为辅，成为小商品生产者，如经济作物产区；有的农民家庭生产的产品主要供自己消费，同时生产一部分商品用以交换其他生产和生活必需品，如粮食作物产区。自然地，前者要比后者与市场的联系更为频繁和紧密，村落经济圈的瓦解也因此更为彻底，后者则相反。

地方市镇是农产品商品化的产物，同时又反过来推动商品化的进一步发展。市镇发挥了城市与乡村之间的中介作用，各市镇逐渐商业化，其影响力广泛渗透到附近的乡村地区，刺激传统乡村手工业的进一步发展，以市场力打破了原有的封闭式"村落经济圈"，加强了村庄与外界的经济、社会联系，有效地组织起乡村的空间系统。农民的实际活动范围不再局限于自己的村落，而是扩展至一个基层市镇所及的整个地区。

2）初级市场体系的形成与发展

小规模的农户经营与分散化的商品性农产品必然需要一个与之相适应的初级市场体系。两宋至明清，市镇的兴起、发展与生产之间的关系十分松散，仅限于个别超过单个小农家庭生产能力的行业，诸如丝织、高级棉布加工等，而且生产的产品主要是为了城镇居民消费，城镇从未成为面向小农消费者的生产中心，而是商业活动的中心，作为一个地理实体，其商业活动首先依赖于本镇及腹地的商品供应和需求，其次也满足同外地进行远途贸易的各种需要。这一阶段市场体系的初级性特征如下。

（1）小农经济本身的固有性质决定了农村自身市场需求不足。种粮为主的农民出售余粮，换取棉布，这是苏南村落中商品贸易的主要内容。有余粮的农民与有余布的农民相交换，尚停留在维持最基本的生计这一层次上。市镇中日常生活用品的销售对象主要是市镇本身及其附近村落的居民和外地客商，因而在市镇上开设有一些固定的店铺，基本商品通常由市镇及其附近乡村地区生产和供应。由于乡村基层市场需求的局限性，单纯依赖为周围村落服务的市镇容量较小，以农民之间的水平式交换为主。

（2）商品贸易流主要表现为由乡村向城市的单向流动。从城乡关系看，商品贸易流具有单向性，主要表现为由乡村向城市的单向流动。城市上层社会是需求的主体，小农向城市的上层社会提供丝和布、地租和赋税，但几乎没有回流，城市生产的商品很少进入农村，因此城市商品经济的兴盛不完全是社会分工发展的结果，而是由封建社会本身的体制所支持的，导致由生产中心（广大农村）向消费中心（城市）的单向流动得以维持，并整合成为一个完整的经济体系。

（3）初级市场逐步纳入全国性的市场网络。农村集市是小农之间以及小农与小商贩、商业资本之间进行交易的立足点。城市中的集市也有所发展，如苏州玄妙观、南京夫子庙等。至清代，各种规模不同的交换中心和交换据点，通过商人在原料与产品之间的贸易联结为统一的国内市场网络。美国学者施坚雅在分析中国地方市场的等级时，从最下层的基层市镇到中间市镇、中心市镇、地方城市、大城市、区域城市、地域首府到首都，共有 8 个层次，市场系统逐步发展成为整体的区域系统。

（4）贸易流以"自下而上"为主。由基层的初级市场向高级市场中心的"自下而上"的贸易流是主流，但并不是完全按等级顺序流动的。在商品经济发达的苏南地区，一些商业集镇既是交换的中心，也与国内其他地区相联系，使商品贸易突破了地方市场的限制，著名的如吴江盛泽镇的丝市，范围扩大及全国。明清时期，一些全国性市场常不在大城市，而在小城镇中。

三、集镇的分化

农业商品化的直接结果就是市镇数量的增多和专业化市镇的大量涌现。从聚落空间结构角度看，市镇的等级分化及由之形成的内、外部空间分化是很突出的特征。

1. 规模

一般而言，市镇居民大多在 100~300 户，500~1000 户的为数较少，也有一些市镇居民仅数十户、十余户，大多是一些村市。镇的居民明显多于市，一般在 1000 户以上，大的镇可达 10000 户左右。在宋代，一般以聚落人口达到 100 户作为允许在该聚落设镇的最低人口限度，人口在 1000 户左右的镇市有可能升置为县。以吴江县为例，万户大镇有盛泽镇（明嘉靖时是"居民百家"的市，明末清初成为"居民万有余家"的大镇，乾隆时仍然保持"万家烟火"的盛况），千户以上万户以下的中型镇有黎里镇（弘治时"居民千百家"，嘉靖时"居民二千余家"，清初"居民更二三倍"，达 5000 户左右）。

2. 内部空间结构

最突出的特征是镇区内部职能开始分化，形成商业街区。一般规模的市镇以"一"字形街的布局为多，有的市镇甚至有二三条甚至多条街。尤其江南水乡河道纵横交错，是城乡间联系的交通要道，市镇大多分布于河道两岸，成为商贾云集的水陆码头。桥头、码头、河岸往往是集市的所在地，较大型的市镇口处于两条河流十字交汇处，镇中心就是"十"字港，周围有桥梁与街道相连，是闹市所在，还有"T"字港、"廿"字港等多种形式，某些经济繁荣的大镇可能形成更为复杂的布局。除了商业与居民的职能分化外，有的还有手工业集聚区、文化行政管理等功能的布局差异。但这一时期的市镇内部分化最明显的就是商业职能，其他的大多处于混杂状态，市镇内部各种公共建筑和居民住宅大多布局比较紧凑，密集的建筑物构成市镇的基本景观形态。

3. 职能结构

两宋至明清市镇的主要经济职能大致可划分为三种类型：即交通型市镇（形成于交通线上，以为交通服务为其主要职能，这是数量最多、分布最广泛的市镇类型）、市场型市镇（根据地方市场的需要而兴起，其区位功能首先是满足城市和农村对于本地市场布局提出的要求，为定居的居民及村民提供商业服务及贸易场所）、产业型市镇（因为手工生产对于商业服务的需要而发展起来）。根据地理区位的差异，交通型市镇可进一步分为居中型（介于两个聚落之间）、水陆交会型（水陆交通线交会口岸位置）、路口型（包括津口、桥口、堰口、关口等）3类；市场型市镇也可划分为城外区位、乡村中心区位；产业型市镇可根据手工产业化的不同而加以划分。

第四节　村镇空间的转型与分化

从村镇的演化视角看，可将其划分为两个比较典型的村镇发展时期，分别是改革开放以前的计划经济发展时期和改革开放以后的阶段。

一、计划经济体制与村镇空间的转型

1. 农村集体经济制度与人民公社化

新中国成立前后，广大农村开展了轰轰烈烈的土地改革运动，中国共产党有计划地完成了封建土地所有制度的改革以及农业和工商业的社会主义改造任务。随着生产资料私有制进行社会主义改造的基本完成，中国的经济社会结构发生了历史性的根本变化，公有制经济成为中国的经济基础，社会主义制度基本建立。从1958年开始，农村人民公社运动在全国各地全面铺开，一种全新的农村社会组织——人民公社逐步建立起来，这种新体制的基本特征是"一大二公"（即指人民公社的组织规模大，生产资料公有化程度高），"政社合一"（人民公社是农村的基层单位，既是政权组织，又是经济组织），即高度的集中和高度的平均主义，实行生产资料公有、集体劳动、统一分配的经济体制，三级所有、生产队为基础的管理体制，从一家一户小规模经营的农户组织成一个集体性的组织，从土地私有制改造成为土地集体所有制。农村人民公社的建立是一场空前广泛、深刻的社会革命，农村的经济、社会、政治各个领域乃至农民群众的个体生产和生活方式因此都发生了根本性变化。

农村人民公社的主要生产资料实行集体所有制，土地的经营权归生产队支配，由计划部门下达任务，按计划生产，农民、集体没有自主权调整劳动要素配置，农民除了少量的自留地可自行种植外，只是一个生产劳动者，而不是一个独立的商品生产者和经营者。就公社本身而言，尽管在农业生产方面有利于多种经营的发展，克服了单一农业生产的局限性，而且还要求工、农、商结合，发展多种经济，但人多地少的现实束缚了商品性生产的发展。在当时极左思潮的影响下，人们把商品生产、商品交换无一例外地看作是资本主义的东西，导致人民公社的商品生产始终得不到充分发展，每个公社在最大限度内成为封闭的、自给自足的自然经济实体，多种经营始终难以真正发展起来。

2. 城乡二元结构得到加强

1953 年以后，由于宏观政策带有强烈的"城市偏向"，城乡分割的二元结构得到加强。随着国民经济有计划、大规模的展开，农业生产特别是粮食生产的落后与工业化建设需求的矛盾开始暴露。为了缓解粮食购销紧张的局面，国家出台了统购统销政策，对粮食实行统一管理。主要农产品的统购统销制度实施后，对私营农产品工商业进行严格管理，严禁私人经营粮棉等重要物资，农民进镇经商受到限制。1956 年起只允许农村的土特产品进入市场，实行自产自销，大宗农产品均由国家统购统销，商品生产与经营逐步减弱，集镇也随之失去了作为农副产品集散中心的经济基础。统购统销制度对保证供给、支持工业化建设发挥了积极作用，但对农村经济和农业生产也带来了一定的负面影响。

1958 年 1 月，全国人大常委会通过了《中华人民共和国户口登记条例》，该条例第 10 条第 2 款规定："公民由农村迁往城市，必须持有城市劳动部门的录用证明，学校的录取证明，或者城市户口登记机关的准予迁入的证明，向常住户口登记机关申请办理迁出手续。"户籍制度的确立，强化了中国特有的城乡二元结构，并通过粮食供给、教育、就业、医疗、养老保险等城乡分割的措施，对公民身份进行了划分。

在原有的城乡二元经济结构基础上，以户籍制度为特征的二元社会结构将大量的农村剩余劳动力留在农村，实际起到了固化二元经济结构的作用。村落成了村民生于斯、长于斯、终老于斯的唯一生存空间，农村自身增长人口除了增加对土地的劳动投入外，别无其他选择。这样，在集体劳动的人民公社内，尽管劳动力充分就业，但农业中存在的大量剩余劳动力是以隐蔽失业的形式存在的。农业劳动的效率和劳动生产率极其低下。

在城乡分割的二元体制下，"城市办工业，农村搞农业"，城市与农村均各自以内部的经济循环为主，城乡之间的经济关系简化为"农副产品进城、工业品下乡"的模式，形成农村用初级产品（如原粮、原棉）与城市的农业初级制成品及初级工业品、初级工业制成品（如煤、生产资料）相交换的基本格局。这种固定的商品交换随着农业生产的增长而逐渐扩大，农村通过日益增长的农副产品来换取城市所生产的商品，以获得扩大再生产所需的物质条件，从而完成再生产的循环。但这种相互作用受供需两方面的制约而逐步僵化，农村收入增长缓慢，对城市商品缺乏需求，农村本身人口压力过大，可供给城市的农副产品在计划经济模式下增长没有动力。城市与农村之间的关系是不平等的，实质上是一种支配与被支配的关系。

3. 村镇空间的转型

城乡二元结构、农村集体经济制度与人民公社化运动对乡村空间系统变动的影响非常显著。

1）行政等级设置成为乡村空间系统的控制因素

公社化运动使村镇发展与行政设置直接挂钩，传统的村镇空间分布、规模等级以及内部结构产生分化，人民公社化成为村镇兴衰的控制因素。这种控制表现在以下几个方面。

乡村中心的空间分布趋向均衡。公社作为国家最低一级行政单元，在县域内的规模彼此大致相当，各公社所辖地域范围、人口规模比较接近，公社集镇作为农村中心在县域内分布，自然就比较均衡。

村镇因行政设置而发生了变异。一些自然集镇和自然村落变为公社所在地，而有的集镇未作为公社所在地发展而日趋衰落，与新中国成立前相比，原有集镇数量减少，公社集镇的影响力扩大，而其他集镇影响范围缩小，这种现象较为普遍。江苏省武进县 1953 年普查有大小集镇 61 个，其中县、区属镇 28 个，小集镇 33 个，经公社化调整，原 33 个小集镇中有 20 个变为公社所在地，其他 13 个小集镇逐渐蜕变为大队所在地甚至村，另外有 15 个公社集镇则是新成立起来的。

行政设置的分化导致不同级别村镇建设及其内部构成的连锁反应。县城是县域政治、经济、文化中心，集中了大部分的县属企业，镇办企业具有一定规模后也上升为县属企业，行政机构、商业管理、服务、文化教育设施等影响范围均达到全县。公社所在地往往选择原有基础较好、位置适中的集镇或村落，它不仅是全公社的政治中心，同时也是经济、文化中心，建有与之相对应的管理机构。一般小集镇成为公社下属的大队所在地，只有基层政权组织而没有相应的一套行政机构，村落往往是一个生产队或几个生产队所在地，是农民居住、从事农业生产的场所，一般没有公共设施。这样，乡村空间系统就根据行政设置等级的不同配置相应的行政、企业事业单位，县域内的聚落就产生了县城镇、一般县属镇、公社集镇、自然集镇、村落的分化，行政等级体系与规模等级体系之间有较高的吻合度。

1955 年 6 月，国务院发布《国务院关于设置市、镇建制的决定》，建制镇被规定为经省（自治区、直辖市）批准的镇，"镇，是属于县、自治县领导的行政单位。县级或者县级以上地方国家机关所在地，可以设置镇的建制。不是县级或者县级以上地方国家机关所在地，必须是聚居人口在 2000 以上，有相当数量的工商业居民，并确有必要时方可设置镇的建制。少数民族地区如有相当数量的工商业居民，聚居人口虽不及 2000，确有必要时，亦可设置镇的建制。镇以下不再设乡"。这样，除了集镇以外，建制镇成为中国村镇的重点和中心所在。

2）集镇的行政管理职能削弱了经济职能

公社集镇的主要组成部分是从事非经济活动的行政机构及为农业生产服务的设施，集镇原本商品流通职能的丧失导致其经济活力减弱。历史上的集镇主要职能是商业、服务业，作为一定腹地内的经济中心而存在、发展，人民公社化以后，商业逐步纳入国营，个体和集体商业被看成是资本主义而受到限制和打击，大大削弱了农村地区商品集散中心的职能。

这一阶段集镇增长缓慢，而且受城乡经济形势影响而波动，集镇的人口经历了两次大的衰落。20 世纪 60 年代初的国民经济调整时期，国家采取了精减职工、压缩城市人口的措施，社办企业大量下马，集镇上的干部、工人、手工业者、小商小贩、集镇居民大量下放，大多改行务农。1963 年以后，随着国民经济形势的好转，集镇经济曾出现过短暂转机，但 1966 年以后的"文化大革命"，又一次造成集镇的衰落。根据中国科学院南京地理所对武进县集镇人口的调查，1953 年全县 61 个县、区属镇及小集镇总人口为 18.5 万人，平均每个镇规模为 0.3 万人，1979 年 62 个县、公社集镇实有人口 22 万人，若考虑到人口的自然增长，则集镇基本处于停滞阶段，集镇人口占总人口的比重由 1953 年的 19.33% 减少到 1979 年的 16.9%，下降了约 2.5 个百分点。

3）人民公社成为相对封闭的社会经济实体空间

人民公社成为基层社会组织，各种社会活动基本在公社内展开。

作为一个经济组织，人民公社对村镇经济活动空间产生的影响是极其巨大的。一方面，生产队是人民公社中的基本核算单位，实行独立核算、自负盈亏。一个生产队的地域范围成为农民从事生产劳动的领域，以单一生产队为一个聚落单位，一般围绕该聚落一定半径耕作土地，不到一个生产队的村落只有邻近的属于自己的一块土地，大于一个生产队的村落则往往沿扇形展开。公社集镇也分为若干个生产队居住与生产的范围，其活动半径较大。另一方面，公社的经济活动是相对独立的，广大农村被分割成以公社为范围的"庄园经济"，商品生产极为薄弱，社办工业限定于"三就地"（即就地取材、就地加工、就地销售）的框子之内，为本公社生产和人民生活直接服务。聚集于公社集镇的社办工业均为与农业生产紧密相关的小规模的农具制造、修配、粮油加工企业，商业由供销社垄断，集镇蔬菜副食品供应则由全公社性的蔬菜队、食品站负责。因此，人民公社成为相对封闭的自给自足的自然经济实体。

二、改革开放与村镇空间分化

1978 年中共十一届三中全会召开，国家进入改革开放阶段，农村获得前所未有的发展机遇。党中央对农村的发展目标、城乡之间的关系进行了重大调整，开始采取赋权与放活政策，解决农村问题的路径逐步拓宽，突破了"城市发展工业、农村发展农业"的产业政策，乡镇发展异军突起，农村城镇化推进加速，探索出了一条中国特色的农民就业和人口非农化路径，村镇空间发生了重大变化。

1. 城镇化进程加速

中国城镇化水平起点较低，改革开放以来，中国由计划经济逐步向社会主义市场经济转型，城市的建设与发展迎来了新的契机。新中国成立之初城镇化率只有10.64%，在改革开放之前，城市人口比重仅增加了 7.28%。总体来看，改革开放前的20 年，中国城镇化进程受到严重抑制，城乡之间相互隔离相互封闭，形成明显的城乡二元壁垒（侯力，2007），造成城乡之间的巨大差异和日益深化的矛盾。1980 年中国积极发展小城镇建设，这一时期城镇化进程进入稳定恢复状态，城镇化率从 1979 年的18.96% 上升到 2000 年的 36.22%，年均增速 0.82 个百分点，尽管城乡之间的隔离问题仍然存在，但大规模、高速度的农村人口流动促进了城乡二元结构制度的逐步变革。

21 世纪开始中国正式制定了加速城镇化发展的总体战略，城镇化的速度和质量都有了较大提升。从 2001 到 2010 年，城镇化率由 37.66% 上升为 49.95%，年均增速 1.23个百分点。改革开放带来了国民经济的快速增长，但由于农业收入落后于第二、三产业，以及城市对农民进城政策不断放宽，使得乡城人口迁移日趋活跃。但当时中国城镇化明显滞后于工业化，城市无法提供足够的就业岗位，城市中聚集大量没有工作的"农民工"（叶裕民，2010）。同时，农村地区留守的家庭生产积极性下降，农业投入减少，土地承包制度无法保障农民的利益，甚至成为农民的负担，出现了中国特有的"三农"问题（吴敬琏，2002）。

2002 年，党的十六大提出了统筹城乡经济社会发展的方针，进一步推进城乡关系改革，促进城乡良性互动。此后城镇化步入高速发展阶段，到 2011 年，中国城镇化率提高到 50% 以上，意味着中国城乡结构发生了历史性变化。按照世界城镇化发展规律，中国城镇化已进入成长关键期。而近年来中国提出的"新型城镇化"和"乡村振兴战略"正是强调了城镇化健康发展的重要性，意在更好地解决城乡发展不平衡、农村发展不充分等重大问题，加快补上"三农"这块全面建成小康社会的短板，加强对农业和农村的扶持力度，力图打破城乡分割的二元结构，加快乡村由传统社会向现代社会的转型，实现城乡资源优化配置和城乡社会融合。

2. 农村经济体制改革与城乡人口的大规模流动

农村经济改革的启动是实行家庭联产承包责任制，农民有了生产经营的自主权，有力地推动了农村经济向商品经济的转变。

在农村第一步改革的推动下，农业生产迅速发展，主要农产品由长期短缺达到基本自给，为乡村空间的变革创造了条件。但真正对当代乡村带来根本变化的则是农村经济的迅猛发展，农村经济的多元化是乡村空间发生革命性变化的主动力。苏南地区的乡镇企业异军突起，乡村工业化快速推进，农村地域性质日益非农化。以无锡市为例，1978~1990年工农业总产值（以1990年不变价计算）平均年增长率16.1%，其中工业总产值年增长17.8%，农业总产值年增长4.5%。工业总产值中，乡村办工业年增长率为29.8%，由占工业总产值的19.2%上升到61.9%。可见，区域经济增长中大部分是工业增长的贡献，特别是乡村工业的高速增长构成了20世纪八九十年代经济高速增长的主要动力。苏南已经成为以非农业职能为主体、初步实现了工业化的地区。顺应乡村发展的内在要求，90年代，广大乡村地区依托原有小城镇，以工业小区的建设推动乡村生产要素的集中，通过引导乡镇企业在区域空间的相对集中，推动村镇空间结构的重整。同时，通过建设一批新兴的上规模的新城镇，与原有所依托的城镇连成一片，小城镇聚居人口大量增加，提高小城镇服务功能，带动小城镇经济结构的现代化，镇区用地规模扩展，大大加快了乡村城镇化进程，也是农业劳动力就地城镇化的新趋向。

2000年以后，中国城乡流动规模也发生了翻天覆地的变化。新中国成立后的30年时间里，由于种种原因，中国城镇化发展波动起伏，速度十分缓慢。20世纪80年代，随着农村经济体制改革和乡镇企业崛起，农村剩余劳动力脱离农业生产，投入非农产业，这一时期的非农化转移以就地转移为主，人口城镇化速度不快。90年代以来，大中小城市发展越来越快，数量也越来越多，吸纳了大量农村劳动力进入城镇，人口城镇化率迅速提高。特别是2000~2015年，中国常住人口城镇化率从36.22%上升到56.10%，提高了19.88个百分点，城乡之间发生了大规模的人口流动，但与此同时，户籍人口城镇化率，也就是非农户口率从24.73%上升到39.90%，仅提高了15.17个百分点，可见，中国常住人口城镇化与户籍人口城镇化之间存在着明显的差距。

21世纪的前十年，中国不同区域之间的城镇化差距不断扩大，乡城人口迁移也存在差别。东部地区在外向型经济的带动下，成为人口流入与集聚的主要地区，吸纳了中国最多的农业转移劳动力，特别是在珠江三角洲、长江三角洲、京津冀等地区。中部和东北地区作为重要的粮食主产区和老工业基地，人口众多，经济基础比较薄弱，随着城乡二元体制的松动，大量的农业剩余劳动力向东部沿海发达省（市）迁移，成为主要的人口流出地。西部地区就地城镇化动力不足，人口以向中、东部地区外流为主，但流动速度和规模比中部地区小（邓祥征等，2013）。

近年来，随着西部大开发、东北老工业基地振兴和中部地区崛起等区域战略的实施，中西部地区城镇化发展逐渐提速。在国家政策调控下，产业向中西部地区转移，中西部的经济增速和人口城镇化增速均高于东部沿海地区，2000~2018年中部、西部地区城镇化率平均每年增长1.44个和1.34个百分点，高于同期东部地区的1.25

个百分点[①]。加上东部发达城市高额的生活成本和巨大的竞争压力，不少农村剩余劳动力选择就近就业，向东部迁移流动的人口也有所减少。在市场调节和政策调控的双重作用下，乡村人口城镇化的区域差异呈逐步缩小的趋势，到 2018 年西部地区城镇化率达到 52.92%，接近中部地区 55.60% 的平均水平，但与东部地区 67.78% 仍有一定差距。

3. 村镇空间的分化

1）小城镇由传统集镇向新型小城镇转化

非农产业转型成为新型小城镇的主导职能。小城镇的前身大多是为了满足地区农业生产和手工业发展引发出的商品交换的需要，在交通便利之地形成的"日中为市"性质的集市。集镇是为一定范围的农村腹地提供生产、生活服务的地区经济中心，传统集镇大多仅具有流通和消费功能，而缺乏生产性功能或者仅从事小规模的手工业生产。乡镇非农经济在集镇的发展是其功能转换的转折点，集镇在原有流通和消费功能得到加强的基础上，产生了强大的生产功能，壮大了集镇经济实力，推动了各项事业的发展，最终使农村地区的集镇由原先的商业型、消费型，转化为以商品生产特别是以加工业为基础的现代化的生产服务型。

这种功能格局的转化对乡村城镇化进程具有重要的意义。一方面，小城镇更有效地发挥城乡联系的中介作用，由单纯工业品下乡、农产品进城，转变为城乡之间各种产品、技术、人才、资金、信息等的融汇中心，驱动商品和各种生产要素在城乡之间双向流动。另一方面，小城镇的新开拓加强了自身的发展能力，不断积累经济实力，扩大人口和用地规模，提高其建设的现代化水平，增强了对周围地区的吸引力。同时，小城镇吸收城市辐射的能力逐步提高，并与城市之间进行平等的竞争。因此，新型小城镇与传统集镇在功能上有本质的差异。

2）村镇空间等级分化加剧

小城镇集聚能力的分化，使得城镇等级体系的层次性更趋明显。人民公社化以后，小城镇与行政建制直接挂钩，形成了一个县域内小城镇空间分布比较均衡，以县城、乡镇二级分化的集镇体系。随着乡村经济的发展，区位条件、经济基础及发展潜力等因素导致小城镇经济实力在城镇规模扩展上发挥的作用不断加大。在苏南发达地区的县域中，城镇大致可划分为五个层次：第一级是县城镇超前发展，升格为城市；第二级是中心镇，往往是若干乡镇的区域性中心；第三级是建制镇；第四级是基础乡镇，属于经济发展较慢的一般乡镇，一些发展迅速的村庄上升为较大的城镇型聚落；第五级是工业化村，一些工业发达的现代化村落上升为城镇型聚落。

村落也在发生兼并与功能嬗变。随着人口的迁出，村落人口减少，一些村落消失，逐渐并入小城镇或中心村中，出现了村落的兼并过程。一些经济发展较快的地区把集中规划建设农民住宅区作为推进乡村城市化的重要举措，把原有分布无序的自然村落

---

① 按四大经济区域划分。

进行合并，统一建设少量的农民住宅区，既节约了耕地，又有利于乡村聚落的基础设施配套。这些新型的农民住宅区，房屋排列整齐，造型别致，环境幽雅，交通便利，配套齐全，展现了现代化新农村的美好图景。村落的功能已转而成为各级城镇的住宅区，或者称之为"卧村"。以江苏省为例，在快速城镇化背景下，该省村落进一步分化为以下不同类型。

（1）自然生态型。自然生态型村庄主要为自然生态环境优美，富有田园意境和地域环境特色的村庄。根据地形地貌特征，可以将江苏省大致分为六大区域（表2.1）。在这六个区域中，乡村自然生态环境不仅决定了其生产方式，对村落的空间形态也产生了深刻的影响。

表2.1　江苏省乡村聚落六大区域

地理区域	空间形态	风貌特色
太湖平原	村圩相依，循水而居	区内水网密集，地势平坦，聚落因水分隔，分布零散，村距一般在"一肩之遥"的距离范围内，呈现出"青溪绿水抱村头，万景千村嵌阡陌"的聚落意象
宁镇山丘	依山就势，散点分布	区内的地势复杂，低山、丘陵、岗地为主要地貌类型。聚落分布与规模受地形的影响，多集中在平缓的坡麓、山间小盆地与岗地中部；布局稀疏，聚落规模较小，形态多呈散点状，破碎化程度较高
黄淮平原	规整集中，平面延展	区内耕地面积大且相连成片，利于集中耕作、集中居住以及方便出行。聚落较为规整，以棋盘式布局居多，居住点相对集中。部分村落呈不规则团块状，沿河、沿路呈带状分布或块状集聚分布
里下河平原	带状集聚，沿河布局	该区域是全省最低洼处，在历史上易受洪涝灾害影响，区内乡村聚落多选择地势较高的地基营地，居住相对集中，往往形成较大规模的聚落
沿海垦区	沿渠伸展，棋盘格局	沿海居民在垦殖初期曾开挖较多的堰河及排、条沟，久而久之形成了纵横交错类似棋盘状的聚落格局。村落往往散布于接近田块的大路边或河沟边。房屋沿路或沿河按一定走向分散布局
沿江圩区	沿堤布局，带状分布	沿江圩区地面自西向东微倾，且两侧向江面倾斜。其中，沿江为沙洲和滩地，地势较低，两侧为天然堤，地势较高。这一地区聚落多沿江而建，并主要沿圩伸展，形成大致与长江平行的弧带状分布格局

资料来源：马晓冬，2012。

（2）古村保护型。古村保护型村庄具有较为悠久的历史，内部空间形态保持完整，拥有保存较为完好的历史建筑群落，且历史建筑具有较为鲜明的时代特征和地域建筑风格，包括各级历史文化名村、中国传统古村落以及历史格局较完整、历史遗存较多的传统村庄（阳建强，2009）。苏州市吴中区金庭镇的明月湾和东山镇的陆巷是江苏省首批入选中国历史文化名村的古村落。

（3）人文特色型。人文特色型乡村主要为拥有丰富非物质文化遗产、民俗文化活动以及特色鲜明的少数民族风格建筑的村庄。江苏非物质文化遗产类型丰富，形式多样，源远流长。除了丰富的非物质文化遗产，溱潼会船等一批极具江苏地域特色的民俗文化活动已经成为当地极具吸引力的旅游品牌。一些村庄利用当地的富有地域特色的季相景观和特色农产品，创新设立了各类节庆活动，如盱眙龙虾节、兴化油菜花节等。一些村庄发展形成了如铜管乐、健身舞等具有较强影响力和广泛参与度的新乡村文化娱乐形式。

（4）现代社区型。现代社区型村庄多为新建村庄。村庄空间格局相对规整，基础设施和公共服务配套较为完善，土地集约利用程度较高，农房建筑质量良好，多为低层院落式住宅，少数村庄采用和城镇小区类似的多、高层公寓。

（5）整治改善型。整治改善型村庄是指通过村庄环境整治，改变原有村庄生态环境质量差、面貌陈旧破败、缺乏基础设施和公共服务设施的状况，村庄整治环境质量得以提升的村庄。

第三章　中国村镇发展的地理基础

第一节　村镇与地理环境之间的相互关系

影响村镇发展的地理环境包括自然地理环境、经济环境和社会文化环境，三者之间存在着相互影响、相互作用的关系（图3.1）。人们从自然环境中获取维持和延续生命所需要的衣食住行等物质资料，这便是当地居民的生产方式，在此基础上进行商品交换便形成了经济环境；不同的生产方式和活动一经形成便会固定下来成为传统和习俗，经系统化便形成地域文化，这便构成了当地的社会文化环境；文化不仅可以

图 3.1　村镇与地理环境之间的关系

影响生产活动，也会作用于自然生态环境。所以村镇与自然地理环境、经济环境和社会文化环境要素之间共同组成了村镇的地理环境系统。

地理环境对村镇发展的影响比城市更为显著。相较于以现代工业文明为基础的城市建设，以农耕文明为基础形成的传统聚落，其空间布局、功能布局、民居形制往往与聚落周边地理环境相适应，从而形成和谐的生态关系。相比于城市，村镇的生产力水平与科技水平较为低下，经济实力弱，抗御和改造自然的能力较差。村镇的发展往往依托于周围自然资源禀赋，村镇的规模与生存方式也常常受到耕地质量、牧场优劣及地形地貌、气候、水文等多种因素的影响，如位于地势平坦、水网纵横、湖泊群集的长江流域，村镇生产的农产品主要有水稻、小麦、油菜、蔬菜等。

现代影响村镇发展的环境因素更加复杂。随着生产力和科技水平的不断提高，自然环境对村镇发展和建设的影响逐渐减弱，经济环境和社会文化环境成为诱发村镇演变的主要因素。以前"靠山吃山，靠水吃水"的村落发展方式也随着人类对自然资源利用的多样化而变化（图3.2），有的由于新兴资源的开采（如煤矿、油田等）而兴盛，有的由于森林、动物保护制度的建立而逐渐衰落或者走上其他发展方向。

保护村镇生态环境成为村镇发展的主要内容。随着人们对自然环境改造能力的加强，人类可以选择过去不适合或者不能营造聚落的地域居住，将以前农业科技水平难以开发利用的土地、荒山、水面发展农林牧渔业，但也对当地脆弱的生态环境造成了

图 3.2　新疆哈密的乡村景观

破坏。面对资源环境污染严重、生态系统退化的严峻形势，中国共产党第十八次全国代表大会围绕新时代生态文明建设提出了一系列新理念、新思想、新战略，将生态文明建设纳入"五位一体"总体布局，表明中国政府将可持续发展的道路纳入执政理念，将"尊重自然、顺应自然、保护自然"的生态文明理念融入中国发展的各项工作中。在党的十九大报告中，更是提出："必须树立和践行绿水青山就是金山银山的理念"。正如习近平总书记强调的："良好生态环境是农村最大优势和宝贵财富。"

研究地理环境对村镇的影响，可以对传统村镇人居环境的地域性可持续发展过程和本质予以揭示，也对现代村镇发展中的生态建设提供启迪与借鉴。

第二节　自然地理环境对村镇发展的影响

一、气候对村镇数量及空间分布的影响

1. 气候类型影响村镇分布

由气候类型分布上看，中国村镇集中分布于亚热带季风气候区和温带季风气候区，尤其是亚热带季风气候区，集中分布了中国 56.62% 的乡镇和 71.38% 的村庄。

从乡镇、村的分布数量与国土面积的比值来看，亚热带季风气候区最高，其次是温带季风气候区，再次是热带季风气候区。从乡镇和村庄的分布比例看，温带大

陆性气候和高山高原气候均非常小，反映了这两种气候区村庄分布稀疏的特征（表3.1）。

表 3.1 中国村镇分气候类型分布统计表（2015 年）

气候区	热带季风气候	亚热带季风气候	温带季风气候	温带大陆性气候	高山高原气候
土地面积占全国比例（A_1，%）	1.41	28.59	23.25	18.69	28.05
乡镇数量占全国比例（A_2，%）	1.40	56.62	34.18	3.10	4.70
村庄数量占全国比例（A_3，%）	1.04	71.38	23.86	2.02	1.70
乡镇数量与国土面积比值（A_2/A_1）	0.99	1.98	1.47	0.17	0.17
村庄数量与国土面积比值（A_3/A_1）	0.74	2.50	1.03	0.11	0.06

由 1 月气温分布看，中国乡镇和村庄主要分布在 -10~10℃温度带上，其中，0~10℃温度带集中中国 51.24% 的乡镇和 65.02% 的村庄。从乡镇、村庄的分布数量与国土面积比值看，0~10℃温度带最高，其次为 10~15℃和 15~20℃温度带。-10~0℃、20~25℃虽然村镇的分布比例较高，但两者比值均小于 1，说明该温度带村镇分布总体仍较为稀疏。从乡镇和村庄的分布比例看，-10℃以下温度带均较小，表明这类温度带村镇分布稀疏（表 3.2）。

表 3.2 中国村镇 1 月温度带分布统计表（2015 年）

气温区	20~25℃	15~20℃	10~15℃	0~10℃	-10~0℃	-15~-10℃	-20~-15℃	-20℃以下
土地面积占全国比例（A_1，%）	0.02	0.74	5.73	23.04	31.47	20.28	12.36	6.36
乡镇数量占全国比例（A_2，%）	0.02	1.02	7.58	51.24	25.89	7.66	4.69	1.91
村庄数量占全国比例（A_3，%）	0.02	1.05	9.39	65.02	16.6	4.47	2.49	0.91
乡镇数量与国土面积比值（A_2/A_1）	0.80	1.37	1.32	2.22	0.82	0.38	0.38	0.30
村庄数量与国土面积比值（A_3/A_1）	0.68	1.41	1.64	2.82	0.53	0.22	0.20	0.14

由降水分布看，中国乡镇和村庄主要分布在 400mm 以上的降水区域，共集聚 92.15% 的乡镇和 95.8% 的村庄。从乡镇、村庄的分布数量与国土面积比值看，均是 800~1600mm 的降水区域最高，其次是大于 1600mm 降水区域。在 400~800mm 降水区域，乡镇的比值大于 1，村庄的比值小于 1，表明该降水区域乡镇集中、村庄分布稀疏。400mm 以下降水区域的村镇分布比例均较小，表明该降水区域村镇分布稀疏（表 3.3）。

表 3.3   中国村镇降水带分布统计表（2015 年）

降水带	50mm 以下	50～200mm	200～400mm	400～800mm	800～1600mm	大于1600mm
土地面积占全国比例（A_1，%）	10.69	16.06	15.64	26.35	24.62	6.65
乡镇数量占全国比例（A_2，%）	0.70	1.92	5.24	32.22	49.01	10.92
村庄数量占全国比例（A_3，%）	0.30	1.23	2.66	20.53	62.67	12.60
乡镇数量与国土面积比值（A_2/A_1）	0.07	0.12	0.34	1.22	1.99	1.64
村庄数量与国土面积比值（A_3/A_1）	0.03	0.08	0.17	0.78	2.55	1.90

2. 气候条件影响村镇分布

气候条件越宜人，乡镇分布越离散、均匀，村庄分布越随机、离散。从气候类型看（图 3.3），村庄的分布在高山高原、温带大陆性气候区上以集聚型为主，在温带季风气候及亚热带季风气候区以离散、随机分布型为主。高度集聚及集聚分布型村庄在高山高原气候、温带大陆性气候区的占比分别达到 92%、70%；随机及离散分布型村庄在温带季风气候、亚热带季风气候区的占比分别达到 90%、84%。此外，热带季风气候区的村庄以集聚分布型和随机分布型为主，二者各占一半。不同类型的乡镇分布在各大气候区中的结构差异与村庄类似，但由于乡镇空间分布的集聚性整体低于村庄，因此，各大气候区集聚分布型乡镇的占比相较村庄较低，仅在温带大陆性气候中，高度集聚及集聚分布型乡镇占比超过 50%。

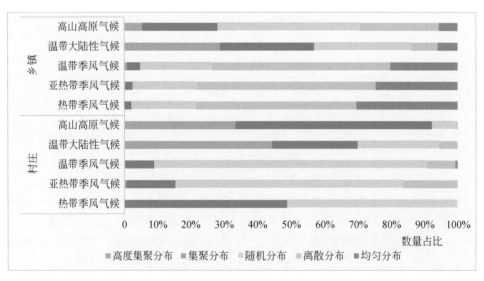

图 3.3   中国分气候类型区的村镇空间分布结构特征

高度集聚型村镇基本上分布在0℃以下的温度带中。从1月气温看（图3.4），乡镇在不同温度带上的空间分布总体呈现气温越高，乡镇分布越趋于离散、均匀，气温越低，乡镇分布越趋于集聚、随机的特征。此外，乡镇在20~25℃温度带上的分布全部是离散型。均匀及离散分布型村庄在各大温度带的占比总体较低，但在10℃以下温度带中的占比整体高于10℃以上温度带中的占比；集聚及随机分布型村庄在各大温度带中的占比整体较高，在10℃以上温度带中的占比均高于98%。

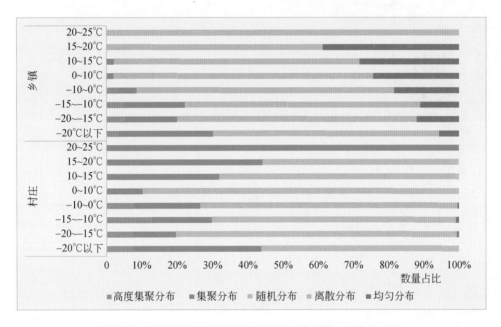

图3.4　中国不同1月温度带类型的村镇空间分布结构特征

村镇在不同降水带上的分布总体呈现降水量越大，乡镇越趋于离散、均匀，村庄越趋于随机、离散，降水量越小，乡镇分布越趋于集聚、随机，村庄越趋于集聚的特征。从降水看（图3.5），离散及均匀分布型乡镇在800~1600mm降水带、大于1600mm降水带上的占比分别为80%、75%，随机及集聚分布型乡镇在50mm以下、50~200mm降水带中的占比达到97%、81%；随机及离散分布型村庄在800~1600mm降水带、大于1600mm降水带上的占比分别为88%、71%，集聚分布型村庄在50mm以下、50~200mm降水带中的占比达到100%、97%。

3. 气候条件影响村镇建筑形式

中国的气候区划主要根据热量和水分两个指标，同时参考日照时数，把全国划分成8个一级区、32个二级区、68个三级区（张家诚，1991）。建筑与气候关系密切，因此，根据气候条件来区分建筑的区域性，处于同一气候条件下的民居建筑及村镇聚落形态呈现某些共同特征，但由于村镇布局及民居风格还受其他因素制约，所以每一个建筑气候区域内民居的风格和村镇聚落形态仍有许多差异。具体如表3.4所示。

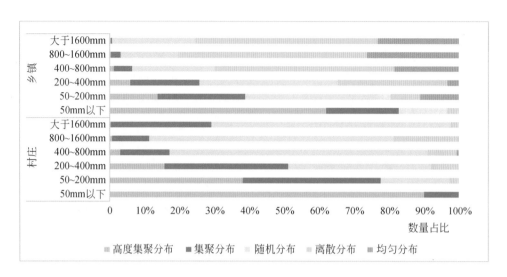

图 3.5 中国不同降水分区的村镇空间分布结构特征

表 3.4 不同气候分区的建筑特点

气候分区	建筑基本要求	地区	建筑特点	代表性建筑
严寒地区	必须满足冬季保温、防寒、防冻等要求	东北地区	由于东北地区冬季寒冷而漫长、西北风强，所以居住环境力求保温，屋内设有火炕、火墙，北窗小或无窗，南窗一般为双层玻璃，屋门、檐较为低矮	
		内蒙古地区	天气寒冷干燥，所以居住环境也追求保温。以游牧业为主，故房屋需要易拆卸和搬迁，形成特殊的建筑形式——蒙古包。蒙古包顶部用木条结成伞形支架，上覆盖厚毛毡，毛毡可以根据天气变化随时开启；顶部中央有天窗，可以通烟气和采光；包门小	蒙古包
		青藏高原	藏南以耕作农业为主，住宅形式常见的有固定的石碉房/楼，体量较小，常为土木或石木结构，外墙向上收分，布局在背风向阳的地方，楼房底层较高，居室呈方形，由夹墙相隔，墙厚窗小，以抵御风寒，屋顶为平顶，可晒谷物，防大风	藏族石碉楼
寒冷地区	应满足冬季保温、防寒、防冻等要求，夏季部分地区应兼顾防热	华北平原	为争取更长日照时间，并避免建筑相互遮挡，因而建筑物间距大	北京四合院
		黄土高原	地处干旱半干旱地区，黄土土质疏松，质地均一，垂直节理发育，富含钙质，所以直立性强，便于开挖窑洞。在窑洞内，靠近窑口、门窗空气阳光充足处，安排炕、灶等日常起居用；深处作为储藏室	陕西窑洞
		新疆地区	该地区海拔高，部分地区气候炎热、常年少雨、风沙大且昼夜温差极大。为保温保湿，在室外房前、屋侧架起高大的凉棚增加阴影面积，院子围墙多留出孔洞形成透风墙，增强空气流动，而房屋则是厚墙小窗，采用半地下室结构，以保持室内温度恒定	吐鲁番民居
夏热冬冷地区	应防雨、防潮、防洪、防雷电，满足夏季防热、遮阳、通风降温等要求，冬季应兼顾防寒	长江中下游平原	该地区气候炎热多雨，太阳辐射强，房屋造型和布局多考虑通风透气、防潮和防日晒。房屋以砖瓦结构和砖木结构为主，墙壁薄、墙基高、朝南的窗户大、屋顶坡度大	苏州民居

续表

气候分区	建筑基本要求	地区	建筑特点	代表性建筑
夏热冬暖地区	应防暴雨、防潮、防洪、防雷电，必须满足夏季防热、遮阳、通风、防雨等要求	浙闽丘陵、两广丘陵	该地区气候炎热多雨，地面潮湿，楼居多，骑楼建筑常见于集镇，多砖瓦结构。屋檐向外伸出很多，窗户小，以抵挡强烈的阳光照射。人居于楼上，底层为客厅和灶间	闽西土楼、梅州围龙屋、横屋等
温和地区	应满足防雨、通风要求	云贵高原	该地区气候炎热湿润，地形复杂，住宅防热、防潮功能显著。多为木竹结构，整个房屋架空以利于通风、隔湿；屋顶坡度较陡，盖有茅草，室内开小窗，深处檐下；楼下一般关牲畜或储藏用	傣族竹楼、苗族吊脚楼及侗族鼓楼等

注：结合《民用建筑设计通则》（GB50352—2005）整理，受篇幅限制，此表仅选取同一地区中一个典型民居作为示例。

各不同气候区内都有典型的村庄形态和民居形式。地处纬度较高的地区，由于冬季气温低，御寒和防风是主要要求。因人们对日照要求高，为争取更长的日照时间，就尽量避免建筑间的相互遮挡，所以建筑间保持较大的间距，村庄总体布局密度较低。为防冷风侵袭，建筑物多对向阳或内院开窗，其余的三面则作封闭式处理，整体风格呈现出厚重、封闭的特征。纬度低的地区主要要求遮阳、避雨、散热、通风和防潮。为了遮阳，建筑物力求靠拢以获得尽可能的阴影区；为了避雨，建筑物屋顶坡度大，出檐深，并在巷道空间内采取"骑楼"等空间形式；为了通风散热、防潮，设置挑廊、披檐、平台、敞间等有顶无墙的开敞空间形式。

气候条件也影响村镇的布局形态。在炎热的南方地区，如广府地区村落往往形成"梳式格局"。村落建筑群前面有一个广场，广场前有成半圆形或不规则长圆形的水塘、水田，加上村后村侧布局树木竹林，共同构成一个低温空间；而村内房屋的楼顶、墙体构成高温空间，这样村内村外由于冷热温度差，就自然形成冷热空气交换，从而保证自然通风。村落内部，民居沿矩阵格网密排，街巷呈垂直正交关系，建筑间距较小，形成冷巷，有利于气流快速通过。

二、地形对村镇发展的影响

村镇与民居的多样性与地形地貌的多样性密不可分。人们在土地上营造聚落和房屋时，就必须处理它们与地形、地势之间的关系，使得所处地方的山川水系能更好地适应和服务于人们的生活需求。中国地域辽阔，地形、地貌丰富多样，形成了多样的村镇布局与建筑形式。

地形是影响村镇聚落选址及布局形态的重要因素之一。一般来说，海拔高度越高，村镇聚落越稀少，这与高山地区人类生存环境较差有关。山地和平原的接触地带或山坡与冲积扇的接触地区常成为村镇聚落的集中地。在中国东部冲积平原的低山丘陵区，村落常分布在山麓冲积平原与山体交界处；在吐鲁番盆地的葡萄沟，溪流两侧较为平坦的低地都已辟为耕地，种植葡萄，房屋则均位于山麓地带，呈带状伸展；在中国西南地区，聚落并非集中分布在平坝和河流两岸，多数房屋集中在山麓阶地。在平原地区，地势平坦，耕地布局集中，故平原的村镇分布集中、规模更大。例如华北平原的诸多村落，街巷横平竖直，格局十分规整，因此平原地区是最适宜营造村落和房屋的地形之一。平原圩区的村镇，为避免洪水泛滥的影响，一般建于地势极高的台地上。易受水淹的河流两岸、湖滨滩地或盆地中心洼地，鲜有聚落分布。如黑龙江省穆棱河流域，河流两岸低地是没有居民点的。因为7、8月份的暴雨易造成洪水泛滥，所以村镇主要分布在山前漫岗的倾斜平原上，那里地势平缓略有起伏，坡度多在1°~3°，也是农田集中的地段。江苏里下河地区，地势低洼，农民筑圩种稻的同时，用平整洼地时挖出的土堆成较高的旱地，然后在这些不易受到洪水威胁的高地和圩堤上建造房屋。所以在圩区，居民点多成条状分布，甚至不具备聚落的形态，只零散分布于圩堤旁边近河沟处的高地。在湖荡地区，居民点则集中于局部地势较高地段，村镇较大，住宅集中（金其铭，1988）。

地形地貌的变化对于山地丘陵地区村镇建筑形式的影响尤为显著。在山地丘陵区，为适应地形特点，住宅建筑需采取多种方式。如为方便建造，房屋朝向不再限制于朝南，东西亦可；因受地形限制，住宅一般不向纵深发展而多作横向并列。在地形坡度较缓或略微陡峭的山丘地区，则修筑阶台形地基，让房屋分段迭落，使厢房和正房分在高低不同的台基上，村落房屋顺着山坡层层叠起。在地形更陡不便修筑台基时，则依势布柱作为房基，并在此基础上建造房屋，称为"吊脚楼"，四川常见于沿溪涧河流处，贵州亦多此形式。

三、水文条件对村镇发展的影响

水是人类赖以生存不可缺少的重要资源，因此，在村镇选址时，不仅要考虑合适的饮用水，也要有足够的生活用水和生产用水，许多村镇的布局都与水系和水源有关。

水源关系影响聚落分布。在水网密布的江南平原，居民取得生活用水很方便，聚落可以分散分布；而河道稀少，居民点则大而集中，但居民点数量少。在江南的丘陵地区，除个别孤单小村外，一般村落都分布在山麓和开阔的河谷平原，这与居民用水和接近耕作地区有关。在干旱少雨的南疆，水是绿洲和人畜生存的基本条件，水由渠系引入村内，储存在人工开挖的池塘（涝坝）中。居民区围着涝坝向外扩充，服务半径一般为50~100m，大涝坝周围的服务半径可达200m，在街坊和庭院内还有很多供家庭用的小涝坝（梁雪，2001）。即使是在山上的孤村或寺院也多建在泉水出露处。村镇建设一般都是先有渠后有路，路渠结合，人逐水居，路随水转。传统的居住聚落往往是由渠系联结的涝坝定位，并形成曲折的街坊。

水源条件影响聚落形态。在江苏、浙江、华南等地的水网密集区，水系还是居民对外交通的主要形式，也是木构民居的防火用水。村镇布局往往根据水系特点形成周围临水、引水进镇、围绕河汊布局等多种形式，这使得村镇内部街道与河流走向平行，形成"前朝街后枕河"的聚落格局。近代，随着城镇化的推进，以及各地实行迁村并点等措施，村镇聚落规模逐渐扩大，水源对聚落的影响逐渐变小。

第三节　经济环境对村镇发展的影响

一、农业生产的基础性影响

中国是农业大国，农业是中国农民最主要的生产方式。农业产业包括农、林、牧、渔等类型。全国农业总产值以农作物种植为主，占比 52.47%；其次是畜牧业和渔业，分别占比 32.57% 和 10.36%；林业产值占比最小（表 3.5）。分区域来看，农业在各地区农林牧渔业中均占主导地位，产值占比多数在 50% 以上，其中西部地区占比最高；林业在地区农林牧渔业中占比最少；畜牧业在各地区的占比都在 30% 左右，其中东北地区和东部地区占比最高，中部地区较低，为 27.15%；渔业与当地水资源丰富程度直接相关，所以渔业在各地区的占比与地理位置相关，东部地区的渔业较发达，产值占比 16.64%，西部地区渔业最不发达，占比仅有 3.37%，是该地区农林牧渔业中产值最小的产业类型。

不同的农业生产方式会形成不同的土地利用类型。受地形地貌、气候、水文等自然因素影响，中国农林牧渔业发展呈现明显的地域特征。由表 3.5 可见，东部地区的农林牧渔业总产值最高，东北地区农林牧渔业总产值最低。对比而言，西部地区占比较高的是农业和畜牧业，原因在于该地区牧场资源丰富，气候寒冷，水资源稀缺，畜牧业成为主要的生产方式；东北地区畜牧业较为发达；东部沿海地区海产资源丰富，人们大多以渔业为生，所以其渔业产值占比远超过全国平均水平。

表 3.5　中国各地区农林牧渔业总产值及构成情况（2018 年）

农业类型		全国	东部地区	中部地区	西部地区	东北地区
农业	产值 / 亿元	61452.7	18951.7	15369.6	20754	6377.4
	占比 /%	52.47	41.46	57.40	62.53	55.70
林业	产值 / 亿元	5432.4	1706.1	1503.7	1813.4	409.2
	占比 /%	4.64	3.73	5.62	5.46	3.57
畜牧业	产值 / 亿元	38109.6	17446.3	7268.3	9504.8	3890.2
	占比 /%	32.54	38.17	27.15	28.64	33.98
渔业	产值 / 亿元	12131.4	7607.4	2632.4	1118.4	773.2
	占比 /%	10.68	19.75	9.20	3.23	6.51
合计		117126.1	45711.5	26774.0	33190.6	11450.0

农业生产方式对村落聚落选址和形态有明显影响。在村落和房屋的营造中要考虑耕地空间，所以农业耕作方式会影响村镇聚落的选址。在浙江、江西等地区，山脉之间形成的谷地是人们耕地的最主要来源。所以，这里的村落大多依山而建，随着人口的增长，聚落也逐渐向山上蔓延。这主要是由于中国自古以来较为重视农业的发展，加之中国风水学对住宅选址讲究"依山傍水"，所以山区的农民更多的将较为平坦的土地开发为农田，而把住房修建在山地与平原的交接带上，并顺应地形的高低修建住房。这样使得不仅单个建筑外观富有变化，从整体来看，中国传统村镇也是高低错落、层次分明。而广西壮族自治区龙胜县则居住在田中央，梯田环绕着村落，形成了生产生活的核心区域。另外，也有学者提出耕作半径影响不同聚落的分布与规模。在人多地少地区（如东部地区），耕作精细，土地管理工作要求高，因而聚落不能离耕地太远；在人少地多地区（如西部地区），耕作粗放、单产低、聚落规模大而密度小（金其铭，1988）。

不同的农业生产方式会影响村镇的建筑形态。如藏族、蒙古族的一部分人以游牧为生，为了适应逐水草而居的流动性生活方式，他们居住在易于搭建、拆卸的帐篷之中，形成独特的帐房和蒙古包等建筑形式。同时，由于蒙古族聚落也存在以半农半牧为生的聚落，这些聚落多建固定的蒙古包，周围砌土壁，上用苇草搭盖，以满足日常生活需要。而面积最广大的中原地区，种植业是最主要的生产方式，这一地区世代定居便是常态，人们不断繁衍生息，便形成面积较大的村落。同时，华南沿海地区的一部分居民以渔业为生、以船为家，船只的集群就是村落，这便是水上村落。

二、商业服务业的影响

传统农村经历了长期自给自足的自然经济。农户除缴纳赋税、维持自身消费外，还有少量的耕织品进入市场流通，这就产生了简单的商品交换，出现了交易的场所——集市。在物资丰富或者交通便利的地区，商业的形成和发展丰富了人们的生活。随着商品交换的频繁、商品量的增加和居民消费水平的提高，在集市周围出现了囤积货物的栈房、手工业作坊和常年营业的店铺。由于营业方式的改变，部分集市逐步形成固定的集镇。随着集镇的发展及其对腹地影响的扩大，在集镇内部会兴起相应的服务业。在这些以商业为主要生产方式的村镇，往往会形成1~2条主要街道，人们为了尽可能在街上分得一席临街的街面，建造出了小面宽、大进深的"店宅"，以"下店上宅""前店后宅"等形式把商业和居住结合在一起。而在水乡地区，人们则泽水而居，形成了"前朝街后枕河"的商业街道。云南大理喜州镇便是由集市发展起来的集镇，长期的商业发展又使喜州人善于经商。目前喜州镇的布局形态仍以四方街（贸易场所）为中心，四方街联系着镇内三条主要街道和两条巷道，分别是市上街、市坪街、市户街和富春里、大界巷。三街的名称仍保留因市成街、因市成镇的痕迹。

商品经济的发展也是城市和集镇发展的前提条件。商品经济的活跃会快速影响村镇空间格局，扩大村镇规模。从历史上看，凡是商品经济活跃的时期，集镇就会繁荣发展，当商品经济受到限制时，集镇就出现萧条，正如马克思所说"商业依赖于城市的发展，而城市的发展也要以商业为条件。"一方面，集镇是由工商业本身发展带来的，如半工半农人口增加，用地规模扩大等；人口的增加刺激服务业等配套设施的发展，进一步增强村镇中心服务功能，扩大村镇影响范围；另一方面，工业使村镇经济水平提高，兴办基础公共设施和改建聚落的财政条件更有保障。

近年来，随着人民生活水平的提高，与城市景观不同，充满"乡村性"的景观意象让村镇成为新的旅游地，激发了现代村镇的发展新活力，旅游业成为村镇发展的另一重点内容。众多学者认为在确定合理的开发规模与模式下，将村镇历史文化景观作为资源合理利用，通过旅游开发来促进村镇发展与历史文化景观的保护是一条有效的路径。村镇旅游与乡村经济互动持续发展，不仅对解决我国某些地区目前面临的"三农"问题和全面建成小康社会具有较强的现实意义和参考价值，也能促进城乡旅游协调发展和城乡一体化发展。

三、交通条件的影响

便利的交通条件往往可以把生产和消费紧密联系在一起，有利于商业贸易和货物集散，是集镇形成和发展的重要条件之一。尤其是，在中国古代和近代社会中，水路交通是最为便捷和经济的运输方式，直接影响商业活动的成本，据研究，长距离的水路运输成本仅为陆路运输成本的1/5。故而，水系发达、水网密集的南方村镇的经济环境好于中国北方和内陆村镇。

交通条件直接影响聚落选址和规模大小。根据交通线设置商业街，根据水旱码头或集贸市场聚集居民，逐渐发展成集镇在中国非常常见。集镇形成后的商业贸易、文化生活等又反过来促进了交通发展。故而在古代的水网地区，往往在河流与大道的交汇区形成较大的聚落，沿着河流形成一连串大集镇。在这些村镇布局中，商业街或集贸市场的位置起着举足轻重的作用。在交通条件落后的山区，村镇聚落布局一般较为分散，但在较大的冲击盆地处形成的集镇往往比平原地区的集镇大得多。这些集镇是整个山区交通要冲、集散枢纽，以大集镇为中心，山谷盆地中的所有村落呈向心状与这个集镇产生经济联系（图3.6）。但在孤立的山地，则往往在山的四周形成一些较小的分散的聚落，难以形成大的集镇。

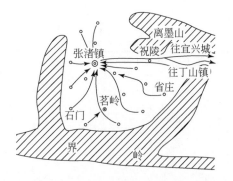

图3.6　宜兴山区张渚镇经济联系示意图

资料来源：金其铭，1988

传统工商业集镇——景德镇便有这样优越的交通条件。为了方便运输原材料和贩卖，景德镇的窑瓷均布局在昌江支流周边。景德镇的陶瓷产品经昌江入鄱阳湖后，近则可通过江西的五大河流进入江西的腹地，远则向南经赣江越过大庾岭进入珠江水系的北江直抵广州出口东、西洋[①]，沿珠江水系各支流溯流而上可深入广东、广西、云南、贵州等地；或由鄱阳湖北入长江，向上游又可以到汉口、重庆等地，再经由两地辐射到湖南、湖北、云南、贵州、四川乃至西藏、陕西等地；由长江向下游可以到达江苏、浙江、上海等明清经济最为发达的地区。或由大运河向北运输到我国北方的大部分地区甚至周边国家。明清时期，珠江水系—大庾岭—赣江—鄱阳湖—长江—大运河是当时最重要的交通大动脉，而因景德镇得天独厚的地理优势，成为明清时期利用这条大动脉最为充分的瓷器产地。到了明清海禁时期，景德镇几乎垄断了对外陶瓷贸易，发展成为世界著名瓷都。

现代交通影响村镇的通勤空间。《国家新型城镇化规划（2014—2020 年）》确立了村镇发展的战略地位，促进了村镇进一步探索和深化城镇化的新模式。城镇密集地区村镇建设空间密度大，注重提高"村—镇—城"的交通可达性，将改善城乡空间可达性作为促进城镇化的重要内容。如苏州近年来通过加强各层级综合交通网络建设，极大地缩短了村镇居民出行的时空距离，提高了村镇居民的出行频率，激发了城乡间物资和人员的高效流动，有效推动了城镇化的持续优化（表 3.6）。

表 3.6 苏州市城镇化对村镇可达性的影响（2015 年）

分区（城镇化率）	村镇可达性				
	最小值 / 分钟	最大值 / 分钟	平均值 / 分钟	极差值	标准差
高新区（84.68%）	3	15	8.6	12	4.2
吴中区（69.17%）	1	41	9.6	40	6.6
相城区（67.94%）	3	30	9.7	27	5.4
吴江区（65.28%）	1	43	14.6	42	8.9

资料来源：于燕等，2019。

[①] 东、西洋是元代以来中国古籍对大陆疆域以外海洋的合称。对东、西洋的范围的划分有个认识发展过程。中华人民共和国成立以后，东洋、西洋及南洋等名称逐渐消失。

第四节　社会文化环境与村镇发展

经济发展可为村镇建设提供可靠的物质基础，但是民居及村镇聚落形态却不仅仅只受物质条件这一方面因素影响，人们精神和心灵方面的需求等社会文化因素对村镇发展也有极为重要的作用。

社会文化环境是指影响村镇聚落形成发展的各种非物质因素的总称。农村聚落存在于一定的社会政治环境之中，虽然农村聚落所在的位置并没有改变，但是居住在农村聚落里面的各个时代的人们的思想观念、文化、心理状态却迥然不同。他们有自己的信仰和道德标准，对生活有不同的追求，也都参加到一定的社会集团中去，并受当时的社会政治文化标准的约束，这些都会反映到聚落发展中。

尽管社会文化环境是看不见的非物质环境，但它对村镇发展的影响却是潜移默化的。同时，社会文化环境本身也在不断变化，人们对住宅建筑的要求和爱好也随之变化；影响农村聚落发展的各项政策也在不断变动和改进。因此，需要把村镇聚落及其社会文化环境与时代特点结合起来加以认识。

一、政治环境

政治环境是指村镇发展的外部政治形势、国家方针政策及其变化。在社会主义制度下，政治和经济紧密结合，政治环境的改变往往会导致村镇聚落发生根本性变化。

1. 政策深刻影响村镇发展

政策是行政决策的主要结果，是国家组织、调整、规范社会关系的一种行为准则，即国家管理社会公共事务的基本依据和手段之一。根据政策作用的领域，可以把政策分为政治政策、经济政策、文教政策、科技政策等（娄成武，2015）。影响村镇发展的政治政策包括国家行政区划调整、乡村振兴战略等国家宏观战略等。行政范围的变动会造成农村聚落的兴衰。如成立人民公社时一个公社内的原有几个小集镇，其中之一被确定为公社驻地后，商业、工业、文化娱乐、街道市容、交通都很快发展，而其余的小集镇则逐步变为农村。有些集镇被确定为县城后，由于政治经济机构的集中、工厂的兴建及城建经费的增加，其发展速度远远高于其他集镇。

政府主要通过制定经济政策管理村镇经济的发展。经济政策是依据经济规律颁布的，在某种特定的历史条件下可对村镇发展产生决定性影响。市场经济的价格规律要求商品的价格与价值相符，但我国工农产品交换中长期存在"剪刀差"，新中国成立后政府通过农产品价格政策调整了不合理的价格，提高了农产品收购价格，稳定了农村工业品零售价格，逐步缩小历史上遗留下来的过大的工农业产品交换"剪刀差"。这种差额会随着市场价格的波动而波动，在村镇发展过程中，政府须时刻关注工农产品价值变化，灵活进行农产品价格调整，保障农民利益。另外，政府对村镇经济最有力的干预就是直接投资某些特定的产业，加以扶植、保护，以调整村镇产业结构，促进村镇经济发展（金其铭等，1990）。

2. 外部政治环境影响村镇布局及建筑形态

外部政治的动荡不仅促使村镇构建防御机制，也是影响村镇兴盛衰落的重要环境因素之一。古代，人们在易守难攻的地方修建村寨，历史上的战乱年代，农村聚落常趋于集中，大村及防守力量强的村庄或地形有利的村庄常成为周围小村靠拢的地点，集中居住，共同御敌。但随着战争破坏力更大，战争毁灭了许多著名的都市和成片的农村，村镇渐渐又趋于分散。相比于村庄，集镇遭到战争破坏往往需要更长时间才能恢复，如果失去了商业服务业的吸引能力，集散地位常被其他邻近集镇所取代，这些集镇便逐渐衰变为农村。如江苏江阴西部的小镇小湖，抗日战争前原有南货、日杂、药店、饭店、茶馆、内铺、理发等形成的一段石铺的小街尚称热闹；抗日战争期间，店铺大多被焚，市面逐渐萧条，重开的商店也慢慢停业，街道变成了村间道路，小湖镇变成小湖村（金其铭，1988）。

1949年以后，中国村镇聚落又开始焕发新的生机，经济发展逐步走向正轨。21世纪以来，全球经济的发展、现代交通通信技术的进步，使得世界各地区紧密联系在一起，乡村也逐渐成为全球化的对象。全球化加速了生产要素在世界范围内的自由流动与优化配置，这不仅给乡村发展带来机遇，也使得乡村转型面临更大挑战。乡村地区受到来自全球贸易、投资、信息、文化习俗等诸多方面的影响（Long，2011），给乡村本土产品、就业、文化、生产及生活方式等带来了冲击，促使中国乡村在全球化影响下发生多重转型。一些乡村地区非农产业生产力水平较低，在国际贸易中受到绿色贸易、品质要求等制约，难以参与国际竞争，致使乡村地区产业初期转型就举步维艰（李玉恒等，2018）。

外部政治环境也对村镇建筑形态产生重要影响。为了防御贼患，抵御外来入侵者，中国各地居民强化了建筑的防御功能，在我国青南高原、粤西、粤中、川西、川北、赣南、藏中、藏东南地区都兴建起"碉楼"，其最主要功能便是防御和抵抗外敌，但各地建筑材料、生活诉求、文化脉络不同，表现出的地域特征也各不相同。如在广东省开平地区仍有大量建于明末的碉楼遗存，闽西的福建土楼是碉楼的一种建筑类型，四川的碉楼村寨主要分布在阿坝藏族羌族自治州和甘孜藏族自治州，可以按照民族划分为藏族村寨和羌族村寨。相比于藏族村寨多位于河谷谷地，呈分散式布局，羌族村寨多布局在高山台地，不仅能获得相对较长的日照时间和大片的平缓坡地，也方便御敌。除了碉楼之外，晋中地区建立名为堡、寨或坞、壁、垒等小土城用于防御。这些堡垒一般是在外族侵扰或农民起义时，豪强地主组织的以封建家族为核心建立的封闭庄园。晋中堡寨通过选址与建立防御机制来保证村落内部的安全，它们以厚达数米的堡墙为界，堡内为村落，堡寨或位于河谷地带，在上下水口建有水关；或位于悬崖、陡坎等天堑旁侧，在地势缓和一侧建有堡墙；或是位于平缓地带，通过多个组群形成共同防御关系。

二、传统观念

在社会学领域，传统观念构成要素复杂，包括哲学观念、宗教观念、道德观念、文艺观念等。一切能够被特定的人群普遍接受和沿用的、能够影响人们的言行举止的观念都属于传统观念，它不仅包括积极的（先进的）思想理论，也包含中性的、消极的（落后的）传统思想（高旭光，1988）。在中国的朝代演替进程中，不同的传统观念不断重复"形成—强化—消亡"的演化过程。传统观念影响着社会和人们的生活准则，其中乡土观念和宗族观念对村镇建筑、聚落形成与发展都产生了重要影响。

乡土观念影响村镇的布局与发展。中国是一个历史悠久的农业国家，中华文明史是一种比较典型的农业文明，中国人民以农为生，种地是百姓认为的最为可靠踏实的生存手段，但由于土地无法移动，中国人只会在迫不得已的情况下才会背井离乡。在旧社会中，如果由于逃难等特殊的原因，农民不得不离开家乡，去往外地求生存，这部分外地人也会受到本地人排斥，丧失某些本地人享受的权利，往往需要数代人的努力才能融入当地社会。即使已经迁居数代，成功融入本地文化中，长辈也会念念不忘祖籍所在地，祖籍依然是子孙思念或希望返回的地方，"落叶归根"是中国特有的传统文化。另外，在长期的封建社会统治中，统治阶级为了对全国人口进行管理，便于征调赋税、劳役和征集兵员以及区分人、户、职业和等级，实行严苛的户籍制度，进一步将中国农民"锁"在了土地之上。正因为如此，对于中国农民而言，迁居的代价十分沉重，中国村民以定居为常态，迁移为特例，即使家乡已经丧失了房屋土地，也不愿"背井离乡"。长此以往，中国人形成了非常浓厚的乡土观念。

宗族观念影响聚落构成。由于中国历史上对于财产继承的传统准则是兄弟数人有分割继承父母财产与土地的权利，在乡土观念的影响下，兄弟数人依然会居住在同一村落，祖祖辈辈流传下来，聚族而居便成为中国常见的聚落构成形式，也产生了张家村、李家村等村名。另外，由于中国古代家族常常是共兴同亡，地方政权与地方武装力量与当地的大姓强宗有极密切的联系，也由于原始氏族家长制的遗留和传承，村落需要由长辈处理宗族内事务或者代表宗族与地方政权交涉。因此，在宗法观念的规范下，中国村落往往形成以父系血缘为枢纽的社会群体，即宗族（冯尔康，1996）。一个宗族往往包含数个家族，宗族对家族具有一定的约束力，成为封建社会管理基层民众的重要手段之一（肖唐镖，2010）。这样，他们便世世代代居住在祖传的土地上和村庄里，形成许多同姓聚居的大村落。中国宗族制度随着封建社会被推翻而被废除，宗族观念本应随之消失，然而到 20 世纪 80 年代中国宗族势力却再度活跃（刘大勇，2018），杨善华（2000）认为新中国成立后有组织的宗族活动虽然销声匿迹，但宗族意识却在农村社会生活中留下深刻烙印，相对封闭的居住环境和人们在生活中的各种来往和联系强化了有关家族的意识和观念，在农村中经常发生的人们为争夺各种资源的斗争和冲突则明确了家族或宗族的边界。农村宗族发展的区域性特征研究方面，学界普遍认为南方宗族分布比北方地区普遍，北方很少有聚姓而居的单姓村，南方地区农村宗族观念较北方地区浓厚。2006 年肖唐镖调查发现，20 世纪 80 年代初至 90 年代中期的农村宗族重建状况以南方地区最为突出。

传统观念影响村镇建筑的形式。如福建、广西等地的"土楼"是宗族聚族而居的代表建筑之一（薛林平，2017）。一座土楼内，居住着一个家族，团结互助，共渡难关，维系着共同的利益和荣誉。梅州围龙屋和闽西南土楼、赣州围屋一并称为客家三种建筑形式。围龙屋与土楼相比防御性较差，主要功能在于聚族而居。这些围龙屋与土楼类似，祠堂居于核心位置，住房围绕祠堂布局，显示了祖宗的向心力。即使随着宗族的发展，需要在祖屋的附近或较远的地方修建住宅，但每年祭祖依然会在祖屋举行。几代同堂的大家庭是汉族地区常见的社会单元。在中原地区，人们较少聚居于一楼，富有的士官或者商人会以家族或者大家庭居住在一起，如晋商大院。宗祠、祖屋是构成聚落的宗法祭祀体系。相较于民居建筑，宗祠通常规模更大，更加注重选址，用材更为考究，装饰更为精美。相比于晋商等有产阶级，中国广大农民没有大规模建造精美房屋的资金，但却积极修建较为精美的宗祠，并围绕着宗祠或者支祠聚居，形成农村聚落。

宗祠以血缘关系为纽带，将众多家庭组织成一个完整的村落空间。中国血缘关系讲究"长幼有序"，族中的长老居于上层，统领全村，然后再分出若干支系，各率其晚辈生活。这样形成亲疏有别、层次分明的人际关系，形成的村落形态也与之对应。如皖南黟县西递村，规模宏大，其村落组织按血缘关系以祭祖尊先的场所——宗祠为中心进行布局，将全村按照亲缘关系划分为 9 个支系，各占一片空间。每一支系又以支祠为副中心，分别布置在支祠周围。虽然少数民族受儒家思想影响较小，但特别是在民族混居区，少数民族内部更加团结，宗族血缘关系所起的凝聚作用更有力。例如，分布在广西、贵州一带的侗族山寨，每一个家族都拥有自己的宗祠，族中大事都由族长主持在鼓楼中讨论，村镇民居也围绕着鼓楼布局，而且鼓楼体量高大，重檐叠脊。在鼓楼的一侧通常配置有戏台、歌坪（广场），从而形成了完整的公共活动中心。

三、民间信仰

宗教与建筑，自古以来便密不可分，建筑是宗教的表达途径，宗教在民间建筑上烙下了深深的印迹。

不同的民间信仰对村镇的分布和聚落形态也产生了不同程度的影响（彭一刚，1992）。宗教是人类社会发展到一定阶段的文化现象，千百年来，宗教深刻地影响着人类生活的各个方面。中国地域辽阔、民族众多，这些民族在漫长的历史长河中形成或者同化各具特色的宗教信仰，如本土宗教道教、妈祖及外来宗教佛教、天主教等。中国宗教分布具有明显的地域特征，东部沿海主要是天主教和基督教，西北地区以伊斯兰教为主，西南、内蒙古及华南一部分地区以佛教和原始宗教为主，东南部广大汉族居住地佛教和道教流传较广（李悦铮，2003）。除宗教外，各少数民族还有自己的信仰和习俗。如云南白族人就把高山榕树看成是生命和吉祥的象征，称之为"风水树"，差不多每个村落都把这种树当作标志而加以崇拜和保护，这种高山榕树异常高大且枝叶繁茂、树冠硕大。以这种树为主体，再配置本主庙、戏台及广场，便形成村民公共活动中心，平时村民可以在树荫下纳凉、交往或从事集市贸易。无论是儒、道、佛还是各民族原始信仰都会影响中国传统村镇建筑的装饰、格局及其他空间，如纳西族摩梭人院落的正房——"祖母房"，在藏族民居室内、外的陈设显示着神佛的崇高地位，无论是农牧民住宅，还是贵族上层府邸，都有供佛的设施。

佛教传入中国后，流传地区最广，影响最为深远。除了少数佛教圣地如安徽的九华山和浙江的普陀山由于佛寺林立而与当地居民生活息息相关外，一般的村镇多不设寺院，古刹名寺多藏于深山而与尘世隔绝。当然，也有宗教因与人们日常生活息息相关而布局在村镇中心。如云南西南的傣族信奉佛教，这里群众性的布施活动极为频繁，致使这些佛寺遍及各村寨，成为构成傣族村寨的要素之一，往往位于村寨中较高的坡地上或村寨的主要入口处。而在伊斯兰教信众较多的地区，清真寺与信众之间的关系密切，为满足这种需要，清真寺往往布局在聚落中央。这些宗教建筑不但常占据各种不同宗教聚落的中央位置，而且也常是最具标志性的建筑物。

中国风水信仰直接影响中国古代村落选址与建造，实质是古人对建筑环境的选址和设计经验的总结，反映了自然环境对人类聚落的影响。风水学是中国独特的文化学说，强调的是人与自然的和谐，其实质是追求理想的生存与发展环境。趋利避害是风水学说的普遍原则，中国传统乡土聚落立村选址、营宅造院都遵循这一原则，审慎周密地考察、了解自然环境（王娟，2005）。中国古代村落选址依靠"山水龙脉"，通过观察山水的走向、围合趋势，寻找"聚气"之地，对村镇布局产生一定的影响。

四、人际交往

村镇聚落不同于单体民居建筑，民居往往只限于一家人生活，而聚落则必然会反映人与人之间的交往活动。村镇聚落除了有街道空间进行商品交易外，某些交往活动频繁的地区还应辟有专门场所用来进行公共交往活动，特别是少数民族地区。有不少聚落都设有这样的节点空间，并在其中设置戏台或歌坪，每逢节日进行各种形式的文娱竞技活动。这一方面可以扩大交往并丰富村民的文化生活内容，另外也会使村镇的物质空间环境由松散而走向结构化，从混沌走向有序。当然，也有一些公共交往性的文娱竞技活动并非在专门开辟的场所进行，它们或与宗祠相结合，或依附于寺庙或鼓楼，甚至只是一块空旷的场地。除陆上场地外，某些活动如龙舟竞技，则在水面进行，这也会影响村镇聚落布局和景观。例如四川乐山的五通桥镇为夹河而形成的聚落，十分有利于水上活动。此外，浙江一带流行的社戏也多在水上进行，即在临水的岸边设置戏台，观众坐在船中看戏，犹如水上广场。

在村镇聚落中还有一种规模较小的交往场所便是井台。井和人们的生活息息相关，特别是妇女汲水、淘米、洗衣、洗菜等活动都离不开井台，所以它也就成为村镇聚落不可缺少的组成部分。井台不是因交往而设，但在缺乏交往机会的农村，特别是对妇女来说，几乎成为谈天说地、拉家常和交换信息的重要场所。贵州花溪地区某石头寨寨，由130多户布依族居民所组成，村内有4个井台，分别形成4个节点空间，各自吸引着一些居民，他们既在这里汲水洗衣，也在这里交往交流，充满了生活气息。

新媒介及人际交往形式衍生人际交往的开放性。当前，以休闲观光农业、休闲旅游等为主体的乡村旅游产业发展迅速，借助新的媒介传播及互联网的发展，推动乡村休闲产业发展和娱乐空间的构建，虚拟化的休闲娱乐空间也呈现出来，网上聊天、游戏、直播等新媒介在乡村地域的娱乐空间占据一定地位。乡村社会交往空间作为乡村居民群体活动的重要物质载体，承载着乡村交往行为的社会关系。乡村的社会交往空间与消费、公共服务、休闲娱乐空间有所重叠，这类空间的功能与形式极为丰富。依据交往的主体可分为个体交往和群体交往；按交往的空间分布则有点状、线状和面状之别，这与乡村特殊的人群集聚性和村庄分布以及集镇功能关系密切；从交往的动因来看，除了传统的走亲访友、集市买卖、婚姻组合之外，还有工作交流、社会互助等新动因，这与当前的城乡人口流动、乡村第二居所、精准扶贫等新现象有极大关系。此外，交往的方式也逐步由传统向现代过渡，从传统的面对面的点线空间到书信、电话、电脑、手机等空间拓展，无不体现了社会交往空间的开放性（高丽等，2020）。

第五节　中国村镇景观

一、中国村镇景观内涵和分类

地理学界把村镇景观视为文化景观，村镇文化景观是人文地理学的一个重要研究内容之一，认为村镇文化景观深受自然景观的制约和影响，如农业生产方式、作物种类、农村民居的形式、结构、聚落的布局、庭院以及绿化树等，并认为划分乡村文化景观的主要核心是聚落和土地利用。

由于不同学科对景观内涵的认识不一，对村镇景观的分类也不尽相同，至今尚未有统一的划分原则。地理学按照不同地域的地理景观特征把村镇景观分为以下几类：山地型村镇景观（主要分布在川东、渝、黔东南一带）、平原型村镇景观（多集中于黄河下游、长江中下游地区）和山麓河谷型村镇景观（多分布在大江、大河的河谷地带或地广人稀的山地）。

二、村镇景观的形态构成

村镇景观是人类与自然环境长期相互作用的产物，因此，村镇景观的格局和形态与人类的历史活动息息相关，是人类长期活动直接或间接影响的结果。借鉴陈威（2007）的观点，本书认为村镇景观的形态构成包含了物质景观形态和精神景观形态两大部分，其中，物质形态又由聚落景观形态、生产景观形态和自然景观形态三大部分组成，它们之间相互促进、相互影响、密不可分，并在一定程度上影响着精神景观形态。精神景观形态即生活景观，是人类休闲、社交、娱乐等生活方式所衍生的景观形态，精神景观形态也在一定程度上改变了物质景观形态。村镇景观正是在它们的共同作用下孕育、产生、演变和发展的（图3.7）。

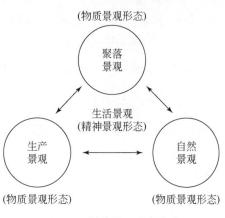

图 3.7　村镇景观形态构成

资料来源：陈威，2007

自然景观是未经人类干扰和开发的景观。事实上，纯粹意义上的自然景观已经变得越来越少。因此，这里说的自然景观是指基本维持自然状态，人类干扰较少的景观（王志宪，2004）。村镇自然景观由地形地貌、气候、水文、土壤和动植物等要素所组成，它是村镇景观物质形态构成一个重要的组成部分，对乡村的聚落景观、生产景观以及居民的生活景观都产生重要的影响。

村镇聚落景观是村镇景观的重要组成部分，其形态的构成对村镇整体景观有重要影响。村镇聚落包括房屋建筑、街道或聚落内部的道路、广场、公园、运动场等人们活动和休息的场所，供居民洗涤饮用的池塘河沟、井泉，以及聚落内空闲地、蔬菜地、果园、林地等组成部分。当人们由外向内，对典型乡村聚落进行考察时，会发现村镇景观并非一目了然，内部空间也不是均质化的，而是有层次、呈序列地展现出来，村镇的空间层次主要表现在村周环境、村边公共建筑、村中广场和居住区内节点等四个层次：①水口建筑是村镇与外界空间的界定标志，加强了周边自然环境的闭合性和防卫性，具有对外封闭、对内开放的双重性，是聚落景观的第一个层次。②转过水口，再经过一段田野等自然环境，就可以看到村镇的整体形象，许多村镇在其周围或主要道路旁布置有祠堂、鼓楼、庙宇、书院和牌坊等公共建筑。这些村边建筑以其特有的高大华丽表现出村镇的文化特征和经济实力，使村边景观具有开放性和标志性，是展示村镇景观的重点和第二个层次。③穿过一段居住区中的街巷，在村中的核心部位可以发现一个由公共建筑围合的广场，这个处于相对开敞的场所由于村民的各种公共活动，与封闭的街巷形成空间对比，是展示聚落景观的高潮和第三个层次。④在鳞次栉比的居住区中，还可以发现由井台、支祠、更楼等形成的节点空间，构成了村民们日常活动的场所和次要中心，可以看作是聚落景观的第四个层次（陈威，2007）。

不同的自然条件造就了中国丰富多彩的农业景观形态。由于中国南北各地气候、地貌条件存在较大差异，产生出不同的农业景观体系。正如《淮南子·齐俗训》所言："水处者渔，山处者木，谷处者牧，陆处者农"，一定的地理条件对应于一定的农田耕作系统，从而形成不同的农业景观格局。例如，在华北平原，雨水较少，旱作农业发达，形成了旱地农业景观；在南方，雨水丰富，河网密布，水位较高，形成了圩田农业景观；而在山地，尤其是南方山地，则产生了梯田农业景观。

村镇生活景观是村镇景观的一个组成部分，它与中国传统的小农经济和乡土文化密不可分。传统村镇生活景观是中国古代耕读文化的一个特殊载体，耕读思想在中国传统文化中具有普遍的道德价值取向。"耕"，体现出一种"农耕生活为本"的精神；"读"，主要的一面是读书入仕，次要的一面是一种自我价值的塑造。这种价值取向深入到平常农家，深刻影响着村镇的生活景观。如今的村镇生活发生了巨大变化，传统的村镇生活景观正逐渐消失。这不仅在于社会的发展和科技的进步，而且也在于现代村镇居民价值观念的转变。在一些村镇地区，已不再以农业为主，乡镇工业和村镇旅游业的发展提供了更多的生活方式，村镇生活景观呈现出多元化的趋势。现代社会的发展和科技的进步使得村镇价值观念深受城市影响，环境污染、土地资源浪费、村镇环境同质化等问题日益凸显，片面追求形式上的城市化极大地破坏了村镇原有生活景观，背离了建设美丽乡村的愿景和目标。现代村镇生活景观必须要具备更多可以吸引人的地方，像优美的乡村田园风貌、风土人情、清新的空气、完善的设施以及良好的生态环境等，这样才能展现出当代的村镇生活景观。

三、村镇景观意象

景观意象（landscape image）不仅来自当地居民对景观的感知，而且来自非当地居民的感知和认同，这是乡村景观认知的两大主体。

当地居民对乡村景观感知是长期演化形成的结果。在当地景观环境中出生、生长的居民，熟悉乡村景观环境的每一个环节，掌握景观环境的自然规律和社会特征，能够通过景观之间的关系进行景观逻辑推断，对自己周围的乡村景观环境具有亲切感和认同感（王云才，2003）。

非当地居民对乡村景观的感知或来自亲身的体验和感受，或通过电视、广播、文字、图片等诸多间接方式获取。根据陈威的调查结果（陈威，2007），人们（特别是城市群体）对乡村景观的印象，大致分为六大类：①自然印象：青山、绿水、草坡等；②农田印象：秧田、麦田、梯田、油菜花、田埂、稻草人等；③建筑物印象：传统茅草房、各具特色的民居建筑、塑料大棚、农田中的电线杆、畜舍等；④植物印象：桑树、茶园、各种果园、村口的大树、道路和水系两侧林带等；⑤动物印象：猪、狗、牛、羊、鸡、鸭、鹅等；⑥生活印象：炊烟缭绕、水边浣洗、民俗节庆、牧童笛声等。可以看出，人们对乡村景观的印象还停留在传统田园牧歌般的生活景象，反映出他们对传统乡村田园风光的眷恋和向往。

刘沛林（1998）提出中国古村落景观具有以下四个基本意象：①山水意象，中国传统哲学讲究"天人合一"的整体思想，把人看作是大自然的一部分，因此人类居住的环境就特别注重因借自然山水。例如安徽南部的古村落呈坎村以及其他古村落普遍盛行的"水口园林"。②生态意象，中国古代村落在注重选择优美山水环境的同时，也注意良好生态环境的选择。中国古人对理想居住环境的追求包含对满意生态环境的追求。村落的生态意象除了有较好的树木植被外，还与村落地形、土壤、水文、朝向等因素有关。例如，浙江嵊州市屠家埠村。③宗族意象，中国古代社会是一个典型的以血缘关系为纽带的宗族社会，人与人之间的一切关系都以血缘为基础，因此，人类居住的村落，便成为以血缘为基础聚族而居的空间组织。在中国古代村落中，最重要的宗族建筑是宗祠。例如，皖南黟县宏村中心的宗祠和月塘，是人们印象最深的景观建构（图3.8）；云南大理附近白族村落中心广场的宗祠和戏台，成为白族村落最重要的景观建构。④趋吉意象，人们在与大自然长期的搏斗中，逐步认识到土地肥沃、人身安全、生活方便、风光优美的环境是人类生存和发展的有利（吉祥）环境；反之，穷山恶水、土地贫瘠、安全感差的环境是不利于人类生存与发展的险恶（凶险）环境。因此，中国传统村落与传统城市一样，特别注意选择和营造一个趋吉避凶的人居环境。中国古代村落趋吉避凶意象的最主要表现是风水模式的普遍运用。例如，安徽黟县西递村。

图3.8　皖南宏村古村落景观

中国村镇

　　不同国家和地区经济发展水平、人口资源状况各异，乡村整体景观意象也各有侧重。欧美一些发达国家，农业现代化水平高，自然资源条件也相对优越，其乡村景观意象更注重生态保护及美学价值。中国广大的乡村地区，村镇整体景观意象应根据自身景观资源优势进行拓展，例如，对于旅游业中人们"重返乡村"和"亲近自然"的情结，有条件的乡村地区，村镇景观意象还应具有富有地方特色的乡村聚落、风土民情、新型农业模式（有机农业、生态农业、精细农业）等构成相应村镇景观旅游的资源基础，这对于转变村镇产业结构，发展村镇经济，增加村镇居民收入，解决"三农"问题是大有裨益的。

第四章 中国村镇的空间格局

村镇的空间格局是某一研究尺度下的村庄或乡镇在空间上的分布及组合，表现为密度、规模、形态及关联等一系列具体特征。作为各种自然、人文要素在空间上的体现，空间格局是一定范围内自然环境和人类社会漫长的历史过程共同作用的结果。同时，村镇既有的空间格局作为一种结构要素，同样反馈于村镇的演化进程。中国地域广袤，地貌、气候、文化类型等复杂多样，地区发展很不平衡，在村镇的空间格局上，表现为村镇分布密度、规模结构、分布形态及关联格局的地域差异和不平衡性。

第一节 村镇空间分布密度

数量和密度的空间分布是村镇空间格局的直观体现。本节以县域为单元，统计分析各地乡镇、行政村的平均分布密度，可以揭示不同地区村镇的空间分异情况。2015年中国有 2850 个县级行政单元，纳入本次统计的县级行政单元数量为 2672 个。中国村镇空间分布总体上呈现自东而西，由密到疏的分布特征。

一、村镇区位分布差异

计算村镇在经纬网内的分布是测度其区位分布差异的一种方法。中国疆域辽阔，经纬度跨度较大，村镇的区位分布不平衡，乡镇和村庄的经向、纬向分布情况如下。

从经向分布看，中国乡镇以东经 103°~118° 最为集中，占中国乡镇总数的 68.2%；东经 118°~123° 次之，占乡镇总数的 13.8%；东经 98°~103° 较少，占乡镇总数的 8.1%；而东经 98° 以西的广大地区，乡镇数量非常少，仅占全国乡镇总数的 4.2%（图 4.1）。

从纬向分布看，中国乡镇以北纬 26°~36° 最为集中，占中国乡镇的 58.1%；其次为北纬 36°~41°，占乡镇总数 16.4%；北纬 46° 以北乡镇数量非常少，仅占全国乡镇总数的 2.4%；北纬 21° 以南，乡镇数量同样非常少，占全国乡镇总数的 0.8%（图 4.2）。

中国村庄的经向分布特征与乡镇相似，同样以东经 103°~118° 最为集中，占中国村庄总数的 78.2%；东经 118°~123° 次之，占总数的 11.9%；东经 98°~103° 较少，占总数的 5.0%；东经 98° 以西的广大地区，村庄数量非常少，仅占全国村庄总数的 1.7%（图 4.1）。

从纬向分布看，中国村庄同样以北纬 26°~36° 最为集中，占村庄总数的 66.0%；北纬 21°~26° 次之，约占总数的 17.5%；北纬 41° 以北的村庄数量非常少，仅占总数的 5.7%；北纬 23° 以南，村庄数量同样非常少，占村庄总数的 0.7%（图 4.2）。

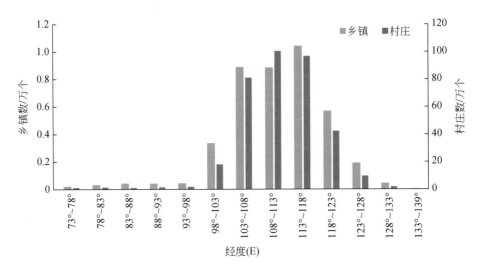

图 4.1　中国村镇经向分布图（2015 年）

注：根据 2015 年百度地图数据绘制；港澳台数据暂缺

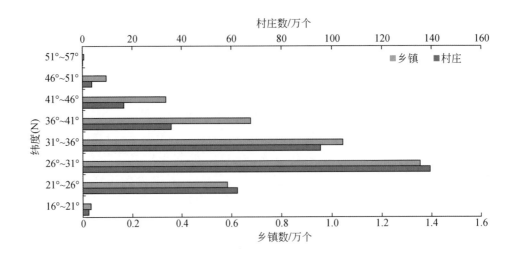

图 4.2　中国村镇纬向分布图（2015 年）

注：根据 2015 年百度地图数据绘制；港澳台数据暂缺

二、村镇平均分布密度

中国地域广阔,区域资源禀赋、自然环境和经济社会发展存在显著地域差异,村镇作为农村人口生活、生产的聚居空间,空间分布密度也呈现较大差异。

1. 村镇分布密度的总体特征

以县域为统计单元,中国每个县域平均有 15 个乡镇,县域单位面积乡镇数量为 112.5 个 / 万 km²,平均村庄数为 1321 个 / 县,县域单位面积村庄数量为 7966.9 个 / 万 km²。宏观上看,中国县域乡镇密度空间分布呈现较强的不均衡性:①胡焕庸线以东的乡镇密度整体高于西部区域。②乡镇高密度分布区域集中在四川盆地,基本在 200 个 / 万 km² 以上,形成了一个以南充为中心的明显的乡镇数量集聚区。其次为太行山脉—河西走廊沿线以及长江三角洲地区,部分区县的乡镇数量密度也达到 200 个 / 万 km² 以上。③乡镇分布密度的集中性比较明显,乡镇空间分布密度 100~200 个 / 万 km² 的县为 883 个,占总统计数的 33%,平均密度 200 个 / 万 km² 以下的县占到总数量的 87.7%,高密度地区的县仅占 12.3%。④西部的西藏、新疆、青海、内蒙古、四川西部、云南等地区的乡镇空间分布密度普遍较低,县域乡镇密度基本在 50 个 / 万 km² 以下。

中国县域的村庄密度分布特征与乡镇既有相似之处,又有不同情况:①与乡镇分布密度相同,胡焕庸线以东的东南半壁区域,县域村庄分布密度整体高于以西区域以及北边边境地区。②与县域乡镇高密度空间分布的单一集中特征不同,中国村庄的空间分布存在 4 个高度密集区域,即川黔渝交接片区、川秦交接片区、皖豫鄂集中片区,这些区域县域村庄分布密度大部分高于 25000 个 / 万 km²。③村庄分布密度的集中性比较明显,村庄空间分布密度 0~4000 个 / 万 km² 的县为 818 个,占总统计数的 30.61%,平均密度 15000 个 / 万 km² 以下的县占到总数量的 86.15%,高密度地区的县占 13.85%。④西部地区的西藏、新疆、青海、内蒙古、西南西部的村庄空间分布密度偏低,乡村聚居的形式和自然环境的人居适宜性的限制导致村庄呈现低密度形态(杨忍,2016)。

用村镇点分布得到的结论基本上与基于遥感影像的村镇用地分布密度相吻合。陶婷婷等采用 2016 年高分辨率遥感影像分析的全国农村聚落密度分布,也提出农村聚落空间分布存在明显的地理分异,总体分布密度呈南高北低、东高西低的特征。

2. 分布密度的地域特征

依据中国宏观自然地理要素特征,可以划分出华北、东北、华东、华中、华南、西南和西北 7 大地理分区,分别统计这些分区中的县域平均村镇密度,村镇空间分布特征表现出明显的地域差异(表 4.1)。

基于县域平均乡镇密度数据,中国县域平均乡镇密度为 112.5 个 / 万 km²。华北、华中和华东地区的县域平均乡镇密度高于全国平均值,其中华东地区以县域平均乡镇

中国村镇

密度 136.5 个 / 万 km²，排名第一，华北地区以县域平均乡镇密度 133.1 个 / 万 km² 排名第二；华南地区以县域平均乡镇密度 74.3 个 / 万 km² 排名垫底。东北、华南、西北和西南地区的县域平均乡镇密度低于全国平均值。

表 4.1　中国各省份县域村镇密度统计表（2015 年）

地区	县域平均乡镇密度 /（个 / 万 km²）	县域平均村庄密度 /（个 / 万 km²）	地区	县域平均乡镇密度 /（个 / 万 km²）	县域平均村庄密度 /（个 / 万 km²）
辽宁	102.5	4926.9	河南	160.3	10448.4
吉林	74.4	3554.7	湖北	61.3	13957.8
黑龙江	49.6	1687.3	湖南	133.1	16776.6
东北地区	83.8	3389.4	华中地区	131	13546.2
北京	169.1	5137.2	重庆	169.5	15702
天津	134	3236.9	四川	182.2	11342.5
河北	191.3	5140.7	贵州	87.3	11811.6
山西	101	5187.4	云南	46.8	3928.1
内蒙古	52.5	1926.7	西藏	14.8	554.6
华北地区	133.1	4349	西南地区	107.2	8276.4
陕西	134.4	7694.5	上海	278.2	1177.2
甘肃	93.7	5510.1	江苏	134.5	14274.8
青海	35.5	920.5	浙江	165.4	11695.7
宁夏	84.1	3967.3	安徽	144.5	15568.1
新疆	21.6	717.7	福建	100.6	6906.5
西北地区	82.6	4470.8	江西	130.6	11399.8
广东	80.5	7414.6	山东	99.7	6989.6
广西	63	6465.9	华东地区	136.5	11179.7
海南	75.5	4909.7	全国	112.5	7966.9
华南地区	74.3	7031.4			

注：港澳台数据暂缺。

县域平均乡镇密度超过全国平均值的有 13 个省（直辖市）。其中，华东地区的上海为县域平均乡镇密度最高的省级行政区，以每万平方公里 278.2 个乡镇数遥遥领先；华北地区的河北省以县域平均乡镇密度 191.3 个 / 万 km² 排名县域平均乡镇密度第二；与河北省县域平均乡镇密度居第二梯队的省级行政区还包括西南地区的四川、重庆，华北地区的北京，华东地区的浙江和华中地区的河南等，均达到 160 个 / 万 km² 以上。

基于县域平均村庄密度数据，中国县域平均村庄密度为 7966.9 个 / 万 km²。华中、华东和西南地区的县域平均村庄密度高于全国平均值，其中华中地区以县域平均村庄密度 13546.2 个 / 万 km² 排名第一，华东地区以县域平均村庄密度 11179.7 个 / 万 km² 排名第二；东北地区以县平均村庄密度 3389.4 个 / 万 km² 排名最后；华北地区以县平均村庄密度 4349.0 个 / 万 km² 排名倒数第二。陶婷婷等（2017）采用 2016 年高分辨率遥感影像分析农村聚落的结果也表明，东北地区和华北地区农村聚落密度最低，分别为 2700 个 / 万 km² 和 3000 个 / 万 km²，符合中国村庄分布格局特点。

县域平均村庄分布密度超过全国平均值的有 10 个省（直辖市）。其中，县域平均村庄密度在 13900 个 / 万 km² 以上的有湖南、重庆、安徽、江苏、湖北等省份；县域平均村庄密度居其次的省份包括贵州、浙江、江西、四川、河南等，均达到 10000 个 / 万 km² 以上。县域平均村庄密度较小的省（自治区、直辖市）包括西藏、新疆、青海、上海、黑龙江、内蒙古等，县域平均村庄密度均在 2000 个 / 万 km² 以下。

对比分析村镇的分布密度，华北地区的县域平均乡镇密度较高，但县域平均村庄密度反而较低；东北地区的县域平均乡镇与村庄密度均处于低位水平，而华中地区的县域平均乡镇与村庄密度则均处于高位水平。根据金其铭（1983）的研究成果，东北地区及下辖 36 个地级市乡村聚落分布密度均较小，符合该地区地广人稀的特点。

村镇分布情况除受自然地理环境影响外，还受经济环境的影响。中国的经济景观自东向西、从沿海到内地到边远地区，呈现为高度发达地区—比较发达地区—发展中地区的基本空间格局。依据中国自然地理和经济地理条件，大致可划分为东、中、西三大经济地带。在这三大地带中，村镇空间分布密度特征为：西部地区乡镇数占比最高，达 43.92%，体现了西部地区的国土面积优势；村庄分布比例最高地带为中部地区，为 38.89%。从三大地带乡镇和村庄的数量占比与面积占比的比例来看，乡镇最高的地带是东部，而村庄最高的地带是中部，表明东部乡镇分布密集，而中部村庄分布密集。西部虽然乡镇、村庄数量分布比例均较高，但从村、镇数量占比与面积占比的比值来看，均小于 1，体现西部"地广乡镇稀""地广村庄稀"特征（表 4.2）。

表 4.2 中国村镇区域分布统计表（2015 年）

地区	东部	中部	西部
①土地面积占全国比例（%）	11.55	17.60	70.85
②乡镇数占全国比例（%）	26.22	29.86	43.92
②/①	2.27	1.70	0.62
③村庄数占全国比例（%）	22.36	38.89	38.75
③/①	1.94	2.21	0.55

注：根据 2015 年百度地图数据绘制；港澳台数据暂缺。

三、空间分布均衡性

以县域村镇数量为指标，本书采用不均衡指数衡量村镇在全国、七大地理分区及各省级行政单元的分布均衡程度，公式为

$$S=\frac{\sum_{i=1}^{n} Y_i - 50(n+1)}{100 \times n - 50(n+1)} \quad (4.1)$$

式中：n 为一定地域范围内的县域数；Y_i 为各县域村镇数量按照从大到小排位后，第 i 位的累计百分比。S 在 0~1 内取值，当 $S=0$ 时，说明村镇在地域内均匀分布；$S=1$ 时，说明村镇在地域内集中分布。

1. 乡镇分布不均衡

全国县域乡镇数量的不均衡指数为 0.39，表明县域乡镇数量在全国尺度上分布不均衡。从图 4.3 可以看出，县域乡镇数量的洛伦兹曲线距均匀线较远且弯曲程度较大，位序排名的前 7.8%、20.1%、36% 和 57% 的县，其总乡镇数量累计为 20%、40%、60% 和 80%，表明县域乡镇数量在全国尺度上分布不均衡。

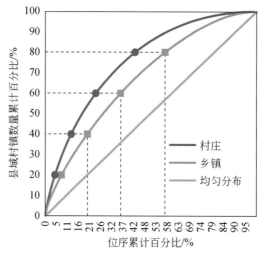

图 4.3　中国县域村镇数量分布洛伦兹曲线（2015 年）

注：根据 2015 年百度地图数据绘制；港澳台数据暂缺

反映在七大地理分区上，东北地区的县域乡镇数量不均衡指数最大，为 0.49，表明东北地区县域乡镇数量分布最为集中；华北和西北地区的县域乡镇数量不均衡指数最小，分别为 0.33、0.35，表明两个地区县域乡镇分布相对较为均衡；西南、华南、华东、华中地区处于中间，县域乡镇数量不均衡指数分别为 0.40、0.40、0.38、0.37，其中，西南和华南地区的县域乡镇数量不均衡指数大于全国平均水平。

从图 4.4 可以看出，县域乡镇数量不均衡指数超过全国平均水平的有 6 个省级行政单元。其中，上海、天津、辽宁等省（直辖市）的县域乡镇数量不均衡指数均大于 0.5；黑龙江、江苏、广东等省份的县域乡镇数量不均衡指数均在 0.4 以上，居其次。县域

乡镇数量不均衡指数较小的省级行政单元包括陕西、贵州、甘肃、江西、云南、西藏、山西、海南等，均小于 0.3，说明这些省级行政单元县域乡镇数量分布相对均衡。在统计的 31 个省（自治区、直辖市）中，有 17 个省级行政单元的县域乡镇数量不均衡指数在 0.3~0.4 范围内。

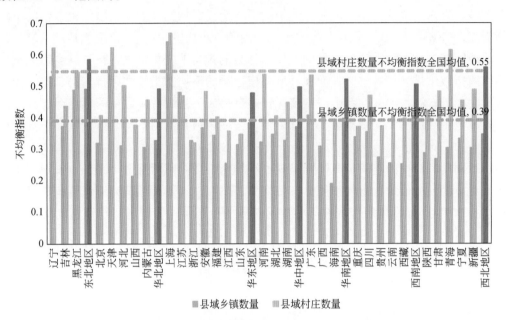

图 4.4　中国县域村镇数量不均衡指数（2015 年）

注：根据 2015 年百度地图数据绘制；港澳台数据暂缺

2. 村庄分布不平衡

全国范围内县域村庄数量的不均衡指数为 0.55，大于县域乡镇数量的不均衡指数，表明县域村庄数量在全国尺度上更为集中。从洛伦兹曲线上看（图 4.3），县域村庄数量的洛伦兹曲线距均匀线较远，位序排名的前 4.6%、12.4%、24.1% 和 42.8% 的县，其总村庄数量占累计的 20%、40%、60%、80%，表明县域村庄数量在全国尺度上分布不均衡。

从七大地理区域看，东北、西北地区县域村庄数量的不均衡指数最高，为 0.58、0.56，表明两地区县域村庄数量分布最为集中；华东地区的不均衡指数最小，为 0.48，表明华东地区县域村庄数量分布相对较为均衡；华南、西南、华中、华北地区处于中间，不均衡指数分别为 0.52、0.50、0.49、0.48，这几个区的不均衡指数均小于全国平均水平。

县域村庄数量不均衡指数超过全国平均水平的有 4 个省级行政单元，包括上海、天津、辽宁、青海。黑龙江、河南、广东、河北等省份的县域村庄数量不均衡指数居其次，均大于 0.5。县域村庄数量不均衡指数较小的省级行政单元包括西藏、海南、陕西、贵州、重庆、江西、山东、浙江等省（自治区、直辖市），在 0.3~0.4 范围内，表明这些省级行政单元县域村庄数量分布相对均衡。在统计的 31 个省（自治区、直辖市）中，有 15 个省级行政单元的县域村庄数量不均衡指数在 0.4~0.5。

对比县域村庄和乡镇数量的不均衡指数，可以看出：①无论是全国，还是七大地理区域、省级行政单元，县域村庄数量的不均衡指数均整体大于县域乡镇数量的不均衡指数，体现县域村庄数量在各个地域范围内的分布均更为集中。②七大地理区域上，西北地区在县域乡镇和村庄数量的不均衡指数的排名上变化最大，在县域乡镇数量的不均衡指数中排名倒数第二，而在县域村庄数量的不均衡指数中则排名第二。③各省级尺度上，青海、河南、新疆、甘肃等省（自治区）县域村庄数量的不均衡指数远高于县域乡镇数量的不均衡指数，江苏、浙江县域乡镇数量的不均衡指数略高于县域村庄数量的不均衡指数。

不同类型村庄的空间分布同样呈现出不均衡特征。薛明月等（2020）采用不均衡指数对黄河流域传统村落的空间分布特征做了研究，计算得到黄河流域传统村落的不均衡指数为 0.693，体现传统村落在黄河流域的分布不均衡。通过绘制黄河流域传统村落的洛伦兹曲线，也可看出村落洛伦兹曲线距均匀线较远，其中，青海、山西、陕西的传统村落数量超过流域内总数量的 80%，也体现出传统村落在黄河流域分布的不均衡。

四、核密度空间分异

核密度是对村镇空间分异的刻画。利用 ArcGIS 中的核密度分析工具对中国村镇进行分析，生成 2015 年村镇核密度分布图，并分成 5 个等级来表征村镇的空间分异特征。

1. 乡镇的核密度空间分异

乡镇核密度空间分异与县域乡镇密度的空间分布格局总体一致。从县域乡镇核密度分布图（图 4.5）可以看出：①中国乡镇分布密度呈现东高西低、南高北低的态势。②乡镇核密度最高的区域主要集中在以南充市为中心的四川盆地，远高于密度中等的太行山脉—河西走廊沿线以及长江三角洲地区。安徽省的合肥及芜湖市因靠近长江三角洲也形成了较为密集的中心，关中平原的西安市、咸阳市及湖南益阳市等区域也形成了点状密集中心。③尽管整体位于中国中部乡镇较为密集的区域，但湖北省西部的山区及福建省的西部山区受地形条件影响，形成了乡镇核密度低的区域；东北地区乡镇核密度相对较低，高密度区位于东北中央区域呈带状自辽宁贯穿至黑龙江南部，外围区域核密度更低。

2. 村庄的核密度空间分异

县域村庄核密度的空间分异与村庄分布密度的空间分布格局也总体保持一致。从县域村庄核密度图（图 4.6）可以看出：①县域村庄核密度分布呈现明显的东高西低、

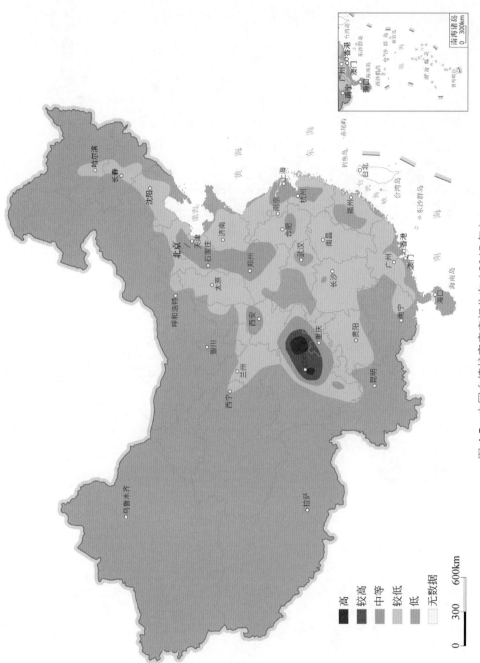

图 4.5 中国乡镇核密度空间分布（2015 年）

注：根据 2015 年百度地图数据绘制；港澳台数据暂缺

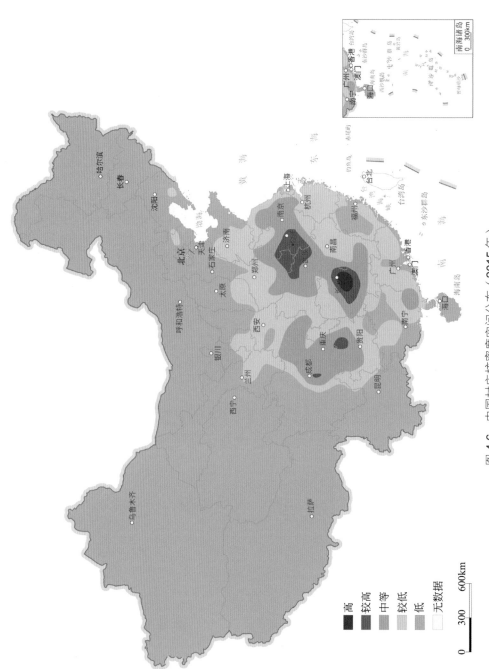

图 4.6 中国村庄核密度空间分布（2015 年）

注：根据 2015 年百度地图数据绘制；港澳台数据暂缺

南高北低态势，具有"大集聚、小分散"的空间格局特征。②县域村庄核密度图中有3个高值区域存在明显的等级差异，密度由高到低分别是长株潭片区，包括以湖南省湘潭市为中心的长沙市、衡阳市、株洲市及娄底市部分区域；皖豫鄂集中片区，包括安徽省六安市、河南省信阳市、湖北省黄冈市及周边区域；川黔渝交接片区，包括贵州省遵义市、四川省眉山市及周边区域。③粤桂交接片区，包括广西壮族自治区玉林市、广东省茂名市及周边区域存在部分中等密度区域。④中国东南部大部分区域形成县域村庄低密度连片区域，但仍有福建省西部、陕西南部、广西北部等部分区域受地形条件影响，形成点状的村庄低密度分布。

对比乡镇和村庄的核密度分布特征，二者既有相似又有不同之处。

相似之处是：①在胡焕庸线以东的区域，二者的密度均整体高于以西的区域，呈现东密西疏的特征。②四川盆地均为二者的高密度聚集区，西部的新疆、西藏、青海等地均为低密度聚集区。

不同之处为：①总体格局上，村庄的高密度聚集区除四川盆地外，还包括川秦交界片区、长株潭片区、皖豫鄂集中片区等；乡镇的高密度聚集区以四川盆地为主，其他高密度聚集区未形成明显连片。②局部地区上，部分地区乡镇密度高、村庄密度低，如长江三角洲几个城市；部分地区乡镇密度低、村庄密度高，如广东茂名、湛江等地。

第二节 村镇规模结构特征

村镇规模体系是指一定地域范围内，一系列不同类型的村镇按大小组合构成的既相互独立、又紧密联系的有机整体。规模结构是对规模体系的定量描述，利用人口、经济、用地等指标揭示村镇规模大小、位序-规模以及规模等级结构等方面的典型特征。

一、规模大小统计

1. 人口规模

乡镇规模指标采用2010年第六次全国人口普查的数据。对全国乡镇人口规模进行统计分析，2010年全国各乡镇总人口规模9.34亿人，乡镇平均人口规模2.7万人。

按七大地理分区统计乡镇平均人口规模，各区的乡镇平均人口规模差异明显：

（1）华南地区的乡镇平均人口规模最大，达到4.3万人，比全国平均值高出1.6万人。华南地区乡镇平均人口规模是西北地区的2.5倍；

（2）华东地区和华中地区的乡镇平均人口规模分别处于第二、第三位，为3.9万人和3.2万人，高出全国平均值1.2万和0.5万人，是西北地区的2倍以上；

（3）华北地区乡镇平均人口规模与全国平均水平较为接近，为2.7万人；

（4）东北、西北、西南地区的乡镇平均人口规模均小于全国平均值，分别为 2.4 万人、1.8 万人、1.7 万人。

按省级行政单元进行统计，各省（自治区、直辖市）的乡镇平均人口规模差异明显。上海的乡镇平均人口规模最大，达到 11.8 万人，远远高于处于第二位的广东和江苏，其平均规模为 5.4 万人；西藏的乡镇平均人口规模最小，为 0.4 万人，且远低于排名倒数第二位的青海（1.2 万人）；在参与统计的 31 个省（自治区、直辖市）中，有 17 个省级行政单元的乡镇平均人口规模为中等水平，平均乡镇人口规模为 2.5 万~4.3 万人。

采用第六次全国人口普查数据进行的研究反映了 2010 年中国村镇规模情况。村镇规模大小随着时间的推移而不断变化，有些村镇规模在增大，有些村镇规模在变小，有些村镇的规模则保持不变。李玉红等（2020）在对中国人口"空心村"与"实心村"的空间分布研究中，采用第三次全国农业普查行政村普查抽样数据，对中国村庄层面的人口流动进行统计分析（表 4.3）。研究表明：① 2016 年行政村普查抽样数据共有 68906 个行政村，户籍人口 11506.2 万人，常住 10238.0 万人，长期举家外出人口 485.6 万人，外来人口 514.1 万人。2016 年中国行政村平均户籍人口 1670 人，平均常住人口 1486 人，整体净流出 1268.18 万人，人口整体"空心化"率为 11.02%，表明整体上农村人口在向外流动。②每个行政村人口流动呈现较大差异。从抽样的行政村户籍人口与常住人口的关系来看，户籍人口等于常住人口（人口净流动为零）的行政村有 6040 个，占抽样数的 8.77%，占抽样数 91.23% 的行政村发生人口流动。③户籍人口多于常住人口的广义人口"空心村"有 54445 个，占抽样数的 79.01%，村庄平均净流出人口为 308 人，"空心化"率为 18.16%。常住人口多于户籍人口的"实心村"有 8375 个，占抽样数的 12.15%，平均净流入人口为 490 人，"实心化"率为 21.16%。另外，有 10 个行政村户籍人口为 0，为"空户村"，有 36 个村庄常住人口为 0，是名副其实的"空壳村"，这些村庄合计占抽样的 0.07%。

表 4.3　中国抽样行政村人口流动概况（2016 年）

行政村类型	数量 /个	户籍人口 /人	常住人口 /人	人口净流动 /人	"空心化"或"实心化"率 /%
所有行政村	68906	115061856	102380086	12681770	11.02
广义"空心村"	54445	92291415	75533911	16757504	18.16
"实心村"	8375	15287019	19389630	-4102611	-26.84
"空壳村"	36	31046	0	31046	100.00
"空户村"	10	0	4169	-4169	-100.00

资料来源：李玉红，2020。

2. 聚落面积

村庄规模大小的演变在局部地区同样存在分异。例如，李智等（2018）在对江苏典型县域城乡聚落规模体系演化的研究中，以建设用地面积表示聚落的规模，对苏南张家港市、苏中泰兴市、苏北涟水县等三个典型县（市）1995~2015 年的聚落基本特征进行分析，发现县域城乡聚落在演化过程中呈现出总规模增加、平均规模增加的基本趋势，但变化程度上存在显著的地域差异。以江苏省为例，张家港市城乡聚落用地规模变化最明显，泰兴市次之，涟水县最不明显（表4.4）。

表4.4　江苏省典型县（市）城乡聚落规模演化的统计特征

指标		张家港市		泰兴市		涟水县	
		1995	2015	1995	2015	1995	2015
基本指标	聚落总个数 / 个	1257	813	1605	1387	2206	1954
	聚落总面积 /km²	176.92	343.5	254.39	305.86	321.9	363
	聚落平均面积 /km²	0.14	0.42	0.16	0.22	0.15	0.19
变化统计	数量变化 / 个	−444		−218		−252	
	规模变化 /km²	166.58		51.47		41.11	

资料来源：李智等，2018。

二、位序－规模特征

齐夫模型是城市地理学中的经典模型，常用来研究城市位序与规模之间的关系，公式为

$$P_r = P_1 \cdot r^{-q} \qquad (4.2)$$

通过对公式的两边均取对数，将表达式转化为

$$\ln P_r = \ln P_1 - q \ln r \qquad (4.3)$$

为便于表达，将公式调整为

$$Y = -qX + c \qquad (4.4)$$

式中：P_1 为首位城市的人口规模；P_r 表示位序为 r 的城市人口规模；为城市的位序；$Y = \ln P_r$，$X = \ln r$，$c = \ln P_1$；q 为齐夫指数，其大小用来衡量城市规模分布的均衡程度。

当 $q > 1$ 时，表明城市之间规模差异较大，大规模城市在体系中占优势；当 $q = 1$ 时，表明最大城市与最小城市之比为城市总数，完全符合齐夫的位序－规模定律；当 $0 < q < 1$ 时，表明城市规模结构较为均衡，中小型规模城市较多，大型城市不突出。

本书采用齐夫模型对全国 2010 年各乡镇人口规模数据进行分析，利用 OLS 线性方程对乡镇位序与规模进行拟合分析，发现模型拟合度指数 R^2 为 0.73，低于可信范围 0.9（叶玉瑶等，2008）。由于全国乡镇规模差距较大，齐夫模型存在回归拟合的欠缺，基尼模型能较好地弥补这一不足。

基尼模型最早是用于研究社会财富分配状况的一个经济学模型。后来，加拿大约克大学地理系的马歇尔（J.U. Marshall）将其计算方法应用于研究不同规模城市的发育成长状况（叶玉瑶等，2008）。经过基尼模型计算出来的值定义为基尼指数。公式为

$$G = \sum_i \sum_j \left| p_i - p_j \right| / 2S(n-1) \qquad (4.5)$$

式中：n 为乡镇数目，各个乡镇人口规模之间有如下关系：$p_1 \geqslant p_2 \geqslant p_3 \cdots p_n$，$S$ 是这 n

个乡镇的人口总和。

基尼指数的取值范围为0~1。当所有的乡镇人口规模都一样大时，G=0，这时乡镇人口的规模分布达到了最大的分散程度；当总人口都集中于一个乡镇，而其他地方均无人居住时，G=1。一般来讲，基尼指数愈接近1，乡镇规模分布越集中，而基尼指数越小，则乡镇规模分布越分散。

采用基尼指数来衡量乡镇位序与规模之间的关系。全国尺度上，2010年乡镇人口的基尼指数为0.45，表明中国乡镇人口规模分布不均衡，呈现往高值区集聚的特征。

从七大地理分区看，西南地区的基尼指数最大，为0.48，表明西南地区乡镇人口规模分布最为集中；华中和华北地区的基尼指数最小，分别为0.35、0.34，表明华中和华北地区乡镇人口规模分布相对均衡；华南、华东、西北、东北地区处于中间，基尼指数分别为0.45、0.43、0.43、0.40。

各省（自治区、直辖市）的乡镇人口规模分布也不平衡（图4.7）。浙江的基尼指数最大，为0.57，远远高于处于第二梯队的福建、四川、青海、北京和广东，说明浙江的乡镇人口规模分布更为集中；河南、山东的基尼指数最小，分别为0.24、0.23，也远低于河北、天津、湖北和辽宁，基尼指数为0.31~0.35，说明河南、山东的乡镇人口规模分布相对均衡。在统计的31个省（自治区、直辖市）中，有19个省级行政单元的基尼指数位于中间梯队，为0.35~0.46。

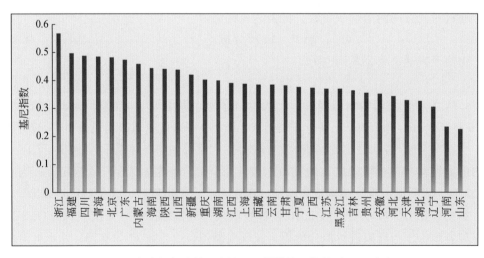

图4.7 各省级行政单元乡镇人口规模基尼指数（2010年）

注：根据第六次人口普查数据绘制

全国村镇的位序-规模特征反映了村镇分布规模的不均衡性，这种不均衡性随着时间的推移而演进。陈有川等（2017）对局部地区村庄人口变化相关影响因素的研究显示，影响村庄人口变化率的整体因素中，影响最大的即为村庄规模，为正向影响，即人口规模较大的村庄有增长更快的趋势。

三、规模等级结构

借鉴城乡聚落规模划分的相关研究（李智等，2018），综合利用 Jenks 的 Natural Break 方法，将村镇人口规模划分为 Ⅰ ~ Ⅶ 7 个等级，其中 Ⅰ、Ⅱ 表示高等级乡镇，Ⅲ、Ⅳ、Ⅴ 表示中等级乡镇，Ⅵ、Ⅶ 表示低等级乡镇，并绘制不同空间尺度人口规模等级结构模型图。各等级对应的乡镇人口规模见表 4.5。

表 4.5 中国乡镇人口规模等级结构（2010 年）

人口规模等级	常住人口数量 / 万人	乡镇数 / 个	乡镇数占比 /%
Ⅰ	> 30.0	27	0.1
Ⅱ	20.1~30.0	80	0.2
Ⅲ	10.1~20.0	693	2.0
Ⅳ	6.1~10.0	1879	5.5
Ⅴ	3.6~6.0	5938	17.4
Ⅵ	1.6~3.5	12652	37.2
Ⅶ	≤ 1.5	12808	37.6

注：根据第六次人口普查数据统计。

全国尺度上，2010 年乡镇人口规模等级结构呈双层基座的"金字塔"形，高、中、低等级乡镇数分别占全国乡镇总数的 0.3%、25%、74.7%，即极少数乡镇位于高等级规模，绝大部分乡镇的人口规模等级较低。

七大地理分区上，高等级乡镇主要分布在华南和华东，占高等级乡镇的 88.8%；中等级乡镇和低等级乡镇在各地理区中均有分布。各地理区均呈现高等级、中等级、低等级乡镇数量递增的特征，规模等级结构的形态上总体呈现"金字塔"形，但在更细分的规模等级结构上存在差异，具体可分为 3 类（图 4.8）：第一类，Ⅵ 级乡镇的数量最多，且邻近 Ⅵ 级两侧的等级数量相当，低等级乡镇数量占比 60%，包括华南、华东、华中、华北；第二类，Ⅵ 级乡镇的数量最多，但低等级乡镇数量占比达到 85%，仅包括东北；第三类，Ⅶ 级乡镇的数量最多，Ⅰ ~ Ⅶ 级乡镇数量逐级增加，包括西北、西南。

各省（自治区、直辖市）的乡镇规模结构也出现不同的类型。采用系统聚类法对各省级行政单元不同等级的乡镇数量进行分类，乡镇的人口规模结构划分为 5 种类型（图 4.9）。

第一类：中等级乡镇数量最多，低等级和高等级乡镇数量相对较少，形态上为"菱"形，属于该类型的省级行政单元只有上海。

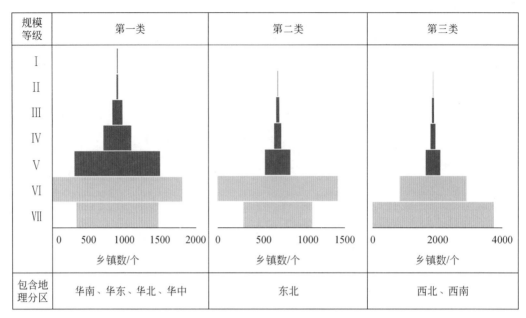

图 4.8　七大地理分区乡镇人口规模等级结构分类（2010 年）

注：根据第六次人口普查数据绘制

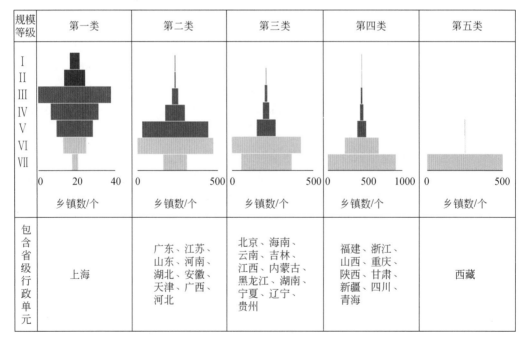

图 4.9　各省级行政单元乡镇人口规模等级结构（2010 年）

注：根据第六次人口普查数据绘制

　　第二类：中等级和低等级乡镇数量相当，高等级乡镇数量较少，形态上为"树"形，属于该类型的省级行政单元有 9 个，包括广东、江苏、山东、河南、湖北、安徽、天津、广西和河北。

　　第三类：高等级、中等级、低等级乡镇数量依次增多，在低等级中，Ⅵ级乡镇数量最多，形态为类"金字塔"形，该类型的省级行政单元有 11 个，包括北京、海南、云南、吉林、江西、内蒙古、黑龙江、湖南、宁夏、辽宁、贵州。

　　第四类：Ⅰ～Ⅶ乡镇数量逐级增加，形态为"金字塔"形，该类型的省级行政区划有 9 个，包括福建、浙江、陕西、山西、重庆、甘肃、新疆、四川和青海。

　　第五类：95% 以上乡镇集中在Ⅶ级，其他各等级乡镇数量非常少，形态为倒"T"字形，属于该类型的省级行政单元只有西藏。

　　乡镇人口规模在全国、各地理分区、省级行政单元 3 个空间尺度的规模等级结构呈现出层级分明的特征。将空间尺度进一步细分，以镇为单元的村庄规模结构同样层级分明，不同乡镇村庄规模等级结构存在差异。李菁华（2017）选取山东比较有代表性的县（或县级市）中典型的乡镇所涵盖的村庄，采用 2015 年农村户籍人口数据，通过绘制村庄人口规模分布图来表征村庄的规模等级结构。通过对村庄人口规模分布图进行分类，将村庄规模结构分为"哑铃"形、"菱"形、"金字塔"形3 种类型（图 4.10）。"哑铃"形：中等规模村庄比例小于大规模村庄和小规模村庄；"菱"形：中等规模村庄比例最大，大规模和小规模村庄比例相当；"金字塔"形：小、

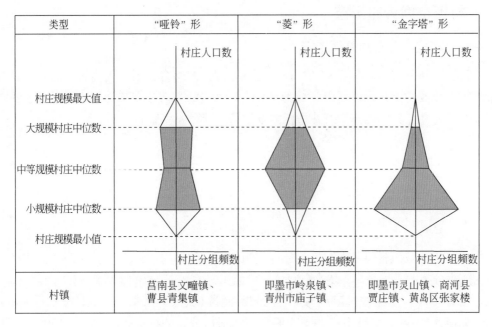

图 4.10　山东典型村镇人口规模分布类型（2015 年）

资料来源：李菁华，2017

中、大规模村庄频数由大变小。村庄规模结构类型为"金字塔"形的乡镇占比最高，一般位于经济较发达或中等的地区，并且以平原地区为主。"哑铃"形一般位于山地、丘陵地区，产业类型以农业为主。"菱"形一般位于远郊地区，产业类型以综合发展型为主，乡镇人均收入较低，多属经济欠发达地区。

村镇的规模等级结构随着时间的推移也在发生演变，不同区域演化路径存在差异。李智等（2018）在对江苏典型县域城乡聚落规模体系演化的研究中，对张家港市、泰兴市、涟水县三个典型县（市）绘制1995和2015年聚落规模等级结构模型图，研究表明，1995~2015年间，这3个典型县（市）高等级聚落的数量和用地总规模均不断增加，低等级聚落的数量和用地总规模不断减少，即县域聚落规模从低等级向高等级方向演化。县域内不同规模等级聚落的成长速率不同，导致县域聚落规模等级结构不断演化，并且这3个县（市）之间的县域聚落等级结构存在显著差异。张家港市聚落等级结构从"三角形"向"倒三角形"方向演化；泰兴市聚落等级结构呈"梯形"，并且"梯形"的上底不断加宽；涟水县等级结构从"三角形"向"梯形"方向演化。

第三节　村镇空间分布模式

一、村镇空间分布形态

1. 村镇空间分布的总体特征

村镇空间分布形态是一系列村镇在地理空间上的组合关系，表明村镇之间空间分布的集中化或均衡化程度。以县域为单元，运用点的平面分布统计方法，对村镇的空间分布模式进行类型划分，以 R 指标测度，具体计算方法如下。

$$R=\frac{\overline{da}}{de} \tag{4.6}$$

$$de=\frac{1}{2\sqrt{n/A}} \tag{4.7}$$

式中：$\overline{da}$ 为县域内各村镇点与其相邻点之间的距离的平均数；de 为县域内各村镇点理想的随机分布的平均距离；A 为空间单元的面积；n 为村镇点的个数。

当 $R=0$ 时，意味着村镇点与点之间的距离为0，成为聚集于一点的平面分布；R 的最大值为2.149，意味着点与点之间呈正六边形分布的特征（顾朝林，1992）。根据杨忍等（2016）的研究成果，R 值的分级可对应至不同空间分布模式：当 $R < 0.6$ 时为强聚集分布，R 值为0.6~0.9为集聚分布，0.9~1.2为随机分布，1.2~1.5为离散

分布，当 $R > 1.5$ 时为均匀分布（图 4.11）。其中，强集聚分布和集聚分布均为基本类型中的集聚分布，离散分布介于随机分布与均匀分布之间。

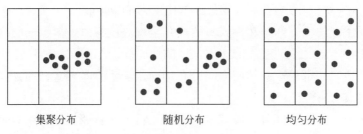

图 4.11　点空间分布基本类型示意图

1）乡镇空间分布规律

离散分布是我国县域乡镇空间分布的最主要模式。全国 49.47% 县域的乡镇 R 值为 1.2~1.5，呈现离散分布的特征。

从 R 值的地区差异来看，胡焕庸线以东的县域乡镇分布 R 值普遍高于西部，R 值大于 1.5 和位于 1.2~1.5 的占比分别为 55% 和 25%，县域乡镇分布更趋向于离散和均匀；以西地区 R 指小于 0.9 和位于 0.9~1.2 的占比分别为 22% 和 34%，乡镇分布相对更加集聚。

具体到省级尺度，山东、河南、河北、四川东部、广西、湖北等地 R 值多大于 1.5，趋向均匀。以山东为例，其乡镇的空间分布非常均匀，大致与山东省地貌以平原为主、地形起伏小的特征一致。相比之下，新疆乡镇空间分布的集聚性特征极为显著，76% 县域乡镇的 R 值小于 0.9，乡镇的空间分布与绿洲空间吻合。此外，西藏西北部、青海、内蒙古、四川中西部、甘肃西部等地县域的乡镇空间分布 R 值普遍在 0.9~1.2 之间，主要呈现随机分布的特征（图 4.12）。

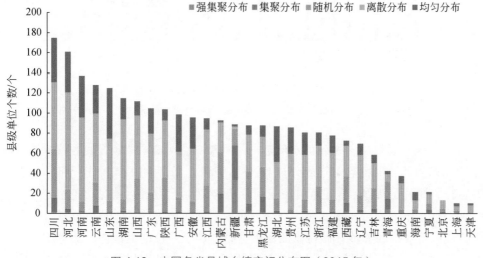

图 4.12　中国各省县域乡镇空间分布图（2015 年）

注：根据 2015 年百度地图数据绘制；港澳台数据暂缺

2）村庄空间分布规律

中国县域的村庄空间分布 R 值小于 0.9 的县域占 20.61%，R 值为 0.9~1.2 的县域数占到 67.45%，大于 1.2 的县级单元数量占比仅为 11.94%。

地区差异上，村庄空间分布模式自西向东呈现高度集聚—集聚—随机—离散分布逐步递进的特征。与乡镇的空间分布类似，胡焕庸线以东的区域村庄空间分布 R 值普遍高于西部地区，东部地区的村庄空间分布趋向于随机分布模式，西部地区的村庄空间分布呈现集聚分布特征。

局部地区上，村庄空间分布模式呈现差异化特征。自四川盆地东缘至长江中上游岳阳段，县域村庄空间分布 R 值普遍大于 1.2，村庄分布呈现离散至均匀分布。这一区域内，R 值的最大值为 2.149，涉及省份主要包括四川、重庆、湖北、湖南等，以四川省南充市西充县为例，其村庄空间分布呈现均匀、集聚的特征。黄土高原东部、黄淮海平原、长江三角洲大部分农区的村庄空间分布 R 值在 0.9~1.2 之间，村庄趋向随机空间分布模式。而新疆、青海西部、甘肃西部等大部分地区的村庄空间分布 R 值普遍小于 0.6，村庄的集聚特征极为显著，村庄发展多得益于绿洲经济，与水源的分布高度相关。其中以新疆尤为典型，其村庄的空间分布呈现出集聚于绿洲分布的明显特征。此外，西藏、四川西部、广东等地的大部分县域的村庄空间分布指数 R 值位于 0.6~0.9 之间，呈现集聚空间分布模式（图 4.13）。

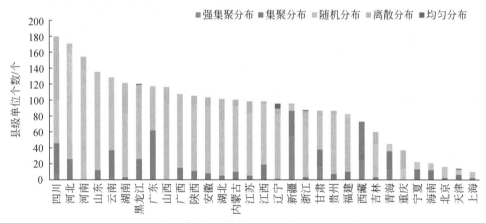

图 4.13　中国各省县域村庄空间分布图（2015 年）

注：根据 2015 年百度地图数据绘制；港澳台数据暂缺

对比县域乡镇和村庄的空间分布模式，两者均呈现出同样显著的区域差异，即胡焕庸线以东的区域村庄空间分布趋向于随机、分散，以西的区域村庄分布呈现出集聚分布特征，尤其是新疆，乡镇和村庄空间分布 R 值小于 0.6 的县域占比较高。

但对比之下，亦可发现二者的空间分布模式又有所不同：①数值分布上，村庄的 R 值整体低于乡镇的 R 值，即村庄的集聚性整体高于乡镇的集聚性；②总体空间分布格局上，离散分布型村庄在空间上具有明显的集聚区，如四川盆地东缘至长江中上游岳阳段等，离散分布型乡镇在空间上无明显的集聚区。

2. 村镇空间分布的线性特征

村镇空间分布的线性特征反映村镇沿河流、道路等线性地理要素的分布特点。从村镇发展的角度来看，交通作为村镇间人员交流、商品交换的基础，是促进社会生产从自给自足向地区分工转变的必要条件。随着交通的不断发展，不同村镇间的经济、文化联系逐渐加深，也使得人口的规模迁移得以实现，村镇在此基础上进一步扩张和分工，逐渐形成具有不同职能的村镇聚落。因此，村镇具有沿主要交通线分布的特征（金其铭，1988）。

从中国村镇沿国道、省道、河流一定距离的分布特征可以看出（表4.6），随着到国道、省道、河流距离的增加，乡镇、村庄的数量均呈下降趋势，距离国道、省道、河流5km范围内的乡镇、村庄占比最大，距离国道、省道、河流5km内的乡镇数占比分别为22.1%、44.4%、20.4%，包含两要素间的重叠部分，占总数的86.9%。距离国道、省道、河流5km内的村庄数占比分别为18.0%、38.4%、5.3%，包含两要素间的重叠部分，占总数的61.7%，表现出村镇沿道路、河流两侧密集线性分布的特征。由此可见，乡镇的这一分布特征比村庄更为明显，省道比国道更明显。由于乡镇承担行政、商贸、文化教育等职能，因此其一般形成并发展于交通方便的区位。

表 4.6   中国村镇沿河流、道路分布数量统计表（2015 年）

距离 /km	国道		省道		河流		小计（含两要素间重叠）	
	乡镇	村庄	乡镇	村庄	乡镇	村庄	乡镇	村庄
0 ~ 5	22.1%	18.0%	44.4%	38.4%	20.4%	5.3%	86.9%	61.7%
5 ~ 10	13.6%	14.7%	20.2%	24.5%	12.2%	3.7%	46.0%	42.0%
10 ~ 15	11.9%	12.7%	13.1%	15.1%	7.0%	0.5%	32.0%	28.3%

注：根据 2015 年百度地图数据统计；港澳台数据暂缺。

局部地区乡村空间分布的研究成果也证实了这一普遍的规律。王录仓等（2017）以甘南藏族自治州碌曲县为例，采用第二次土地利用现状调查数据，对高寒牧区乡村聚落空间分布特征进行研究。研究表明，河流缓冲区小于 300m 时，乡村聚落的分布面积最大，达到 35.46%；个数也最多，达到 48.89%。随着距离的增加，乡村聚落的面积、个数及所占比例均逐渐减少。其原因是碌曲县的耕地主要分布在洮河河谷地带，海拔相对较低，农业生产力相对较高，故乡村聚落分布较为集中；随着距离的增加，海拔逐渐升高，草场逐渐增加，聚落分布则逐渐减少。

村镇沿河流、道路线性分布的特征随着时间的推移而越发明显。陈永林等（2016）以 1995、2013 年赣南地区的遥感图像为数据源，对赣南地区乡村聚落的空间分布与演化规律进行研究。研究表明，距离河流 2000m 以内是乡村聚落分布最为密集也是变化最为显著的地区，1995 年为 3098.13km^2，占比 62.05%；2013 年为 4236.58km^2，占比 65.87%。在公路缓冲区中也呈现类似分布特征。

二、村镇空间自相关特征

空间自相关分析是检验某一要素属性值是否与其相邻空间点上的属性值相关联的重要指标，正相关表明某单元的属性值变化与其相邻空间单元具有相同的变化趋势，负相关则相反。具体来说，以县域乡镇与村庄空间分布密度为表征指标，在全国尺度上，用全局 Moran's I 指数识别县域乡镇和村庄分布在全国范围内的空间依赖程度。利用局部 Moran's I 指数刻画一个县域与其邻县的相似程度，揭示县域村镇的空间集聚和溢出特征，采用 95% 置信水平，将分析结果分为正相关类型——HH 型和 LL 型关联，和负相关类型——HL 型、LH 型关联，此外还有部分县级单元未通过置信检验而列为不显著。

从县域乡镇密度的全局 Moran's I 指数计算结果看（表 4.7），Moran's I 指数值为 0.855，ZScore 大于 1.65 的临界值，P 值小于 0.05 的 95% 置信度，体现县域乡镇密度的空间自相关性，即县域乡镇密度呈现高高值、低低值空间集聚的特征，也说明我国县域乡镇密度集聚分布的特征突出。

从县域村庄密度的全局 Moran's I 指数计算结果看，Moran's I 指数值为 0.965，ZScore 大于 1.65 的临界值，P 值小于 0.05 的 95% 置信度，体现县域村庄密度的空间自相关性和集聚性，且集聚程度相较县域乡镇密度更高。

表 4.7　中国县域村镇密度 Moran's I 指数（2015 年）

类型	Moran's I 指数值	ZScore	P
乡镇	0.855	2.13	0.033
村庄	0.965	2.40	0.016

注：根据 2015 年百度地图数据统计计算，港澳台数据暂缺。

1）乡镇的空间自相关性

从全国县域乡镇空间密度的局部空间自相关计算结果看，正相关类型中 HH 与 LL 型分别有 601 与 536 个县，占总数的 21.1% 与 18.8%；负相关类型中 HL 型和 LH 型分别有 11 与 134 个县，占总数的 0.4% 与 4.7%；不显著有 1566 个，占总数的 55.0%。

空间分布上，正相关类型与负相关类型呈现鲜明的对比特征（图 4.14）：①正相关类型多以"组团"形式出现，集聚性较强。HH 型主要分布于华北平原、四川盆地及长江中下游的部分地区，包括河北、河南、四川、浙江、安徽等省份，以及上海、天津、重庆、北京等城市；LL 型主要分布于黑龙江、内蒙古、西藏、甘肃、青海、新疆、云南等较偏远地区。②负相关类型的集聚特征不太明显，主要分布在两个 HH 型集聚组团的西侧，附着于华北平原和四川盆地组团，因高程的剧烈变化，分别呈现带状的 LH 型集聚。

从空间集聚分布的位置来看，乡镇空间自相关性呈现出与地形的高度关联，华北

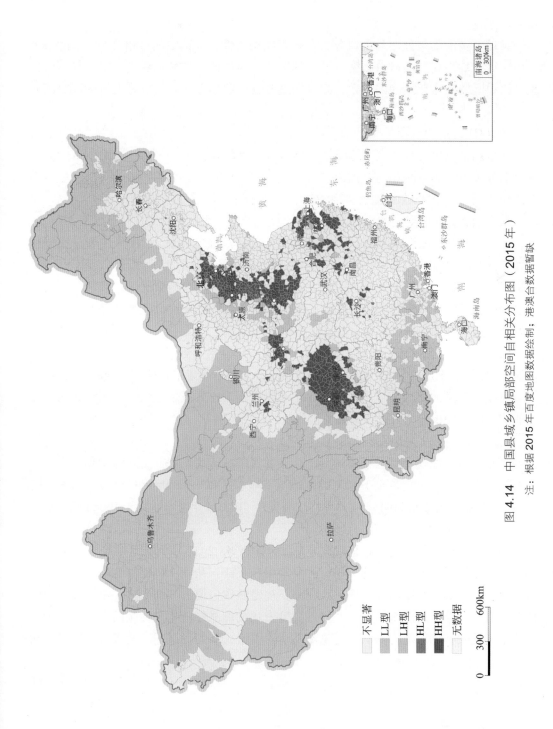

图 4.14 中国县域乡镇局部空间相关自相关分布图（2015 年）

注：根据 2015 年百度地图数据绘制；港澳台数据暂缺

不显著
LL型
LH型
HL型
HH型
无数据

0 300 600km

平原南北向的 HH 型集聚区域与太行山走向一致，四川盆地的 HH 型集聚区域的形态也与盆地地形相一致。而在中部地区和辽宁、吉林，多数区域乡镇的空间自相关特征不明显。

县域乡镇的集聚分布与人口分布存在高度相关性。乡镇空间自相关 HH 型的三个集中区域，均为我国人口分布密度最高的区域。通过比较省域乡镇人口密度与高值集聚县级单元数量占比之间的关系，亦可发现多数高值集聚的省份也是人口密度较高的区域。

2）村庄的空间自相关性

从全国县域村庄空间密度的局部空间自相关计算结果看，正相关类型中 HH 与 LL 型分别有 727 与 809 个县，占总数的 34.4% 与 38.3%；负相关类型中 HL 型和 LH 型分别有 7 与 89 个县，占总数的 0.3% 与 4.2%；不显著有 1216 个，占总数的 57.5%。

从全国看，村庄空间的正相关类型与负相关类型呈现鲜明的对比特征（图 4.15）：正相关类型显现很强的集聚性，村庄空间集聚的格局非常明显。HH 型主要分布于我国以长江和淮河流域为主体的西、中部和东部沿海地区，包括江苏、安徽、河南、江西、湖南、湖北、四川、贵州、重庆等地，这些省份不但 HH 型集聚的区县数量多，而且通过分析各省的平均空间自相关强度，即各区县的局部 Moran's I 指数（绝对值）的均值发现，这些省份的村庄集聚程度也较高。

LL 型集聚主要分布于吉林、黑龙江、内蒙古、甘肃、青海、新疆、云南、西藏等较偏远地区；在 HH 型与 LL 型集聚区域之间，分布着空间集聚特征不显著的过渡区域。

负相关类型的集聚特征不太明显，主要附着于 HH 型集聚组团的外侧，如四川盆地西侧，以及冲积平原与侵蚀山地交错分布的江西、浙江、安徽三省交界地区。

村庄空间自相关特征受自然要素影响较为明显。将村庄空间分布的聚类结果与气温、降水等自然地理要素进行关联分析，显示村庄空间集聚特征受到温度和降水影响较大。在 1 月份平均气温为 0~10℃ 的区域及年降水量 800~1600mm 的区域，村庄空间分布 HH 型集聚现象较为明显。1 月平均气温低于 -10℃ 及年降水量低于 400mm 的地区，村庄空间分布为 LL 型。

不同类型村庄的空间分布呈现差异性。徐智邦等（2017）对 2015 年我国"淘宝村"的空间分布做了研究，发现此类村庄主要集中在长江三角洲、福建沿海中部、珠江三角洲及广东东部，其中浙江、广东、江苏、福建四省包揽了"淘宝村"数量排名的前四名，占全国总数的 72%，与这些地区高度发达的商品经济相关，区内专业分工细、消费市场繁荣、创新能力高、交通物流发达等因素，共同促进了"淘宝村"的发展和集聚。

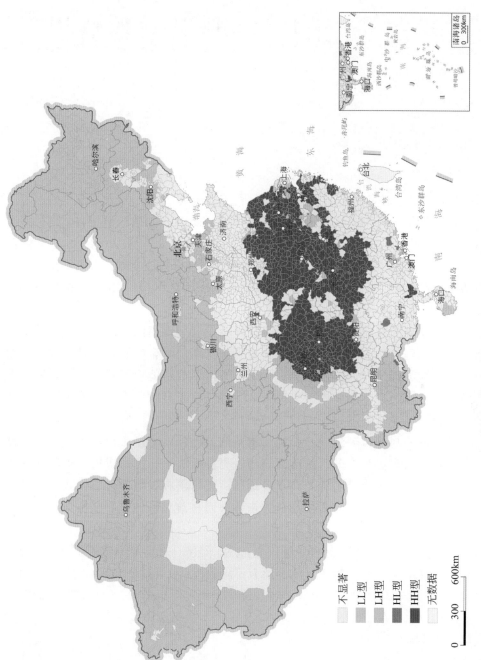

图 4.15　中国县域村庄局部空间相关分布图（2015 年）

注：根据 2015 年百度地图数据绘制；港澳台数据暂缺

不显著
LL型
LH型
HL型
HH型
无数据

0　　300　　600km

第五章　中国村镇的类型与分化

第一节　中国村落的类型

村落是聚落的一种基本类型，是长期生活、聚居、繁衍在一个边界清楚的固定区域的，主要从事农业生产的人群所组成的空间单元。狭义的村落一般指自然村，广义的村落则指包括一个或多个自然村的村庄区域，即行政村（马航，2006）。在我国行政体制下，行政村是村民自治的基层单元，也是农村地区村庄规划、资金安排、设施配置的基本单元，采用行政村作为村落的概念进行村落类型辨析，能有效指导各类村落的规划、建设与治理。

作为幅员辽阔的农业大国，中国的经济社会发展呈现出巨大的区域差异性。相较城市，村落受到自然、经济、社会等要素更为长期而综合的影响，其多样性也尤为明显。在长期的传统农业生产历史进程中，中国形成了适应于不同自然环境和农业生产特点的村落类型。新中国成立以来，尤其是改革开放以来，随着中国经济与社会的转型，人口乡城流动推动的快速城镇化、农业产业化、农村工业化等均深刻地改变了广大的农村地区，进一步拉大了村落间的差异，丰富了村落类型。在此背景下，要使村落管理更为有效，村落规划建设更贴近需求，国家投资更加高效利用且让村民满意，就要求决策者充分尊重各地区、各村落在发展条件、模式和水平上的诸多差异，因地制宜、有针对性地分类指导，而村落类型体系则是科学决策的重要支撑。

村落发展是一个多维度的过程，不仅受自然、经济、社会等因素的影响，还受到三者交互作用的影响。从不同维度看，村落有不同的特点，可划分出不同的村落类型。总的来说，各村落在自然禀赋、区位条件、规模大小、形态结构、镇村体系、经济水平及产业结构方面存在较大的差异，这些方面的差异也被政策制定者、执行者和研究者普遍接受和认同。

本节从村落类型的主要特点出发，分析不同分类标准下的各类村落特征。在此基础上，依据村落类型划分的基本原则，提出较为综合的村落分类体系。

一、按村落的组成要素分类

1. 按地形特点分类

自然禀赋是村落发展的本底和基础，相对于城镇而言，村落在生产和生活方式上与自然界联系更紧密，其中地形地貌更是对村落规模、形态、布局、主导产业等起着决定性作用，被用来划分不同的村落类型（王智平，1993；徐坚，2002；倪仁芳，2006；肖飞和杜耘，2012）。具体来说，根据地形起伏，可将村落划分为平原村落、丘陵盆地村落和山地村落等。

1）平原村落

平原村落坐落于海拔 200m 以下地形平坦的平原上，主要分布在中国东北平原、华北平原、长江中下游平原和关中平原。这类村落受地形地貌限制较小，村落平面格局较为紧凑，人口和房屋较为集中，在空间上能够集聚较多的人口。同时，平原往往土壤较为肥沃、水资源丰富、土地易于耕种、农作物产量较高、农业较为发达，是我国最为主要的粮食主产区，因此村落规模往往较大。另外，由于地形平坦，平原村落与城镇间联系较为便捷，城乡一体化程度较高，许多平原村落深受城镇化影响，非农产业发育较好，如江浙地区的部分村落。

2）丘陵盆地村落

丘陵盆地村落位于海拔 200~500m 之间地形较为起伏的丘陵或盆地，主要分布在中国山东丘陵、辽东丘陵、东南丘陵和四川盆地。这类村落受到一定的地形地貌限制，一般零散地分布在微地形较好的区域，村落平面格局较为松散，户与户之间相距较远。相较平原，丘陵盆地的土地较难利用，但水资源较为丰富，土地坡度较小，因此该类村落或以林木种植为主，或开辟梯田种植粮食作物，产量适中，村落规模也适中。

3）山地村落

山地村落位于海拔 500m 以上地形起伏（相对高差在 200m 以上）的山地上，分布零散且较为广泛。这类村落受地形地貌的制约，一般仅集聚在山谷、山脚的狭窄地带，住宅坐落在小块平地上，庭院面积受到限制，村落平面格局较为分散（王智平，1993），村落人口规模通常比上述两类村落小。土地的难以利用意味着人均耕地较少，林木和果树是其主要经济作物，部分村落位于半干旱的农林牧区，畜牧业较为发达。另外，该类村落往往距城镇较远，交通不便，基础设施和公共服务也难以配置，村民生活水平较低。

中国地形地貌类型多样，除平原、丘陵盆地和山地有大量村落外，在高原、草原等其他类型地区也分布有一些村落。受地理条件的影响，并与长期以来农村居民生产生活方式相适应，这些村庄呈现数量较少、规模较小、分布较稀疏的特点。

2. 按区位条件分类

根据农业区位论，区位条件，特别是与中心城镇的距离，决定了村落的生产方式。离城镇越近意味着受城镇影响越大，越有可能成为城市影响区，从而改变其经济结构或用地布局（范念母，1991；税伟等，2005；李珽，2009；宋伟等，2013）。因此，区位条件是村落生产生活方式受城市影响程度的重要因素。按照与城市的空间位置关系，可将村落分为远郊村落、近郊村落和"城中村"。

1）远郊村落

远郊村落指在地理空间上远离城市中心的村落，它们受城市影响较小，既包括位于城市远郊区的村落，也包括位于广大农村地区的村落，是中国最主要的村落类型。这类村落在具体的界定上较为模糊，可将未与城市或建制镇接壤的村落界定为远郊村落，也可将在特大城市1小时经济圈以外，或其他城市半小时经济圈以外的村落界定为远郊村落。尽管界定标准不一，但该类村落一般具有以下共同特点。

经济生产方面，由于远离城市，受城镇化影响较小，往往以第一产业为主，经济发展水平相对落后，多为典型的中国传统村落。

人口构成方面，村内居民主要是本地人口，外来人口较少，人口构成较单一，村民间依旧以血缘、地缘作为关系维系的纽带。

风貌景观方面，乡村传统风貌和格局得到了较好的保留，建筑风格受城市影响较弱。由于远离受非农产业影响较为深刻的城市和工业区，自然生态环境较好，但设施水平不高，运行效率和管理维护水平相对较低。

2）近郊村落

近郊村落指在地理空间上离城市中心较近的村落，受城市影响较大，发展变化受城镇化进程影响强烈，动态性、不稳定性特征明显。同时，它们仍保留了部分农村特征，在经济、社会、土地利用、建设景观等方面处于由农村向城市转型的特殊发展阶段。可将与城市或建制镇接壤的村落界定为近郊村落，也可将位于紧邻城市市区的城乡接合部的村落界定为近郊村落，还可将在特大城市1小时经济圈以内，或其他城市半小时经济圈以内的村落界定为近郊村落。该类村落一般具有以下特征。

经济职能方面，由于受到城镇建设拓展的辐射带动，近郊村落内部经济结构发生了很大变化，除了既有的农业生产属性外，近郊村落逐渐具备承接来自中心城市的产业、居住等职能，具有多种行业、多种经济成分和多种经营模式。部分村落已形成规模化的工业和第三产业，带动农民收入水平提高。

人口构成方面，近郊村落的人口构成日趋复杂，有一定比例的外来人口。在经济发达的大都市地区，近郊村落还随着城市郊区化的出现吸引一部分从中心城市迁入的人口群体。

风貌景观方面，受中心城市职能延伸和扩张的影响，近郊村落耕地锐减、城市发展征用土地增多、建设占地比例增加，兼具城市和乡村的土地利用性质。村落内部建房多、建设散乱、建筑密度高、道路拥挤，村落传统格局逐步被现代化城镇建设所取代。

设施环境方面，由于毗邻城市，基础设施相对较为完善，交通、信息较为通畅。但村落内部外来人口较多，人口流动性相对较大，基础设施和公共服务设施不足的情况常见。

3）"城中村"

伴随着城市郊区化、产业分散化、乡村非农业发展和城市快速扩张，部分村落在地域上已经成为城市的一部分，生活方式已经完全城镇化，但在土地权属、户籍、行政管理体制上仍然保留着农村模式，这类村落被称为"城中村"。它们主要分布在经济发达的大都市内部，一般具有以下特点。

经济生产方面，产业结构非农化，第三产业地位突出，经济收益多元化。土地收益、物业收益和村办企业是村内集体经济收益的主要来源，集体分配、物业出租和从业收益则是村民收入的主要来源。村民就业基本非农化，甚至出现相当比例的不从业人口，村民收入较高（李立勋，2005）。

人口方面，"城中村"是城市流动人口的主要聚居地，大量外来人口涌入成为"城中村"的普遍特征，许多"城中村"外来人口已超过本地人口。这一特征瓦解了传统的地缘、血缘关系，村内社会关系趋向城市社区特征。

风貌景观方面，"城中村"建筑密度很高，多数村落，尤其是位于城市中间的村落，已几乎没有农业用地。由于"城中村"依旧采用村民自治组织的管理制度，村落整体缺乏规划、布局混乱、街道卫生环境较差，人居环境较差。

3. 按规模大小分类

村落规模与公共设施的配置需求密切相关，同时在人口乡城流动的背景下，村落规模在很大程度上也决定了村落的发展前景。因此村落规模不仅会对村落的规划建设产生至关重要的影响，更是村落得以延续的重要基础。

1）主要规模类型

在中国《镇规划标准（GB50188—2007）》中，按常住人口数量将村落分为特大型、大型、中型和小型四类。特大型村落常住人口大于1000人，大型村落常住人口601~1000人，中型村落常住人口201~600人，小型村落常住人口200人及以下（表5.1）。

表 5.1　村庄规划规模分级

人口规模分级	常住人口数量/人
特大型	＞1000
大型	601~1000
中型	201~600
小型	≤200

资料来源：《镇规划标准（GB50188—2007）》。

2）规模分布特点

根据上述标准，中国2018年约有常住人口1000人以上的特大型行政村30.1万个，占526826个行政村的57.2%。其中河南和四川特大型行政村数量居全国之首，分别为28150个和24617个，西藏特大型行政村数量最少。根据统计数据（表5.2），我国较小规模的行政村在近53万行政村中占据比例相对较低。2018 年全国 500 人以下行政村约有 86790 个（16.5%），500~1000 人的行政村约有 138826 个（26.3%）（表 5.2）。这表明从总体上来看，我国行政村规模较大，以大型和特大型行政村为主。

表 5.2　中国不同规模行政村数量

地区名称	行政村数量 / 个			
	合计	500 人以下	500~1000 人	1000 人以上
北京	3589	1079	1205	1305
天津	2954	785	1041	1128
河北	44122	10026	14933	19163
山西	26261	10581	8199	7481
内蒙古	11057	2682	3767	4608
辽宁	10821	377	1420	9024
吉林	9135	1357	2242	5536
黑龙江	9667	1489	2139	6039
上海	1532	132	217	1183
江苏	14035	392	1537	12106
浙江	20282	3768	6203	10311
安徽	15027	837	2027	12163
福建	13297	1340	3509	8448
江西	17235	1924	3716	11595
山东	66497	19958	24529	22010
河南	42426	3770	10506	28150
湖北	23063	1976	6237	14850
湖南	23502	1413	3962	18127
广东	18191	932	2521	14738
广西	14149	469	1596	12084
海南	2919	334	580	2005
重庆	8371	342	1151	6878
四川	45643	7544	13482	24617
贵州	14477	978	2771	10728
云南	13770	966	1802	11002
西藏	5391	3513	1401	477

续表

地区名称	行政村数量／个			
	合计	500 人以下	500~1000 人	1000 人以上
陕西	16480	1273	4852	10355
甘肃	15982	2445	6003	7534
青海	4140	1420	1636	1084
宁夏	2315	187	449	1679
新疆	8801	1513	2667	4621
新疆生产建设兵团	1643	988	526	129
全国	526774	86790	138826	301158

资料来源：《中国城乡建设统计年鉴（2018）》，港澳台数据暂缺。

4. 按形态结构分类

形态结构反映了村落内部的空间组织形式，既包括村庄居民点分布的空间结构，也包括村庄居民点分布的空间形态（陈芳惠，1984；方彭，2006）。根据前者可将村落分为集村和散村，后者则包括点状、条带状、环状等主要形态。

1）村落结构：集村与散村

住宅是聚落内部构成的细胞，以住宅的平面分布状况来划分聚落形式，是早期地理学者对农村聚落内部结构研究的基础。集村是指聚落内部住宅分布呈现集中分布状态的村落类型，又称集聚型聚落。集聚型聚落内部住宅安排紧密，农户与建筑物聚集在一起，规模大小不等。可按照其平面分布形态进一步细分，如团块状聚落（呈方块、多边形或椭圆形）、条带状（呈条带状延伸）聚落、环状聚落（环水或环山分布）及其他形状（如中国闽南及粤东北客家人居住的土楼，整个土楼或多个土楼构成一个圆环形村落）等。与之相对的则称散居型聚落，简称散村。

村落结构受多种因素影响，其中自然、规划和社会是主要的影响因素。自然因素包括气候、地形地貌和土地利用方式等，例如山区村落容易呈现出散村型结构；规划因素则容易产生集村，例如外来移民安置村落或迁村并点形成的新村落往往呈现出集村的结构；社会因素则包括政府意识、宗法伦理、血缘关系、宗教信仰、风水观念和交往习俗等。

2）村落形态：点状、条带状和环状村落

点状村落是较为常见的村落形态，在平原村落中尤为常见，该类村落往往不受地形或交通条件的限制。此外，经由统一规划的村落在平面格局上较为整齐，往往呈现出方形或圆形的平面形态。

条带状村落的产生常与地形或交通等要素相关，它们由于受到地形或交通要素的制约，一般沿山谷、水系、主要道路等发展，呈现条带状的空间形态。

环状村落是快速城镇化背景下产生的村落，通常指"空心村"。随着一些地区快速城镇化的发展，大量农民离开村落，同时由于农民收入的持续增长带来了村落住房建设的高潮，因此村落外围不断扩充而内部老旧房屋则逐步被遗弃，导致"外扩内空"的环状分布形态。

5. 按镇村体系分类

以村落在镇村体系中的位置确定其公共服务设施配置的标准，是村庄规划中最为常用的分类方式。根据《镇规划标准（GB50188—2007）》，镇域内的镇村体系自上而下依次可分为中心镇、一般镇、中心村和基层村四个层次。在一个镇所辖地域范围内，一般只有一个中心镇或一个一般镇，即两者不同时存在；中心村和基层村也有类似的情况，例如在北方平原地区，村庄人口规模较大，每个村庄都设有中心村级的基本生活设施，全部划定为中心村，而可以没有基层村这一层次。

1）中心村

中心村为镇村体系规划中，设有兼为周围村服务的公共设施的村。这类村落是生产与生活服务中心，具有辐射周围一定范围内村庄的配套服务设施，以第一产业为主，适当发展第二产业，大力发展多种经营，并配置一定的公共服务设施。它们大多靠近交通方便地带，位置适中，供水、用地、环境等条件良好，能方便连接城镇与基层村，起到纽带作用。

2）基层村

基层村为除中心村外的一般村落，是村民生产生活的基本单元，以本村农业生产和农民生活居住为主，基本不存在对周边村落提供公共服务的功能。这类村落以第一产业为主，部分村落存在多种经营，在设施配置上仅提供村落内部所需的类型，如卫生室、幼儿园等。

6. 按经济发展水平分类

经济发展水平反映的是村落经济发展的综合情况，能进一步体现村落在产业、人口等方面的特征与差别，是常用的类型划分指标（谷晓坤等，2007）。根据2018年农村居民分地区人均可支配收入（图5.1），按照断点法，可将农民年均可支配收入在15000元以上的村落划分为经济水平较高的村落；农民年均可支配收入10000~15000元的为经济水平一般的村落；农民年均可支配收入在10000元以下的为经济水平较低的村落。

1）经济水平较高的村落

经济水平较高的村落主要集中在东南沿海及京津地区等整体发展水平较高的地区，尤其是靠近特大城市、受特大城市辐射作用明显的地区。

这类村落通常具有一些共同特征。经济上，基本脱离农业，且具有竞争力较强的核心产业，如旅游业、商贸服务业或工业等；人口构成上，家庭结构呈现出小型化的趋势，传统农村地区血缘、地缘纽带开始逐步弱化，部分村落出现较多的外来人口；

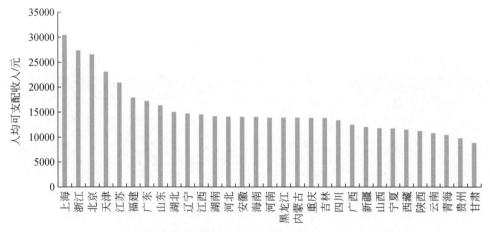

图 5.1　中国农村居民分地区人均可支配收入（2018 年）

资料来源：据《中国统计年鉴（2018）》数据编绘；港澳台数据暂缺

风貌上，多数村落进行了统一的规划，配置了一些较高水平的基础设施和服务设施，住宅等建筑风格也趋向现代风格，逐步体现出城市社区的风貌。

2）经济水平一般的村落

中国大部分省份的村落经济水平一般，主要分布在中部及少数沿海地区，一般具有以下特点。

经济上，传统农业依旧是生产的主要组成部分，但非农产业（如旅游、工商业等）也在缓慢发展，且占居民可支配收入的比例逐年上升；人口上，传统的家庭结构依旧存在，但贫富差距逐步增大，部分创业的村民投资现代产业，先行致富，其余村民则依旧以种植或养殖业为主，经济收入相对较低；风貌上，村落体现出传统农村和现代城市相混合的景观，基础设施和公共服务分布不均。

3）经济水平较低的村落

经济水平较低的村落在中国村落中仍占较大比例，尤其在中西部地区较为多见。这类村落在经济上依旧以传统农耕为主；人口上存在大量劳动力外出务工的现象，留守儿童和留守老人比例较高；服务设施水平较低，服务功能不齐全，医疗水平低下，教育资源短缺等问题普遍存在。

7. 按产业结构分类

产业结构体现了村落的主要职能和发展趋势，是村落规划建设方向的重要依据。长期以来，中国村落的产业结构较为单一，以农业为主。改革开放以后，农村地区出现了工业化和城镇化发展态势，一方面家庭联产承包责任制解放了大量农业剩余劳动力，并逐步转移到非农产业，另一方面，20 世纪 80 年代中后期乡镇企业的发展也成为农村城镇化的重要推动力，农村的工业化和城镇化成为中国农村经济社会发展中的重要议题（樊杰等，1996），带来了村落产业的多元化发展趋势（王云才，2000），极大地丰富了村落类型（陈晓敏，2009；龙花楼等，2009；姚龙等，2015）。根据村

中国村镇

落的产业结构特征，可将村落分为传统农牧业生产型、现代农牧业生产型、矿产资源开发型、工商企业带动型、休闲旅游带动型和劳务经济带动型。

1）传统农牧业生产型村落

传统农牧业生产型村落是指村民主要以相对传统、粗放的方式进行广义农业生产，并作为村落的主要经济来源。该类村落在中国分布最为广泛，尤其在中西部地区较为普遍，一般具有以下特点。

经济上，以较传统的方式进行农牧业生产，基本不存在非农产业，经济发展水平较为一般。人口上，存在部分外出务工劳动力，但人口规模较为稳定，村落内部分工简单，血缘、地缘关系浓厚，人际关系密切，传统民俗习惯保留较为完整。风貌上，传统村落格局保留较好，较少统一规划，建筑风格受城镇影响较小。设施上，基础设施和公共服务投资较少、水平较低，村落设施环境相对较差。

2）现代农牧业生产型村落

现代农牧业生产型村落是指村民主要以相对现代、集约的方式进行广义农业生产，并作为村落的主要经济来源。该类村落主要集中于东部沿海发达地区，一般具有以下特点。

经济上，与传统农牧业生产型村落相比，村民更为广泛地应用各类机械、现代科学技术和现代科学管理方法开展农业生产，亩均产量较高，劳动力投入较低，经济发展水平较高。人口上，农业机械化普及解放了较多的劳动力，他们或外出务工，或加入本地非农就业，拓宽了人口就业渠道。风貌上，由于生产方式转向机械化生产，部分村落进行了统一规划，村民住宅也根据新型农具进行了适应性改造。设施上，基础设施，尤其是教育和医疗方面较传统农牧业生产型村落更有保障，生态环境相对改善。

3）矿产资源开发型村落

矿产资源开发型村落是指村民主要以开采、初加工、销售矿产资源作为村落的主要经济来源。该类村落主要分布在矿产资源较为丰富的地区，如山西、陕西等地，一般具有以下特点。

经济上，整体水平较高，但内部收入水平差异较大。人口上，村民对外交流较多，思想观念比较超前。风貌上，村民活动对自然生态系统的影响较大，村内污染较其他类型村落严重，在贫富差距较大的背景下，村内住宅建筑风格差异巨大，村落风貌缺乏统一性。设施上，村落道路、交通、电力等基础设施发展较快，设施水平较高（于凤芳等，2008）。

4）工商企业带动型村落

工商企业带动型村落是指村民主要以工商企业非农生产收入作为村落主要经济来源。该类村落是在中国农村工业化和城镇化背景下产生的、分布较为广泛的村落，主要集中在交通相对便利的城镇周边或经济发达地区，一般具有如下特点。

在经济上，以发展工商业为导向，逐步从农业主导型向工商业型转变，企业来源多样，既有主动进驻或政策引进的外来企业，也有返乡村民创办的企业，后者在近年来有逐渐增多的趋势，村民收入水平大幅度提升。人口上，本村村民以专职或兼业的形式参与到非农生产中，部分企业实力较强的村落还会吸引外来人口前来务工，丰富了村落的人口构成，提高了人口流动性。风貌上，村落建设用地扩张较快，占用耕地比例较高，人地矛盾较为突出，部分村落存在高污染企业，造成村落环境恶化。设施上，村落设施较为齐全，基本与城镇接轨。

5）休闲旅游带动型村落

休闲旅游带动型村落是指村民主要以旅游业收入作为村落的主要经济来源。该类村落一般拥有优越的自然环境条件或区位条件，具有丰富的山体、水体或历史资源，可达性较强，一般具有以下特点。

在经济上，以旅游业为主，基本脱离农业生产，村民大多从事住宿、餐饮、文化休闲等与旅游相关的产业，村民收入较高。人口上，部分村落有大量外来人口进行本地旅游资源投资与开发，人口构成复杂。风貌上，村落往往保留了传统的村落格局，建筑也保留了传统风貌。旅游服务设施相对完善，基础设施投入较大，设施水平较高，管理较为规范。

6）劳务经济带动型村落

劳务经济带动型村落是指村民主要以为外来人口提供各类服务作为村落的主要经济来源。该类村落主要分布在外来人口较为集中的特大城市周边或内部，"城中村"或"城边村"为主要形式。

这类村落在经济上主要以房屋出租、住宿餐饮、居民服务等为主要产业，基本不存在农业生产，村民收入普遍较高。人口上，村内人口密度较大，集聚了大量外来人口，本村村民占比较低，村内人员构成复杂，人际关系脱离传统的血缘、地缘。风貌上，传统的村落格局和建筑形式基本被城镇风貌所取代，部分村落风貌与城镇没有差异，村内设施水平也基本达到城镇水平，但内部管理的规范性和环境质量状况往往相对较差。

二、面向发展规划和政策导向的综合分类

以上分类针对村落的自然条件、区位、规模、形态、经济等要素，可以较好地归纳村庄的特征，但难以较为综合地体现村落之间的差别。也有研究者采用省级或县级数据，通过构建经济指标体系，利用星座图聚类、模比系数法或乡村性计算，对乡村经济类型或农村发展地域类型进行了划分（曾尊固等，1989；张步艰，1990；邱益中，1995；刘慧，2002；孟欢欢等，2013；姚龙等，2015）。这些研究往往强调经济要素在村落类型划分上的重要性。经济发展是中国村庄在相当长时期的基础性内容，侧重经济要素的分类对于分类引导村落发展有重要的意义。

综合来看，随着中国城镇化水平的逐步提高，城乡人口构成经历了乡村人口在总人口中的占比逐步下降和乡村人口总规模逐步下降的过程。中国乡村人口1995年达到8.6亿人，此后逐年下降，2019年下降到5.5亿人。随着城镇化水平的进一步提高和乡村人口的进一步减少，在中国农业农村现代化进程中，农村功能的转变、村落在规模

及空间上的重构是必然趋势。因此，面向新时期发展规划和政策导向对村落进行综合分类，既是对村落发展现实的客观认识，也是对乡村发展分类引导、促进城乡融合发展的实践需要。

1. 发展背景和分类依据

1）政策背景

2017年10月18日党的十九大报告提出，要实施乡村振兴战略，并提出实施乡村战略的"产业兴旺、生态宜居、乡风文明、治理有效、生活富裕"二十字方针。2017年12月29日，中央农村工作会议明确了实施乡村振兴战略的目标任务：到2020年，乡村振兴取得重要进展，制度框架和政策体系基本形成；到2035年，乡村振兴取得决定性进展，农业农村现代化基本实现；到2050年，乡村全面振兴，农业强、农村美、农民富全面实现。2018年1月2日，国务院公布了2018年中央一号文件，即《中共中央国务院关于实施乡村振兴战略的意见》。2018年9月，中共中央、国务院印发了《乡村振兴战略规划（2018—2022年）》，并发出通知，要求各地区各部门结合实际认真贯彻落实。

乡村振兴战略的实施，意味着新时期村落发展将以综合发展为导向、全面振兴为目标。新时期乡村发展与规划引导面临着兼顾综合发展的各个方面及因地制宜、分类施策的需求。

2）分类原则和依据

中共中央、国务院印发的《乡村振兴战略规划（2018—2022年）》指出，乡村是具有自然、社会、经济特征的地域综合体，兼具生产、生活、生态、文化等多重功能，与城镇互促互进、共生共存，共同构成人类活动的主要空间。乡村振兴战略规划强调要构建乡村振兴新格局，要统筹城乡发展空间和优化乡村发展布局。

在该战略规划的第九章，专门强调要分类推进乡村发展，"顺应村庄发展规律和演变趋势，根据不同村庄的发展现状、区位条件、资源禀赋等，按照集聚提升、融入城镇、特色保护、搬迁撤并的思路，分类推进乡村振兴，不搞一刀切。"即，村庄分类要遵循发展现状、区位条件和资源禀赋的差异性，以顺应发展规律和发展趋势为原则，按目标导向分类施策。

2. 主要类型与政策导向[①]

具体而言，结合村落发展规律和发展条件，按照未来的发展方向和规划导向，将村庄划分为以下五类。

1）集聚提升类村庄

集聚提升类村庄指现有规模较大的中心村和其他仍将存续的一般村庄，占乡村类型的大多数，是乡村振兴的重点。

---

① 该部分内容参见《乡村振兴战略规划（2018—2022年）》。

科学确定村庄发展方向，在原有规模基础上有序推进改造提升，激活产业、优化环境、提振人气、增添活力，保护保留乡村风貌，建设宜居宜业的美丽村庄。鼓励发挥自身比较优势，强化主导产业支撑，支持农业、工贸、休闲服务等专业化村庄发展。加强海岛村庄、国有农场及林场规划建设，改善生产生活条件。

2）城郊融合类村庄

城郊融合类村庄指城市近郊区以及县城城关镇所在地的村庄，具备成为城市后花园的优势，也具有向城市转型的条件，在较长时期内将受到城乡融合发展的影响，兼具城乡经济、功能、风貌特征。

综合考虑工业化、城镇化和村庄自身发展需要，加快城乡产业融合发展、基础设施互联互通、公共服务共建共享，在形态上保留乡村风貌，在治理上体现城市水平，逐步强化服务城市发展、承接城市功能外溢、满足城市消费需求能力，为城乡融合发展提供实践经验。

3）特色保护类村庄

特色保护类村庄指历史文化名村、传统村落、少数民族特色村寨、特色景观旅游名村等自然历史文化特色资源丰富的村庄，是彰显和传承中华优秀传统文化的重要载体。

要统筹保护、利用与发展的关系，努力保持这类村庄的完整性、真实性和延续性。切实保护村庄的传统选址、格局、风貌以及自然和田园景观等整体空间形态与环境，全面保护文物古迹、历史建筑、传统民居等传统建筑。尊重原住居民生活形态和传统习惯，加快改善村庄基础设施和公共环境，合理利用村庄特色资源，发展乡村旅游和特色产业，形成特色资源保护与村庄发展的良性互促机制。

4）搬迁撤并类村庄

搬迁撤并类村庄主要指位于生存条件恶劣、生态环境脆弱、自然灾害频发等地区，因重大项目建设需要搬迁的村庄，以及人口流失特别严重的村庄。可通过易地扶贫搬迁、生态宜居搬迁、农村集聚发展搬迁等方式，实施村庄搬迁撤并，统筹解决村民生计、生态保护等问题。

拟搬迁撤并的村庄，严格限制新建、扩建活动，统筹考虑拟迁入或新建村庄的基础设施和公共服务设施建设。坚持村庄搬迁撤并与新型城镇化、农业现代化相结合，依托适宜区域进行安置，避免新建孤立的村落式移民社区。搬迁撤并后的村庄原址，因地制宜复垦或还绿，增加乡村生产生态空间。农村居民点迁建和村庄撤并，必须尊重农民意愿并经村民会议同意，不得强制农民搬迁和集中上楼。

5）待定类村庄

对于暂时看不准的村庄，暂不做分类，列为暂定类，留出足够的观察和论证时间。待定类村庄可不编制单独的村庄规划，可在乡镇国土空间规划中制定村庄国土空间用途管制规则和建设要求，或编制村庄建设实施方案作为近期建设和管控指引，重点统筹人居环境整治。

三、面向规划建设的村落综合分类

新时代乡村规划遵循乡村发展的理论和中国特色，在规划技术体系和内容方面都有显著的变化（顾朝林等，2018）。面向新时代规划建设，需要按照规划建设技术特点，有针对性地进行村落分类。村庄规划建设分类指导的必要性和重要性已是学界和政府的共识，但村庄分类的现有研究大多针对村庄发展的某一个维度，以指导特定村庄要素的发展。然而，村庄发展是一个多维度的过程，并非单一指标可以衡量；村庄规划建设也是一项多目标的系统工程。因此，应在保证科学性的前提下，用最简洁、最易得的指标，尽可能多地体现村庄发展的典型特征、识别村庄间的差异性、明确区分各种村庄类型，进而有效指导村庄规划建设。

1. 分类思路与指标体系

1）基本思路与实证分析数据

村庄规划编制一般以行政村为单元，村落建设也常按行政村开展。已有研究多以镇域及以上尺度为分析单元的分类结果对村庄规划建设的指导性相对较弱（崔明等，2006；郭晓东等，2013）。有些关注较均质的特定空间范围（姚龙和刘玉亭，2015；洪亘伟和刘志强，2009）研究和对全国尺度上村庄分类的定性探讨（崔明等，2006；张忠法，2007），两者对全国村庄多样化的分类均不够明确。本节以行政村为基本单元，面向村庄规划建设，从总体和结构两方面建立分类指标体系；进而采用聚类分析、KW检验和主成分分析方法构建指标体系简化的思路和方法。

作为实证依据，采用2014年和2015年由北京大学调查获得的7省12县48个行政村问卷数据做分析基础。样本综合考虑经济发展水平和地域分布情况，按农村地区总体特点选取江苏、山东、河北、湖南、河南、陕西和云南省的12个具有代表性的县；12个样本县按经济发展水平分组，分层随机抽取两个乡镇；24个乡镇按农民人均纯收入高低分层随机抽取两个行政村，共确定48个行政村样本。对村干部问卷调查获取村庄2013年底的区位、土地、人口、经济等信息。样本村过半数（56%）为平原村，23%为山地村；到最近乡镇中心的距离基本在6km以内（77%）；人口规模中等偏小样本村居多，常住人口在2000人以下的村庄占62%，与外出务工人口较多的总体特征相吻合。村产值集中在500万元以下（39%）和10000万元以上（23%），两极分化较明显；而近半数（46%）样本村的人均纯收入集中在5000~10000元，与全国平均水平（8896元）相符；但人均纯收入超过2万元或低于5000元的村庄也普遍存在，反映了村庄产业发展的巨大差异。

2）分类的基本原则

（1）目标导向原则。分类体系设计与表征指标以村庄规划建设目的为出发点，以村庄建设需求为导向，避免面面俱到的指标设计误区，尽量排除无关或弱相关指标的干扰。

（2）有机综合原则。村庄规划建设是一项系统工程，涉及村庄发展的诸多方面，这种多元性决定了村庄分类应综合考虑自然、人口、经济、土地等多个维度；多维指标并非独立存在，指标体系应形成有机整体，能层次分明地反映和识别村庄发展的核心特征。

（3）简明可操作原则。为保证指标体系的可推广和分类结果的可比性，指标设置应简明且可操作。尽量排除村庄间同质性强、识别性弱的指标，信息重叠、相关性过强的指标，可得性差、难以测量的指标。

（4）适度弹性原则。指标体系可用于各种空间范围和尺度，兼顾结果的科学性和可比性。但具体应用时，在特定地区可能仅需个别指标即可识别和划分地区内的所有村庄，因此可根据地方村庄发展特点，建立地方性的村庄类型划分标准。

3）分类的基础指标体系

根据上述原则，参考已有理论和实证研究，本书选取七个维度的指标，从总体及结构特征两个角度，构建村庄分类的基础指标体系（表5.3）。

（1）自然禀赋。自然禀赋是村庄发展的本底和基础，从禀赋潜力和禀赋条件两个角度进行分析。其中禀赋潜力是自然条件对村庄建设的硬性约束，反映村庄建设的空间潜力，禀赋条件则衡量自然要素为当前发展提供的现状基础。

（2）区位条件。区位条件是村庄生产生活方式受城市影响程度的体现，也是村庄发展潜力和方向的决定性因素。

（3）村庄规模。村庄规模与公共设施的配置需求密切相关；在镇村体系面临重组的当下，村庄规模在很大程度上也决定了村庄的存废和发展前景；村庄规模还是农村居民点等级体系的重要标志，对村庄规划建设有显著影响。

（4）形态结构。形态结构反映了行政村内部的空间组织形式。行政村内部自然村分布的集中与分散会影响规划布局方式及设施分布模式。形态结构包括各自然村在规模上的集中程度，也包括在空间上围绕行政中心的集聚程度，前者用集中度来衡量，后者用离心度来衡量。

（5）人口结构。人口结构反映了城镇化背景下的村庄人口流动和劳动力分布状况。采用人口迁移表征人口在城乡间的流动程度，用劳动力分布表征流动后村内的劳动力结构。

（6）经济结构。经济结构是村庄职能的主要体现，是村庄发展趋势和能力的体现，也是村庄规划建设方向的重要依据。用经济结构来衡量村庄内部经济非农化水平，用农业结构衡量村庄农业内部差异性。

（7）用地结构。用地结构在物质实体上反映了村庄职能。村庄用地主要分为建设用地和农用地，两者间及各自内部的结构关系是村庄规划建设的实体基础。用建设用地结构表征两者的关系和建设用地内部的结构，用农用地结构表征其内部的结构。

4）指标精简与分析验证

村庄分类的基础指标体系结构完整且可度量，能保证科学性和较广的适用范围，但在操作中可能存在三个问题：一是有些指标的取值可能对绝大多数村庄都没有显著差异，因此提供的信息有限、缺乏识别性；二是有些指标间存在严重的信息重叠，在数值上的反映则是比较严重的共线性问题；三是有些地区村庄数量和类型有限，可能仅需有限的几个指标即可有效地识别出各村庄类型。为解决这些问题，对指标作适当缩减。

表 5.3 村庄分类基础指标体系

一级指标	二级指标	三级指标	指标名称
总体	自然禀赋	禀赋潜力	平原占村域面积比例
			不可利用地占村域面积比例
		禀赋条件	人均耕地面积
	区位条件	宏观区位	到最近县中心距离
		微观区位	到最近镇中心距离
	村庄规模	人口规模	户籍人口总数
			常住人口总数
		经济规模	经济总量
			农民人均纯收入
		用地规模	村域用地总面积
			人均宅基地面积
结构	形态结构	规模集中程度	农村居民点集中度①
		空间集聚程度	农村居民点离心度②
	人口结构	人口迁移	迁入率
			迁出率
		劳动力分布	劳动力占常住人口比重
			非农劳动力占劳动力比重
	经济结构	产业结构	非农业产值占总产值比重
		农业结构	种植业产值占农业产值比重
	用地结构	建设用地结构	非农用地占可利用土地比重
			宅基地占建设用地比重
		农用地结构	耕地占农用地比重
			林地占农用地比重

①计算公式：$C_i=\dfrac{\sum_j\sum_k|P_{ij}-P_{ik}|}{2S_i(N_i-1)}$ （$N>1$），其中，C_i 为居民点集中度（若 $C_i>1$ 则取 1）；P_{ij} 为 i 村中 j 自然村的常住人口数；S_i 为 i 村常住人口总数；N_i 为 i 村的自然村个数。②计算公式：$E_i=\dfrac{\sum_j d_{ij}/N_i}{\max(d_i)}$，其中，$E_i$ 为 i 村的离心度；d_{ij} 为 i 村中 j 自然村的几何中心到村委会的距离；d_i 为 i 村村委会到村边界的距离。

（1）村庄类型初判。基于基础指标体系，利用系统聚类方法，采用标准化的分类指标变量，对村庄类型进行初步判别。将 48 个样本村的相关变量进行标准化处理后，在 Stata 中对样本村进行聚类分析。采用平均距离，以夹角余弦作为样本距离的测度。根据分层聚类结果图，将 48 个样本村划分为 2 大类、6 小类，为提取并检验精简的特征指标提供了依据。

（2）正交特征指标提取。根据系统聚类结果，对各类别间的标准化指标进行 KW 检验，以判断各指标是否会产生类别间的同均值问题。经过 KW 检验后有 12 个指标被提入该体系。为消除特征指标间的共线性问题，采用 SPSS 主成分分析方法，对提取出的特征指标进行因子降维，并筛选出能独立代表村庄某一特征的指标。最终保留了 8 个能独立代表村庄某一方面的特征指标，这些指标虽不像它们代表的主成分一样完全正交，但相互间相关性最小。据此构建出村庄分类的正交特征指标体系（表 5.4）。

表 5.4　样本村基础分类指标的 KW 检验及正交特征指标体系

一级指标	二级指标	三级指标	指标名称	Chi-squared	Probability	是否特征指标	是否正交特征指标
总体	自然禀赋	禀赋潜力	平原占村域面积比例	24.50	0.0002	√	√
			不可利用地占村域面积比例	7.80	0.1674		
		禀赋条件	人均耕地面积	12.39	0.0298		
	区位条件	宏观区位	到最近县中心距离	5.43	0.3658		
		微观区位	到最近镇中心距离	16.06	0.0067	√	√
	村庄规模	人口规模	户籍人口总数	26.87	0.0001	√	
			常住人口总数	31.08	0.0001	√	√
		经济规模	经济总量	28.97	0.0001	√	
			农民人均纯收入	11.72	0.0388		
		用地规模	村域用地总面积	14.60	0.0122		
			人均宅基地面积	15.34	0.0100		
结构	形态结构	规模集中程度	农村居民点集中度	—			
		空间集聚程度	农村居民点离心度	—			
	人口结构	人口迁移	迁入率	22.24	0.0005	√	
			迁出率	18.94	0.0020	√	√
		劳动力分布	劳动力占常住人口比重	27.84	0.0001	√	√
			非农劳动力占劳动力比重	14.43	0.0132		
	经济结构	产业结构	非农业产值占总产值比重	23.44	0.0003	√	√
		农业结构	种植业产值占农业产值比重	20.77	0.0009	√	√
	用地结构	建设用地结构	非农用地占可利用土地比重	14.35	0.0135		
			宅基地占建设用地比重	5.70	0.3368		
		农用地结构	耕地占农用地比重	24.44	0.0002	√	
			林地占农用地比重	29.45	0.0001	√	√

（3）有效性检验。根据前两步所得的村庄类别和正交特征指标，通过图谱分析确定各类村庄的阈值范围，据此判别各样本的类型归属。为对判别结果进行有效性检验，

将其与初始聚类结果进行比较，定量检验精简指标体系的有效性。结果发现，上述判别分析的结果与系统聚类的结果基本完全吻合，准确率为96%，说明提取的特征指标有效，也说明系统聚类—特征指标识别—阈值划分—大样本判定的逻辑思路可行。

2. 分类结果与主要类型

以上述正交特征指标作为基础指标，可以将样本村分为六个类型（图5.2）。平原传统农业村、山区传统农林村、养殖专业村、远山特色农业村、城郊非农产业村和平原非农产业村六种类型较好地反映了自然禀赋和产业结构特点（表5.5）。

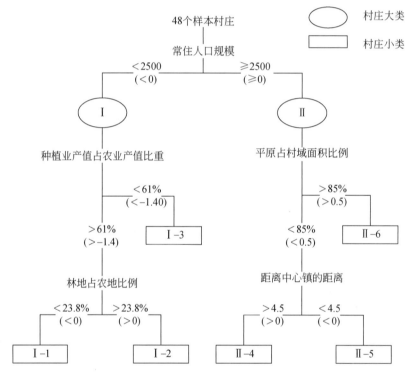

图5.2　样本村分类的阈值判别指标及范围

注：标准化阈值即利用变量的平均值与方差对各变量进行标准化后的范围，括号内为标准化阈值

表5.5　村落类型体系及特征

村落类型	自然禀赋	产业结构	区位条件
平原传统农业村	平原	粮食种植	—
山区传统农林村	山地	粮食种植/林业	—
养殖专业村	平原/山地	养殖业	—
远山特色农业村	山地	经济作物种植	远郊
城郊非农产业村	平原	非农产业	近郊/城中
平原非农产业村	平原	非农产业	远郊

1）平原传统农业村

平原比例极高，非农产值占比极低，基本以种植业中的粮食种植为主，因此耕地比例高，林地比例低，例如位于国家粮食主产区河南省淅川县的桦栎扒村、高家村，山东省高唐县的北辛村（图5.3）等。该类村落的发展需重点考虑粮食安全等问题，在未来基础设施的配置上需与生产相结合。

图 5.3　平原传统农业村风貌（山东省高唐县北辛村）

资料来源：曹广忠拍摄

2）山区传统农林村

这类村落所在地平原比例较低，土地的难以利用使村落非农产值占比低，以种植林木、粮食作物为主，林地比例高，耕地比例低，例如位于秦巴山区的陕西省汉阴县民主村、姚家河村，陕西省富平县石科村等（图5.4）。这些村落的发展面临着地形因素所带来的生产不便、居住过散、基础服务难以提供等问题，在规划建设时需注意与退耕还林的结合。

图 5.4　山区传统农林村风貌（陕西省富平县石科村）

资料来源：许立言拍摄

3）养殖专业村

这类村庄所处地区地形复杂多样，平原与山地兼有，种植业占农业产值比例较低，因此在复杂且难以利用的土地条件下，以农业中的养殖业为主，如陕西省汉阴县五坪村（蚕）、陕西省富平县曹管村（奶山羊）、江苏省兴化市徐圩村（螃蟹）等（图5.5）。该类村落在规划建设时应主要考虑较为丰富和灵活的农业生产方式对村落功能布局、基础设施等的多样化需求。

图5.5　养殖专业村风貌（江苏省兴化市徐圩村）

资料来源：马国强拍摄

4）远山特色农业村

一方面距乡镇中心较远且位于远山区，另一方面农业比重大且林地居多，因此主要种植林木、果树、蔬菜等经济作物，农业产值较高，农户农业收入较为丰厚，如云南通海六街村（蔬菜、烤烟）、蒙自市黑拉冲村（烤烟、三七）等（图5.6）。该类村落的发展面临自然灾害的防御问题，在规划建设时应注意防灾设施配套，努力降低自然灾害带来的农业收入的不确定性。

图5.6　远山特色农业村风貌（云南省蒙自市黑拉冲村）

资料来源：刘锐拍摄

5）城郊非农产业村

离乡镇中心较近，受城镇影响较大，非农产业发展较好，本地非农化水平较高；如湖南省长沙县的许兴村、莲华村等（图 5.7）。这些村落的发展面临城镇化及土地集约利用等问题，在规划建设时应重视与城市间的功能配合。

图 5.7　城郊非农产业村风貌（湖南省长沙县许兴村）

资料来源：史秋洁拍摄

6）平原非农产业村

自然禀赋较优，平原占比较高，区域经济或自然环境优势明显，非农产业发展迅速，由此吸引了大量外来人口，迁入率高，劳动力丰富，例如位于乡镇企业较为发达的长江三角洲地区的江苏省常熟市吉桥村和汪桥村等（图 5.8）。这些村落的发展面临周边村落并入及配套设施跟进的问题，在规划配套时应综合考虑本地和外来人口，有弹性的配置各项设施。

图 5.8　平原非农产业村风貌（江苏省常熟市汪桥村）

资料来源：马嘉文拍摄

第二节　中国小城镇的类型

　　小城镇在区域经济社会发展中处在城市体系与镇村体系衔接的基础环节，在聚落体系中可以定位为城市之末、乡村之首。费孝通（1996）指出，小城镇指的是一种正在从乡村性的社会变成多种产业并存的向着现代化城市转变中的过渡性社区，兼具乡村与城市特征。从城市属性看，小城镇是农村城镇化进程中形成的较为低级的城市形态，是介于城乡之间并与之并立的区域社会范型（黄馨，2007），往往受商品经济发展驱动，同时也是多重结构的综合体。一般而言，小城镇具有一定规模的非农产业，乡镇企业比较集中；具有一定基础的科技、文教、卫生及通信设施，非农人口集聚；一般区位条件较好，交通较便利，是一定区域范围内商品流通的集散地；生活方式接近城市，又兼有农村特点；是城乡链接的纽带，也是沟通城市和乡村的桥梁（韩立红，2013）。

　　本节从小城镇类型的主要特点出发，依据不同分类标准总结现有小城镇特征；进而以此为基础，总结提炼出科学合理的小城镇类型体系。

一、小城镇的主要类型及其特征

　　中国小城镇的形成和发展受到区位条件、发展规模、形态结构、城镇体系、产业特征和职能特征等多种因素的影响，形成多种多样的类型。从形成和发展影响因素视角，可以分类认识小城镇的特征。

1. 按区位条件分类

　　区位是影响小城镇形成和发展的主要因素。地理区位的便利程度直接决定了其与外界经济往来的可能性，也关系着小城镇受区域经济中心辐射的强弱程度，最终影响小城镇的发展方向及模式。区位条件可以看作是小城镇受城市生产、生活等方面影响强弱的综合表征，以城乡关系为切入点可将小城镇划分为远郊小城镇与近郊小城镇。

　　1）远郊小城镇

　　远郊小城镇与区域经济中心距离较远，仍以服务于传统农业类型的周边村庄的生产生活为主，经济发展水平低，与区域经济中心合作难度大，城镇的功能主要体现在面向镇域的行政职能和社会服务职能，经济职能较为薄弱。

　　2）近郊小城镇

　　这类小城镇位于第二、三产业发达的大中城市周边，除服务于镇域农村生产生活外，在市场和设施共享、产业链切入等方面具有有利条件。在北京、上海、广州等超大城市周边，这类小城镇的产业、居住、基础设施条件等均依托大城市的发展，因此发展水平较高，有的发展成为与城市关系密切的卫星城镇。在经济发达地区和城镇密集地带，如长江三角洲地区、珠江三角洲地区，这类小城镇数量众多。也有一部分小城镇在改革开放后开始发展乡镇企业，城镇化水平也处于全国前列。

2. 按发展规模分类

无论是城市还是村镇，人口规模大小直接影响服务配套设施的需求，也影响职能选择和发展机遇，从而决定它们的发展潜力及前景，因此，对城镇规模等级的划分是指导城镇规划建设的基础。

依据《镇规划标准（GB50188—2007）》，按常住人口数量可将镇分为特大型、大型、中型和小型四类。特大型镇常住人口在50000人以上，大型镇常住人口30001~50000人，中型镇常住人口10001~30000人，小型镇常住人口在10000人及以下（表5.6）。

根据以上标准，中国共有小型镇1.46万个，约占全国小城镇的74.4%，而中型镇、大型镇和特大型镇占比仅分别为17.7%、3.7%和3.9%，说明中国小城镇在规模数量上仍以小型镇为主。其中四川、陕西的小型镇数量位全国之首，分别为1567个和1046个。

表 5.6　镇规划规模分级

人口规模分级	常住人口数量/人
特大型	＞50000
大型	30001~50000
中型	10001~30000
小型	≤10000

资料来源：《镇规划标准（GB50188—2007）》。

3. 按形态结构分类

小城镇的形态结构是其发展、演变过程及结果的空间体现，直接影响着小城镇总体格局及未来发展方向。已有许多学者依照城市的研究方法，对小城镇形态结构进行划分（杨雪，2005；万博，2011；张建国，2007）。与城市相比，小城镇的形态结构相对简单，可划分为带状小城镇、格网型小城镇、单中心小城镇、多中心小城镇以及其他形态结构小城镇。

1）带状小城镇

该类小城镇主要沿狭长的山谷、河流一侧或两侧、交通干线沿线纵向拓展，平面布局呈条带状，线性要素（河流、道路等）为该类城镇的经济增长点。由于不存在主导性的中心，城镇内所有居民都有均等的就业机会，服务设施的分布也较为均衡，可达性较强。

2）格网型小城镇

格网型小城镇多见于平原地区，城镇空间扩展过程中受地形约束不强，小城镇内部划分为多个街区，形成格网结构。这种形态结构能较好地满足城镇快速建设和规模迅速扩张的需求，使城镇道路系统分工明确，有利于城镇进行开发建设。

3）单中心小城镇

该类小城镇主要分布在平原地区，城镇布局集中紧凑。在城镇中心存在增长核心，一般是市政机构、经济商贸的集聚地。另外，该类城镇的生长多呈自然增长的模式，在城镇中心往往有几条向外延伸的交通线。

4）多中心小城镇

该类小城镇多见于河流山势分割而成的县城周边，其内部多组团通过交通线路、桥梁等连接，人口总体规模较大。近年来随着小城镇的不断发展，一批具有浓郁历史文化氛围的小城镇为保护原有城镇格局，在周边另开新城以适应城镇化发展的需求，这一举措带动了小城镇结构的多中心化。

5）其他形态结构小城镇

除以上具有明显形态特征的小城镇外，还存在自由型或其他形式。这种小城镇的形成受限于周围自然环境，以自我生长、随机生长为特色，它的平面形式是不规则的、非几何形的。这类小城镇依托自身的社会结构、经济力量、文化传统及自然特征，呈现出有规划和无规划重合交替发展的特征（齐康，1982）。

4. 按城镇体系层级分类

城镇体系规划是指导规划建设和组织管理的基础，其目的是创造良好的劳动和生活条件，促进城乡经济、社会和环境的协调发展。依照《镇规划标准（GB50188—2007）》，中国城镇可分为中心镇和一般镇。另外，集镇虽在行政上未列入城镇体系，但它们提供了类似镇区的商贸服务，是农村地区的经济中心，因此也应纳入城镇类型划分的范畴。

1）中心镇

中心镇是指在县域城镇体系规划中的各分区内，在经济、社会和空间发展中发挥中心作用的镇。在地理概念上，中心镇是县（市）内若干个乡镇的中心，地理位置相对居中，是自然形成的且在较长时间内具有相对稳定性的城镇。从发展情况看，中心镇具有较强的经济实力，对周边村镇具有辐射带动作用；它们还有较好的基础设施和服务配套功能，是一定区域内的增长极核。从城乡关系看，中心镇是连接城市与农村的重点区域，是统筹城乡发展的重要节点，也是推动城乡统筹的关键（表5.7）。

2）一般镇

一般镇指中心镇以外的镇，与中心镇相比，这类镇作为行政和服务中心，综合服务仅限于镇域内的村落。一般镇公共设施项目的配置较少，所能获得的政策和资源较少，可提供的服务职能有限，与中心镇的发展差距较大（表5.7）。

表5.7　中心镇与一般镇公共设施项目配置表

类别	项目	中心镇	一般镇
一、行政管理	1.党政、团体机构	·	△
	2.法庭	△	—
	3.各专项管理机构	·	·
	4.居委会	·	·

续表

类别	项目	中心镇	一般镇
二、教育机构	5.专科院校	△	—
	6.职业学校、成人教育及培训机构	△	△
	7.高级中学	•	△
	8.初级中学	•	•
	9.小学	•	•
	10.幼儿园、托儿所	•	•
三、文体科技	11.文化站（室）、青少年及老人之家	•	•
	12.体育场馆	•	△
	13.科技站	•	△
	14.图书馆、展览馆、博物馆	•	△
	15.影剧院、游乐场、健身场	•	△
	16.广播电视台（站）	•	△
四、医疗保健	17.计划生育站（组）	•	•
	18.防疫站、卫生监督站	•	•
	19.医院、卫生院、保健站	•	△
	20.休疗养院	△	—
	21.专科诊所	△	△
五、商业金融	22.百货店、食品店、超市	•	•
	23.生产资料、建材、日杂商店	•	•
	24.粮油店	•	•
	25.药店	•	•
	26.燃料点（站）	•	•
	27.文化用品店	•	•
	28.书店	•	•
	29.综合商店	•	•
	30.宾馆、旅店	•	△
	31.饭店、饮食店、茶馆	•	•
	32.理发馆、浴室、照相馆	•	•
	33.综合服务站	•	•
	34.银行、信用社、保险机构	•	△

类别	项目	中心镇	一般镇
六、集贸市场	35. 百货市场	•	•
	36. 蔬菜、果品、副食品市场	•	•
	37. 粮油、土特产、畜、禽、水产市场		
	38. 燃料、建材家居、生产资料市场	根据镇的特点和发展需要设置	
	39. 其他专业市场		

注：表中·为应建设项目；Δ为可设的项目。
资料来源：《镇规划标准（GB50188—2007）》。

中国一般镇数量多、规模小、发展差异大，很多存在发展基础弱、配套设施不完善、城镇建设缓慢等问题。例如，长江三角洲地区建制镇空间分布密度大、数量多，但内部发展差异显著。苏中、苏北、浙西南地区小城镇发展严重滞后于发达地区，特别是盐城、淮安市的一些小城镇，第一产业仍占据主导地位；苏南等发达地区的小城镇则产业发展迅速，建设用地扩展明显，人口集聚能力强，但同时人地矛盾日益突出，地价高涨、交通拥堵、生活质量下降等问题也愈发严重。

3）集镇

集镇是指由集市发展而成的作为农村一定区域经济、文化和生活服务中心的非建制镇，它们一般无行政上的意义，也无确定的人口标准，仅指建制镇以外的、面向周边村落的地方商业中心。集镇是农村脱离传统农业生产生活方式，进入城镇化阶段的第一个节点，也是城乡之间经济联系和人口流动的重要桥梁。

集镇的划分可按行政建制和形成的客观条件来划分（何基松，1984）。按行政建制可划分为三种类型：①区镇：通常是区属行政机关单位所在地，设有一定规模的为全区和本镇居民服务的设施，工业生产一般有一定的基础；②乡（社）镇：通常是乡（社）行政单位所在地，设有为全乡（社）和本镇居民服务的设施，以社队企业和个体服务业为主；③传统镇：通常是所在地区的经济、文化或交通中心，历史悠久，具有一定的生命力。按形成条件也可分为三种类型：①交通型：主要是发挥便利的交通优势，逐渐繁荣而形成的；②资源型：主要由于地处资源丰富的地方，随着资源的开发利用而发展起来，包括国家的一些大企业兴起所在地区，如一些三线工厂；③中心型：主要由于地处适中地带，随着农村经济、文化的发展以及商品生产和交换的需要而形成的。

5. 按产业特征分类

产业是区分各城镇类型的重要指标之一，已有许多学者根据城镇产业类型特征对城镇作了分类（张莉，2014；黄馨，2007）。根据中国目前小城镇产业发展现状，可将小城镇划分为农业依托型、资源开发型、一般加工业催生型、食品加工业助推型、商贸主导型和旅游拉动型。

1）农业依托型

农业依托型小城镇以农业生产为基础，以农业商品化为推力，以农产品加工为主导产业，是农业产业化的重要发展节点。由于其经济发展主要依靠农业商品化，因此农产品加工业的良性发展是它们经济增速的关键，也是吸引农村剩余劳动力的磁力，还是实现农村人口向城镇人口转变的重要保障。

2）资源开发型

资源开发型小城镇一般拥有矿产资源优势，以资源挖掘为经济发展的主要动力，并由此带动运输业、加工业等发展，形成小城镇。它们依靠资源型企业而建立，在企业内部和社会化事业管理上均具有较强行政化的特点：企业内部依靠行政职级进行生产管理；社会化事业管理也遵循企业办社会的模式，建立企业附属学校、医院、环境绿化甚至商业服务。例如吉林省舒兰市吉舒街（原吉舒镇）由于地下蕴藏丰富的矿产资源，经由舒兰矿务局成立了煤矿、煤炭经销站等 18 家镇办企业；同时矿务局建设了住宅、学校、商店等设施，以解决工人及其家属的生活问题（孙晓辉，2007）。

3）一般加工业催生型

一般加工业催生型小城镇是工业型小城镇的前身，机械制造、轻工业生产是该类小城镇经济、财税等的重要来源。它们往往具有规模较大的工业企业或由上百家中小企业形成的城镇工业区，工业企业或工业区是它们最为重要的组成部分。

4）食品加工业助推型

食品加工业助推型小城镇以食品加工为主导，主要从事农副产品收购、储藏和加工，形成高农业附加值的产业体系。它们通过提高农副产品的附加值推动小城镇的经济增长，该类小城镇包括以奶业、果汁、豆制品等农副产品生产为主导的小城镇。

5）商贸主导型

商贸主导型小城镇一般依靠优越的区位条件或特色商品资源，发展成为区域性的小商城。现代流通业是该类小城镇经济发展的重要助推器，农村剩余劳动力在该类小城镇中通过从事商业或流通业实现就业非农化的转变，农副产品也在此更为快速地进入市场，小城镇居民生活质量较高。例如位于珠江东岸的东莞市虎门镇，以商贸业发展为主，是国家一类的国际港口，2015 年生产总值 447 亿元，进出口总额 47.30 亿美元，可支配财政收入 23.5 亿元。

6）旅游拉动型

旅游拉动型小城镇一般具有悠久的历史、特殊的文物古迹或别具特色的自然景观，其产业结构以旅游业及为其服务的第三产业为主，并由此带动了本地交通运输、餐饮业、酒店业等发展，具有旅游连锁效应。

以浙江省桐乡市乌镇为例，乌镇地处浙江北部，拥有 6000 多年的历史，并完整地保存了原有水乡古镇的风貌和格局。合理的规划布局、针对性的宣传策略均极大地推动了乌镇旅游业的发展，促进了乌镇当地产业结构的优化和区域的对外开放。截至

中国村镇

2014年，乌镇景区年收入超过10亿元，年接待800万海内外游客，是旅游拉动型小城镇的成功范例。

二、小城镇综合职能类型体系

中国国内相关学者主要从区位条件、城镇化率、产业结构和收入水平等表征小城镇经济发展的指标出发，对处于社会经济转型期的小城镇开展了大量的发展类型划分的研究，重点探讨其发展类型、模式和机理。在划分方法上，主要通过统计方法构建评价指标体系，并采用综合评价法对其进行了类型划分（李同升等，2002；朱喜钢等，2008；韩非等，2010）。这些研究的地域范围多为市域和省域，关于全国范围内的小城镇划分研究较少。

1. 类型划分的主要指标

中国小城镇数量规模大，构建全国小城镇类型体系是一项复杂的工作。小城镇的发展及与所在地域的密切联系反映在多个方面，且适用于定量分析的数据资料不易获取，使定量分析方法的准确性和客观性受到影响。为此，基于小城镇类型特征，采取定量和定性相结合的方法，结合城镇经济发展水平与经济结构、区位和交通条件、人口因素、生活设施水平和镇区规划与建设水平等作为小城镇类型的划分指标。

2. 主要职能类型

按照上述指标，可以将小城镇划分为综合型县域中心镇、工业主导型小城镇、市场带动型小城镇、交通枢纽型小城镇、旅游开发型小城镇和城市近郊型小城镇六类（表5.8）。

表5.8 小城镇职能类型体系划分表

小城镇类型	小城镇特点	小城镇案例
综合型县域中心镇	工业数量多，产值规模大，人口集中，基础设施条件好	湖南省郴州市嘉禾县的珠泉镇、江苏省南通市海安县的曲塘镇等
工业主导型小城镇	工业发达，在其经济发展中起到了支柱性作用	浙江省嘉善县的姚庄镇、广东省佛山市顺德区的北滘镇等
市场带动型小城镇	具有一定的农贸集散功能，并依赖资源、区位、交通等诸多因素的配合及相应的市场空间	河北省唐山市玉田县的鸦鸿桥镇、浙江省绍兴县的柯桥镇等
交通枢纽型小城镇	交通便捷，运输量大，信息流动快，流动人口多，第二、三产业相对发达	贵州省贵阳市乌当区的羊昌镇、广东省乐昌市的梅花镇等
旅游开发型小城镇	拥有得天独厚的旅游资源，旅游业是其经济发展的支柱产业	云南省腾冲市的和顺镇、安徽省黄山市黟县的宏村镇等
城市近郊型小城镇	处于大城市的辐射区内，既接受了大城市的信息、技术等先进要素，同时也处于大城市的控制范围内	上海市浦东新区的万祥镇、扬州市邗江区的甘泉镇等

1）综合型县域中心镇

综合型县域中心镇是全县的政治文化中心，通常也是各县的经济中心和首位城镇。该类型小城镇不仅具有行政管理职能和社会综合服务职能，而且工业企业和商贸服务企业数量多，产值规模大，人口集中，基础设施条件好。如湖南省郴州市嘉禾县的珠泉镇、江苏省南通市海安县的曲塘镇等。

2）工业主导型小城镇

中国工业主导型小城镇，较早发展起来的是工业化初期由资源开采加工带动发展的一批小城镇，现在更多的是改革开放以来随着乡镇企业的兴起而快速发展起来的小城镇，工业经济在经济发展中起到了支柱性的作用。如浙江省嘉善县的姚庄镇、广东省佛山市顺德区的北滘镇等。但从这类小城镇的发展实践看，很多工业小城镇在发展中存在一系列问题，如企业规模小、布局分散、科技含量低和经营粗放等；同时，小城镇工业还可能对资源与生态环境造成一定破坏。因此，该类小城镇在今后的发展中应注重内涵式发展，加强与生态环境建设相协调，积极拓展新的产业空间和优化产业结构，实现可持续发展。

3）市场带动型小城镇

市场带动型小城镇大多具有一定的农贸集散功能，并依赖资源、区位、交通等诸多因素的配合及相应的市场空间。如河北省唐山市玉田县的鸦鸿桥镇、浙江省绍兴县的柯桥镇等。市场带动型小城镇的发展关键在于第二、三产业的及时跟进，特别是需要把市场的集散功能同乡镇企业与服务性产业的发展紧密结合起来。

4）交通枢纽型小城镇

交通是地理空间中社会经济活动的联系纽带，优越的地理位置往往会给小城镇发展创造相对开放的环境。交通枢纽型小城镇具有交通便捷、运输量大、信息流动快、流动人口多和第二、三产业相对发达的特点。如贵州省贵阳市乌当区的羊昌镇、广东省乐昌市的梅花镇等。这类小城镇的交通区位优势往往会与市场建设结合在一起，也同时具有市场带动型小城镇的许多特点，在未来的发展中要充分利用其地理空间优势，积极发展运输、批发和商业服务等第三产业。

5）旅游开发型小城镇

旅游开发型小城镇拥有得天独厚的旅游资源，旅游业是其经济发展的支柱产业。如云南省腾冲市的和顺镇、安徽省黟县的宏村镇等。该类小城镇兴衰的根本取决于其旅游资源开发的特色与新意。该类小城镇重视其特有风景、环境及诸多具有地方特色的文化传统、人文景观和特色产品的开发，旅游度假休闲业是城镇发展的根本动力。

6）城市近郊型小城镇

城市近郊型小城镇处于大城市的辐射区内，既接受了大城市的信息、技术等先进要素，同时也处于大城市的控制范围内，体现了"核心与边缘"的协同关系。其产业类型涵盖第一、第二和第三产业，例如上海市浦东新区的万祥镇、扬州市邗江区的甘泉镇等。该类小城镇可以发挥近城的区位优势，利用大城市的信息、技术等先进资源，配合大城市的技术、产业、经济和社会辐射，承担大城市的部分功能和作用，有效获得发展动力。

第三节 村镇类型分化与相互关系

村落和镇虽在多方面具有显著差别，但从区域视角看，两者相互依赖、共同发展。村镇类型在历史的进程中不断分化，形成现今丰富多样的村镇类型体系；村镇关系，特别是产业上的联系，也随村镇类型的多元化而发展出多种模式。因此，本节首先从时间维度上总结并分析村镇类型的分化，随后基于现今的村镇产业，探讨村落与城镇之间的关系，总结村镇关系模式。

一、基于历史阶段的村镇类型分化

村镇的类型分化是中国快速城镇化进程的重要表征。传统的农耕文明时期，村镇类型分化并不显著，在空间结构上孤立且分散。村镇差别较小，镇作为村的中心地所起到的作用相对较弱，主要作为粮食及其他农产品交换的商贸场所。自新中国成立至改革开放前，建制镇、集镇的功能除乡村交易中心外，与一般的农村居民点依旧没有显著差别，村镇表现出均质化的现象。改革开放后，村镇类型分化开始加速，经济的快速发展推动了中国的城镇化进程，城乡关系与城乡面貌发生了巨大变化，出现了诸如"苏南模式""温州模式"等自下而上的城镇化发展模式。市场经济背景下，部分资源禀赋高、区位条件好、人力资本优的乡镇快速发展起来，不同地域的村镇类型呈现出多样性、复杂性和特殊性。进入21世纪，中国的村镇分化开始向更高层次演变。新型城镇化、新农村建设、美丽乡村、以人为本的城镇化、生态文明建设和乡村振兴等核心理念和战略的提出丰富了村镇发展思路，村镇类型也因此呈现出更深层次的升级与优化。基于中国区域发展的历史阶段，可将村镇类型的分化过程划分为初、中、高三个阶段（表5.9）。

表 5.9 村镇类型分化阶段划分

分化阶段	历史阶段	镇村关系	镇村体系	镇村功能	价值观	镇村代表
初级	农耕时代	相对独立	镇为中心	传统农耕、手工业	尊重自然	沿河条带状、山地点状
中级	工业时代	城乡融合	大中城市为中心	加工业、制造业	经济发展为中心	产业集群镇、温州模式
高级	工业转型时代	城乡一体	镇为中心	居住、生态、生产、休憩	以人为本、可持续发展、生态文明、绿色经济	新农村、生态城、美丽乡村、淘宝村

1. 农耕时代背景下的村镇类型分化

农耕时代村镇类型基本由自然地理条件所决定，分化水平处于受自然资源禀赋支配的初级阶段。气候、地形和地貌等自然特征决定了村落的区位、形态与风貌。例如山地村落呈点状、沿江沿河村落呈条带状、平原村落成圆形、丘陵盆地村落呈扇形等。因经济水平差异及产业结构差异而分化形成的不同类型的村落也主要得益于资源禀赋的差异，比如传统农业村落。村落的分化在文化上也表现为由单一的宗族村落向具有诸多大姓的村落演变。随着人口的快速增长及迁移，村落中大姓不断受到外姓的"入侵"，村落逐渐演化成多宗族型或亲族联合型村落（黄忠怀，2005）。

村落的分化既包括不同组成部分的简单分裂，也包括村落裂变后形成新的再生村落，可以分为四种情形：①结构型分化，即由不同的组成部分构成的村落在后来的发展中独立成村；②灾害型分化，即村落在经历自然灾害后出现分化，如水灾、地震等，也包括因治理河患、兴修水利工程等所导致的村落搬迁；③行政型分化，即当村落规模发展到一定程度时，为便于管理将其拆分为几个村落；④次生型分化，当原生型村落发展到一定的规模，由于宗族分家、人地关系紧张等原因，一部分村民开始向外移居并形成新的种落。张常新（2015）认为，村落的裂变生长并非仅包括在原有村落的基础上均匀地以同心圆的方式对外扩张，还包括"蛙跳"再生的扩张方式，因此村落类型如同细胞，当规模变大后便会开始进一步的分化，不断重复"生长—分化—再生长—再分化"的过程。

早期镇的形成源于交换粮食或生活必需品的"米盐之市"，其主要功能是为农业生产和乡村居民的生活提供服务（任放，2002），镇的分化是由于商品贸易的发展。随着商贸活动的兴起，诸多市镇的行政、经济职能越来越大，逐渐演化成城市。

镇的分化主要体现在规模上，而规模的差异主要体现在不同经济发展水平的区域差异上。例如明清时期部分江南市镇的规模可达1万户左右，虽然内部人口结构较为复杂，但大部分居民依然是农业人口（张全明，1998）。同时，镇的分化也体现在层级上，例如江南地区的乡村市镇根据人口规模和业态可自下而上地分为服务区域大小不一的3个层级，即以集市贸易为主的村级市镇、以集散贸易为主的准市镇和以批发贸易为主的中心市镇（陆希刚，2006）。在此期间，部分市镇也开始走向专业化、特色化，例如明清时棉布业镇、粮食大镇同里镇等。

总的来说，该时期的村镇是区域内最基础、最重要的社会经济单元，分化程度较低，自然地理的差异决定了村镇类型的差异。镇作为商贸服务中心镶嵌在村落中间，成为城市与乡村的衔接点。

2. 工业时代背景下的村镇类型分化

工业化极大地推动了中国的城镇化进程，村镇类型的分化在此期间开始加速。改革开放政策的实施有效地激发了经济发展的活力，带来了劳动生产力的快速提高，释放了农村劳动力，大量的乡镇企业开始涌现。可以说工业文明的到来彻底地改变了农耕时代人类的生产和生活方式。在乡村协助城市完成工业化初期的原始积累的基础上，村落的产业和社会结构开始快速转变，农村的非农生产要素加速向乡镇流动，主要的经济活动开始向乡镇集中（赵虎等，2011）。村镇由农耕时代相对封闭的状态走向更加开放的状态。

首先，村镇的分化表现在职能与规模的升级方面。乡镇企业的异军突起为小城镇建设带来了机遇，加上乡镇企业经济的外溢，一部分区位条件优越、工商业活动活跃的村落成长为集镇；集镇的规模不断扩大，数量不断增多，部分开放程度高、集聚能力强的集镇进一步发展成为城市。同时，小城镇数量增多、人口增速加快、规模差异拉大，并基本形成了以小城镇为依托的农村城镇化框架，村镇建设发展迅速。到2000年，中国的小城镇数量达2.3万个，经济发达地区的村镇连片发展，从点状结构向网状结构演变。

其次，村镇分化体现在产业结构的变化与升级方面。在工业化的影响下，乡村非农产业，如原材料加工、采掘工业、建筑业、运输及商业服务业等不断兴起，产业结构逐步多元化。与此同时，集镇功能也逐渐分化，逐步走向专业化和特色化，如出现了工业型小镇、外贸型小镇、旅游型小镇、农业型小镇等多种类型（张常新，2015）。经济结构的改变动摇了村镇农业的主导地位，非农经济在越来越多集镇的经济结构中占据主要地位。镇的人口结构也发生改变，从事非农产业的人口逐步增加，劳动力就业结构趋于多元化。在农业剩余劳动力大量析出与城市就业容纳能力不足之间矛盾突出的背景下，村镇非农产业成为农业转移劳动力的蓄水池。

最后，快速工业化和城镇化推动了村镇特色发展模式的形成。改革初期的"苏南模式"、"温州模式"和"珠三角模式"是最具代表的小城镇发展模式；特色名村也相继涌现，如"华西村""南街村""小岗村"等（王凯，2014）。交通基础设施的建设极大地改变了村落的发展条件，带来了村镇类型的进一步分化：既有点状平原村因公路的连通转变为沿公路发展的"两层皮"形态；交通条件改善所带来的区位差异推动了近郊村和"城中村"的形成，城乡关系开始越发紧密，城乡差别逐渐缩小，地域组织和空间结构中出现农业和非农业并存的城乡混合的"灰色地带"（Zhu，2014）。

总之，在此期间，村镇类型的分化呈现出多样化、专业化、层次化的特点。但该时期的经济发展多注重城镇建设，各项优惠政策均向城市倾斜，部分发展基础较好的村庄在升级的同时，大量的自然村落也在消失，村镇的发展差距逐步拉大。

3. 工业转型时代背景下的村镇类型分化

工业转型时期中国村镇的分化表现出向更深、更高层次演进的特征，分化类型更加多元。21世纪后，中国步入全球化、信息化时代，工业发展开始转型升级。由于具备较好的发展条件，大城市的优势更加明显，城乡差距进一步加大，村镇功能也开始发生转变：一方面，部分无法在大城市安家落户的流动人口开始寻求在家乡附近发展较好的乡镇定居，部分乡镇在此时起到了承接人口回流的作用；另一方面，大量的农村剩余劳动力向大城市迁移，导致农村生产力的大幅度降低，留守儿童、留守老人的社会现象出现，

"空心村"问题严重，大量村庄消失。

村镇在工业化快速发展时期产生的诸多问题也引发了村镇发展价值取向的转变，新的村镇发展观念开始出现，如生态文明建设，新型的人地关系，尊重自然、注重公平、维护土地健康的可持续经济发展观念，以及健康、绿色的社会生活方式。以人为本的新型城镇化建设、新农村建设、美丽乡村建设、特色镇、重点镇的打造等一系列措施也使新时期的村镇走向更高层次的分化：①在中国东部地区的新农村建设中，各项基础设施均较为完善，村镇的差别大为缩小，美丽乡村建设受到重视；②资源优势型村落在乡镇企业的带动下演变为工业型村落，但在可持续经济发展观的影响下开始考虑产业升级和转型；③历史文化名镇得到保护与发展，形成旅游开发型小城镇，成为城市人口的"后花园"；④部分具有区位优势的近郊村落逐渐形成新的城市中心，其中缺乏规划配套的地区则演变为大城市的"卧城"，承担起城镇的居住职能；⑤具有生态和区位优势的村落则因都市农业和休闲农业的发展而兴盛，它们不仅可为城市提供农副产品，还能提供休闲度假和疗养的场所，成为农业观光旅游的接待点或专业村，如采摘园、农业体验学习村、田园型休假村、工艺村等（张常新，2015）。

在行政整合方面，建镇模式由最初的撤乡建镇逐步转变为撤乡并镇，建制镇的发展由过去注重数量的扩张转变为注重质量的提高、注重加强中心镇的建设和强化镇区的集聚功能（魏后凯，2010）。在村镇发展路径方面，新生产组织方式和产业门类的出现及市场需求的细化促使村镇的发展更加多元化：同样是靠乡镇企业发展，浙江省平湖市村镇发展采取的是工业嵌套外向型经济；江苏省江阴市新桥镇是通过三集中配合花园城市建设；而华西村则通过多轮的并村，仍维系集体土地低产业成本的扩张路径，除此之外还出现了诸如淘宝村等新型经济发展特征的村镇（王凯，2014）。

综上所述，中国的村镇类型随着城镇化、工业化的不断推进而不断深化，随着产业升级、经济结构转型、全球化、信息化的进步而不断演变。村镇类型由以资源禀赋为主导向更多元化的方向发展；村镇人口规模、经济规模的差距拉大，向质量、规模整合的方向调整；村镇发展方式由农业生产为主向工业为主的方向转变后，进一步向以人为本、生态文明、环境美好、宜居宜人的可持续发展方向转变（图5.9）。总之，村镇类型在快速城镇化时期呈现出多元化、特色化、专业化的基本特点。

二、基于产业的村镇关系模式

早期的传统村落产业单一，多数农民在村落进行农林牧渔生产和居住，并围绕小城镇进行商品和信息交流，这一时期的村镇关系相对简单。自20世纪80年代以来，大量农村剩余劳动力进城或就地流入非农产业，乡镇企业迅速发展并成为城镇化的重要推力，村落产业类型得到了极大丰富和发展：由传统的农牧业生产型村落分化出工商企业带动型、商贸流通带动型、休闲旅游带动型、矿产资源开发型、劳务输出带动型等多种村落类型。伴随着村落产业类型的重构与分化，村村、村镇之间产业联系的加强，农村土地、资源、人口等各项要素的重新组合，村落不再单纯是城市、城镇的

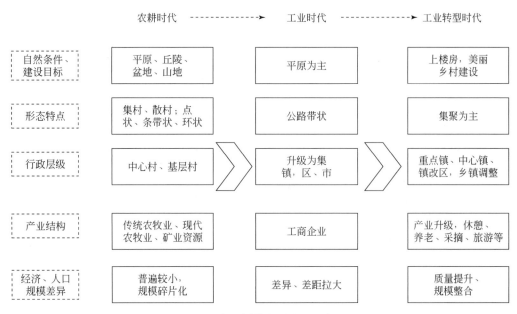

图 5.9　中国村镇类型分化示意图

附属品，它们与城镇的关系向着多元化方向发展（周晓娟，2014）。

　　随着村落产业类型的分化和发展，村落与周边村、镇的关系，可以总结为三种主要模式：一是产业基础较差的传统型村落，居住和就业逐渐向镇区集中，基本依旧保持传统的村镇关系；二是有较好产业基础的村落，随着产业的不断发展壮大，产业结构、公共服务设施日渐完善，最终发展成为相对独立的"类小城镇"；三是位于区域经济较发达地区的村落，它们与镇区产业组成产业链，与周边村落形成产业集群。根据产业集群理论，可进一步将村镇关系模式分为现代农业生产加工业集群、工商业企业集群和休闲农业及旅游业产业集群，每种集群模式下，村镇的产业联系和职能分工也有所不同（图 5.10）。

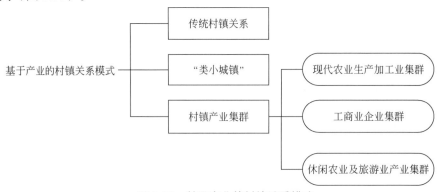

图 5.10　基于产业的村镇关系模式

1. 传统村镇关系

围绕传统农牧业生产和农村居民生活而形成的分散的村落与作为粮食及其他农产

品交换的商贸场所的镇之间的关系在农耕文明时代得以维系。传统村镇关系格局下，村落产业基础相对薄弱，在很长一段时间内要依赖镇区和城市提供非农就业岗位、生活服务产品和公共服务设施，居住和就业稳步向镇区或城市集中，基本依旧保持传统的村镇关系。

工业化起步后，矿产资源开发型村落以开采和销售不可再生资源为主要经济来源，非农业生产开始发展，但产业关联性不强，发展可持续性较差，多数这类村镇在很大程度上仍依存和围绕城镇发展。

这种产业相对单一、空间布局分散、相互联系较松散的传统村镇关系，在中西部工业化、城镇化起步较晚的地区，仍较为常见。

2. 相对独立的"类小城镇"

在中国东部地区，不乏一些产业基础扎实的村落，它们在不断调整自身产业结构、促进村庄经济发展的同时，逐步完善其基础设施和公共服务设施配套建设，形成了功能完善、职住均衡的农村社区，不仅实现了本村人口的就地城镇化，还以丰富的就业岗位和良好的居住环境吸引了外来人口。这类村落虽然在行政建制上还是村，但就功能而言已经完全可以和小城镇相提并论，有些甚至可以取代镇的中心地位，成为区域的就业、商业中心。

航民村是隶属于浙江省杭州市萧山区瓜沥镇的一个行政村，地处钱塘江南岸，村民最早以种粮和打鱼为生。1979 年，村集体集资购买国营印染厂淘汰的旧装备创办了第一个村办企业——萧山漂染厂，后逐渐成为全国知名的以印染为主，织布、染料、热电配套发展的印染基地，进而带动了第二、三产业和现代农业的迅速发展。目前，全村形成了以纺织、印染、热电、建材、冶炼、饰品等行业为主体的多门类工业体系；以宾馆、商场和房地产为主体的第三产业布局；以集约化经营、机械化生产相配套的现代农业经营模式。主业纺织印染业的装备达到发达国家水平，产品质量与国际主流市场接轨，1/4 的产品销往国外，还引进了印染科研中心等机构科技含量较高的新兴项目。在此基础上，村庄建设达到城市标准水平，文化、教育、卫生及各项福利事业日趋完善，20 世纪 90 年代就先后办起了商场、星级宾馆、医院、文化中心、幼儿园、小学等公共服务设施。目前已经实现全村从幼儿园到中学实行免费教育，上大学享受奖学金；统一推行村民养老金和职工社会养老保险制度；村民、职工人人享有医疗保险等。在《2017中国名村影响力综合排名研究评价报告》中，航民村位列第 8 位，全国名村影响力 300强中的村庄产业发展和村庄建设基本都达到甚至超过了一般小城镇水平[①]。

---

① 2016 中国名村影响力排行榜由中国村社发展促进会特色村工作委员会、同济大学现代村镇发展研究中心、亚太农村社区发展促进会（APCRD）中国委员会和中华口碑中心（CPPC）共同评选推出。名村影响力评价，主要从村庄发展指数、民生指数、管理指数、魅力指数、绿色指数和口碑指数等进行综合评价，不简单取决于人均 GDP 或人均收入，也不仅取决于经济总量和人均经济量，而取决于这个地方的自然环境、居住条件、安全状况、人际关系，以及村民气质、精神状态、主人翁感等。

3. 村镇产业集群

产业集群（industrial cluster）是经济地理学中的基本概念，即大量联系密切的企业以及相关支撑机构在空间上集聚，并形成强劲、持续竞争优势的现象。村镇产业集群即邻近的村镇企业在生产环节上相互联系，构成一套相对完整的产业体系。有学者称之为村庄产业群落，指产业上具有直接或间接关系的多个村庄群体之间形成较为密切的联系，这种联系往往受村庄自然地理环境、历史文化、居民生活习惯、经济社会要素、产业发展动力、行政边界以及特殊因素等多方面的影响，呈现出一种"产业营养关系"或"产业协作关系"（闫琳等，2010）。

村镇产业集群的形成有两方面因素。一方面，村落往往是较小的行政主体，村庄产业一般与资源禀赋、乡土人情有关，相邻村落易形成相似的产业，构成自然的产业带；另一方面，由于早期"村村点火，户户冒烟"的乡镇企业发展模式造成了资源浪费和产业同质化，各地区也往往以产业集群的理念引导各村镇企业合作共赢，围绕乡镇、中心村进行产业整合，搭建产业链。在形成村镇产业集群的过程中，村庄产业或成为镇区产业的上下游产业，或与相邻村庄合并成为产业社区，有的还依照人口向镇区集中、产业向园区集中的原则围绕小城镇集中。按照产业类型可进一步将集群类型划分为现代农业生产加工业集群，工商业企业集群和休闲农业及旅游业产业集群。

1）现代农业生产加工业集群

现代农业生产加工业集群即围绕农产品的生产、加工、销售形成的产业集群。在生产某种农产品的区域范围内，村庄、企业及相关服务机构形成"农、工、商"有机联合体，集群中的村落共同参与市场协作，抵抗灾害和风险，这也是当前中国农村和农业生产发展的趋势（宫同伟等，2010）。传统农牧业和现代农牧业生产型的村落都有可能形成农业生产加工业集群，根据镇区与村落在产业环节中承担的角色不同，又可以分为组团式和链条式（图 5.11）。

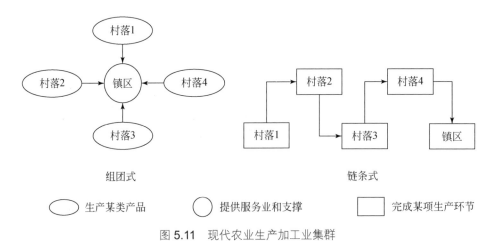

组团式   链条式

⬭ 生产某类产品   ◯ 提供服务业和支撑   ▭ 完成某项生产环节

图 5.11　现代农业生产加工业集群

组团式集群以镇区为中心，集群中的村落仅在产品类型上有所分化，在产业链的环节中承担生产某类产品的角色,形成各式各样的农产品生产基地和批发市场,商品流、信息流、科技流统一在镇区汇集,镇区发展相关的上下游企业,提供服务,如物流配送、农资生产企业和农业科研机构等,如山东寿光各村镇的蔬菜生产,北京延庆永宁镇的蔬菜种植、畜牧养殖产业群落。链条式集群中的村落各自完成产业链的不同环节,农产品的生产、加工、销售以及体验服务等分别由不同的村落来承担,镇区可能是产业链条的终端,也可能承担中间的加工、包装等环节。

2）工商业企业集群

工商业企业集群通过工商企业引导村落间产业联系的形成,一般是以第二产业为主导,具体包括以下三种形式。

（1）产业社区。产业社区打破以村庄为单位的土地利用模式,由政府主导,将拥有相似产业的村庄整合,构成产业社区,社区内统一进行产业规划和乡村建设,引导产业转型和重构,完善基础设施和公共服务。从"旧厂房、旧村居、旧城镇"向"新的产业形态、新的城市形态和新的生活方式"转变形成的产业社区不仅是产业的集聚地,更是一种集生产、研发、营销、居住、休闲、娱乐等综合功能的新型城镇化形态（叶玉瑶等,2014）。产业社区可能将镇区纳入进来,也可能完全脱离镇区,成为独立的城市社区,有些在行政级别上甚至高于建制镇,如山东德州的芦坊社区、广州南海的金谷光电产业社区。

（2）镇区产业和村庄产业间形成分包机制,镇区的工业园区、村级工业用地和以居住用地为载体的家庭小作坊三类产业空间并存。一方面,村落的家庭小作坊是低成本的企业孵化器,某些发展较好的企业从住宅点加工到开辟专门的生产空间,最后进入镇级工业园区,其余则延续之前的生产方式;另一方面,发育成熟的企业为降低运营成本,将业务环节分包给家庭小作坊,成型企业的发展又为更多的家庭小作坊和小企业提供了更大的市场空间,家庭小作坊源源不断地在村落的居住空间中生长演替（耿建,2011）。村落产业为镇区产业提供上游产品,这种分包机制在很多地区存在,如宁波市西店镇的小家电生产、石家庄市南营镇的小米加工等。

（3）向镇区、城区及周边的产业园区集中。一方面,政府通过"迁村并点"引导产业向园区集中、人口向镇区集中;另一方面,农村企业在发展壮大后也有主动迁移到园区以共享相关设施的需求,最终形成以城镇工业园区为核心的村镇产业集群。这是当前许多农村产业发展的主流模式,如河北石家庄市的南牛镇、李村镇等。

3）休闲农业及旅游业产业集群

休闲旅游带动型的村庄一般具有优越的自然环境或丰富的历史文化资源,这类资源往往被邻近村庄共享,极易发挥辐射作用,从而形成休闲农业及旅游业产业集群。

依托自然资源,以休闲农业、生态旅游、观光度假等为主导产业的村庄群落逐渐形成特色旅游休闲片区;镇区则作为旅游集散中心,发展商务酒店、会展、租赁和房地产等服务业,联动各村庄。这类村镇产业集群在北京等大都市郊区比较常见,如延庆妫水河沿岸民俗旅游带。

历史文化资源一般具有文化资源的属性，本村可依托该资源发展观光旅游，邻近村庄和镇区则可提供配套的旅游服务，共同构成良性循环的旅游业产业集群。

少数古村落为进行系统保护与开发，将村民搬迁至镇区，村庄则逐步形成为外来人口提供休闲服务的载体，同时也为本地村民提供就业岗位，村民在镇区居住，在村庄就业，获得经济收入。如福建尤溪的明朝古村落桂峰村全体村民在镇区统一分配住房，原始村落着手进行旅游资源开发。

第六章 中国村镇的功能结构及变化

工业化和快速城镇化背景下,村镇的功能也不断发生变化,既包括经济功能的变化,也包括社会功能的变化。经济功能的变化主要体现在村落和小城镇的产业结构、收入结构以及消费结构等方面;社会功能变化体现在村镇的人口结构、家庭结构、社会关系及社会服务需求等方面的变化。随着村镇功能结构的变化,村镇之间的经济、社会联系更加紧密,相应地促进了村镇体系的变化。

第一节 中国村落的功能结构及变化

村落在形成之初的主要功能是为从事传统基础性农作活动的人们提供居住服务。随着经济社会的发展,村落为社会生产和生活交往提供了相应的场所。作为人类生产、生活系统的承载地,村落不仅具有经济功能,也具有社会功能。随着生产力水平的提高和技术的发展,村落经济活动和社会活动日益丰富和多样化,城市型生产生活要素向乡村延伸,城乡互动逐步增强,村落的功能处在不断丰富和转变的过程中。村落的经济功能与社会功能联系紧密、相互影响。中国村落在发展历程中同样经历了功能发展与结构变化。

一、经济功能结构及变化

村落的经济功能结构主要表现在生产活动结构、收入来源结构和消费结构三个方面。随着经济社会的快速发展,村落的第二、三产业比重上升,村民收入来源多元化,消费结构也随之发生改变,这些变化都反映在村落经济功能的发展中。

1. 生产活动及变化

1)乡镇企业崛起与农村工业发展

在中国工业化和城镇化进程中,广大农村地区承担着原材料与劳动力供应、粮食安全保障、生态平衡维持等功能。农村生产活动长期以农业为主,加上中国实行了较长时间的重工业优先发展策略,导致村落发展相对较慢,城乡差距逐渐扩大。改革开放以来，中国农村第二、三产业发展速度加快且所占比重有所上升，农村产业结构逐步由以农业占绝对优势的单一产业结构向第一、二、三产业共同发展转变。

20世纪80年代，在中国轻工业品短缺、城市发展水平依然较低等背景下，以轻工业为主的乡镇企业得到了重视和快速发展。乡镇企业分散于村镇，形成了"离土不离乡，进厂不进城"的中国农村地区特色城镇化道路。乡镇企业创造的GDP一度超过全国总量的1/3，乡镇企业就业劳动力超过1亿人。乡镇企业在特定历史时期确实促进了经济发展和农民收入提高，但随着市场环境变化，交通不便、经营管理落后、产权制度不完善、技术升级困难等问题凸显，乡镇企业在发展后期经济效益急剧下降。乡镇企业确实带动了农村地区第二、三产业的发展，但最终未能通过优化农村产业结构实现农村的可持续发展。

这一时期的村镇功能开始有了显著变化：乡镇企业有效促进了农村地区的工业发展，拓展了非农产业就业空间，在城市就业容纳能力有限和农业剩余劳动力大量析出的背景下，为农业剩余劳动力的就地转移提供了机会。

2）农村农业发展政策转变与农村产业融合发展

随着经济社会的进一步发展，中国对农业农村发展的理念逐步从"以农扶工"转变为"以工促农、以城带乡""城乡协调发展"。2003年10月28日，国务院召开的农业和粮食工作会议决定，从2004年起，在全国范围内实行粮食直补，2005年12月29日，十届全国人大常委会第十九次会议决定，自2006年1月1日起废止《中华人民共和国农业税条例》，中国开始采取系列面向农村发展的惠民政策与措施，以期促进农村发展、农民增收。

在国家农业农村发展政策支持下，各地开始探索缩小城乡差距和解决"三农"问题的探索。很多地区采取了推动农村第一、二、三产业融合发展的策略，积极推动产业结构调整。如山东的"寿光模式"——为提升蔬菜生产的质量与效率，建设农业科技园，引进先进农业技术与高素质科技人才，发展现代化设施农业；海南三亚的"彩虹农业"——在已有的农业基础上挖掘特色、敢于创新，将观光、休闲等旅游功能与农业发展结合起来，发展旅游观光型农业；广东珠海的"外向型高效农业园"——采用现代高新技术，提高农产品的附加值和竞争力，发展出口创汇农业。农村第二、三产业的发展不仅可增加农民就业、提高农民收入，更是实现城乡协调发展的有效途径。

总体来看，改革开放后中国农村产业结构也随着社会经济的发展而发生着变化，由以传统农业为主的单一产业结构向第一、二、三产业协同发展转变，非农产业的快速发展有效促进了农村经济的发展。但农村产业结构还存在一些典型问题：①农业生产积极性不高。由于第二、三产业收入弹性较大，在增加农民就业、带动农村发展方面效果明显，但同时由于务农收入相对较低，农民缺乏农业生产的积极性，粮食生产投入不高。②农村第二、三产业发展不协调。部分农村地区由于缺乏高素质的农村青壮年劳动力，倾向于发展劳动密集型加工业。而这些加工业有些是高耗能、高污染的产业，科技信息、旅游观光等第三产业的发展则相对滞后，有待进一步协调与提升。

③农业产业技术水平较低。与发达国家的农业相比，中国的农业科技投入和农业高素质人才相对缺乏，农产品的附加值和竞争力较低，导致农业经济效益较低，不利于农业产业结构的优化升级。

2015年中央一号文件提出"推进农村第一、二、三产业融合发展"的方针，农村第一、二、三产业融合发展是以农业为基本依托，以利益联结为纽带，通过产业链延伸、产业功能拓展和要素集聚、技术创新等，促进农业生产、加工、流通和休闲旅游服务业等有机整合、紧密联系，借此推进各产业协调发展。2017年10月党的十九大提出了实施乡村振兴战略的部署，对农村产业发展、农村人居环境建设和农村治理等提出了全面发展的指导意见。2018年9月中共中央、国务院印发了《乡村振兴战略规划（2018—2022年）》，对构建乡村振兴新格局、加快农业现代化步伐、发展壮大乡村产业、建设生态宜居美丽乡村、繁荣发展乡村文化、健全乡村治理体系和保障改善农村民生提出了全面的规划要求。按照新的规划，中国农村将在城乡融合背景下得到进一步综合提升，农村经济中的第一、二、三产融合和有利于农业农村可持续发展的新业态将进一步活跃。

2. 收入结构及变化

1）收入大幅增长，但城乡差距依然明显

改革开放以来，随着社会经济的快速发展，中国农民收入稳步增长，但与城镇居民相比，收入水平仍相对较低、增长依然缓慢，城乡居民收入差距有逐渐增大的趋势。农民收入来源日益多元化，工资性收入占农民收入的比重呈现上升趋势，并成为农民增收的主要推动力；家庭经营性收入是农民收入的重要来源之一，但所占比重逐步下降；财产性收入和转移性收入是农民收入新的来源，也是农民增收的补充途径。

改革开放以来，农民人均可支配收入呈现出不断增长的趋势（图6.1）。数据表明，农民人均可支配收入由1978年的134元增加到2018年的14617元，年均增长12.45%。同时期，城镇居民人均可支配收入由1978年的343元增加到2018年的39251元，年均增长12.58%。农民收入在增长速度上落后于城镇居民，与城镇居民的

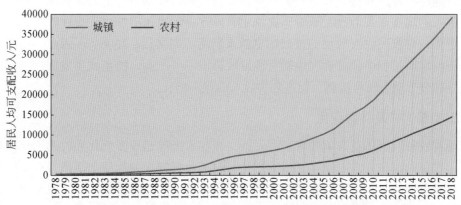

图6.1 中国农民和城镇居民人均可支配收入变化趋势（1978~2018年）

数据来源：《中国农村住户调查年鉴2019》

收入差距有扩大的趋势。

2）收入来源多元化

按照收入来源分类，家庭经营性收入、工资性收入、财产性收入和转移性收入是农民人均纯收入的四个重要组成部分。

改革开放前，农村居民的收入来源以务农收入为主导。当时农村与城市联系少，农村居民流动性弱，农村以集体经济活动为主要形式。

改革开放后，农村家庭收入出现多元化趋势。随着家庭联产承包责任制的推行，农民以家庭为生产单位进行农业的种植或经营，农业收入持续增加。1978年，家庭经营性收入占农民人均纯收入的比重为26.80%，该比重到1983年达到73.50%。20世纪80年代中期以后，农村非农产业发展、劳动力进城务工等经济形式显著增加，在总收入上升的同时，家庭经营性收入占比下降，到2012年下降为44.63%（宋莉莉，2015）。

80年代开始，工资性收入逐渐成为农民收入的主要来源，财产性收入和转移性收入（如农民的金融资产进行储蓄或投资获得的收益，以及土地征用补偿等）成为增加农民收入的新来源。随着农村家庭联产承包责任制的实施和农民劳动效率的提高，大量农村劳动力从农业转移出来，开始流入非农产业。1986年中央一号文件允许农民自备口粮进城务工经商，大量农村剩余劳动力开始进入城镇第二、三产业部门就业。工资性收入占农民人均纯收入的比重开始上升，由1984年的18.72%上升到2012年的43.55%，但财产性收入和转移性收入在农民人均纯收入中所占的比重较低，2012年两者所占比重分别为3.15%和8.67%，尚未成为农民收入的主要来源，只是农民收入的一种补充途径。总体来看，农民收入来源趋于多元化，随着非农就业的增加，工资性收入在农民收入中的比重不断上升，成为农民增收的主要推动力；家庭经营性收入是农民收入的重要来源之一，但其所占比重呈现下降的趋势；财产性收入和转移性收入所占比重较低，但可作为农民增收的补充途径。

在当前快速城镇化背景下，农民从第二、三产业获得的工资性收入及其他形式的非农收入已成为农民收入的主要来源。农村大量劳动力改变就业方式，由农业部门向非农业部门转移，非农收入（包括工资性收入及家庭经营活动中的非农经营收入）占农民收入的比重逐步上升。随着非农就业农民数量的快速增加，工资性收入呈逐年增加的态势，对农民收入增长的贡献率也越来越高（刘维佳，2006）。因此，在中国社会经济的发展过程中，需要因地制宜地发展第二、三产业，协调城乡发展，构建稳定的农村剩余劳动力转移机制，促进农民收入的稳步增长。

3. 消费方式及结构变化

随着农村经济体制改革的推进和发展，在收入来源趋于多元化和收入不断增加的同时，农民的消费方式也发生了新的变化。包括由低层次的物质生活消费向高层次的精神文化消费转变，由自给自足的消费方式向开放型的消费方式转变，以及随着信息化和智能化及随之而来的商业模式变化，由传统的线下消费（实体店消费）向新兴的线上消费（网上消费）转变等。

1）消费方式变化

长期以来，自给自足的小农经济在中国农村经济中占据主导地位，这种小农经济带来了农民"重储蓄轻消费"的消费理念。在城镇化进程中，农村劳动力由第一产业转向第二、三产业就业，非农收入增加，农民在食品、衣着等基本生活的消费比重下降，开始追求精神文化方面的消费，如旅游度假、文教娱乐等，精神文化的消费比重出现一定的上升趋势。同时，农民从自给自足的消费方式向开放型的消费方式转变，社交、娱乐等方面的消费增多。此外，从传统的线下实体店消费到新兴的线上消费转变。随着网络技术、电子商务和物流的发展，新兴的线上购物（网上购物）成为消费者购买商品的流行方式。中国农村地区的网络设施不断完善，再加上手机普及率的提高，以及线上商品的价格相对较低，农村地区的居民尤其是农村青年更愿意通过线上购物，由传统的实体店消费向线上消费转变。

2）消费结构变化

农民收入的稳步增长，以及收入来源的日益多元化，提升了农民的消费水平，也带来了农民之间不同的消费结构。对 2001~2010 年《中国统计年鉴》的研究发现：①对于农村低收入户，家庭经营性收入是其主要收入来源，它和转移性收入对低收入户的文教娱乐、交通和通信等方面的消费支出影响较大。工资性收入则对低收入户的食品、居住的支出有较大影响，工资性收入的增加，可有效提升低收入户的消费水平。②对于农村中等收入户，家庭经营性收入对其食品与居住的支出影响较大，财产性收入和转移性收入的提高，可以提升其消费档次，如家庭设备、交通和通信等高层次的消费支出增加。③对于农村高收入户，收入来源相对多元化，基本生活也已得到满足，消费支出更加理性。财产性收入所占比重较高，对高收入户的消费支出影响较大。高收入户更倾向于将自己的收入进行投资，获得额外的收益，提升自己的财产性收入（叶彩霞，2013）。归纳起来，工资性收入、财产性收入等非农收入的增加，能够提升农村低收入户和中等收入户的消费水平及优化支出结构。财产性收入和转移性收入的增加，能够提升农村高收入户的消费支出，而家庭经营收入和工资性收入的增加对提升高收入户的消费支出影响不大。

二、社会功能结构及变化

中国村落社会功能结构涵盖了村落的人口结构、家庭结构、社会关系及社会服务需求等方面的变化，反映了村落的社会特征及其社会变迁过程。村落的社会功能结构与经济功能结构紧密联系，经济功能结构及其变化同时影响着社会功能结构。

1. 人口结构及变化

1）乡村人口比重逐步下降

中国村落人口基数较大，但其占总人口的比重持续下降。从 20 世纪 90 年代初开始，中国乡村人口规模经历了短暂的上升，至 1995 年达到峰值，之后呈不断递减的趋势，但到 2018 年，中国农村仍有 56401 万人。乡村人口占总人口的比重呈持续下降趋势，20 世纪 90 年代初该比重在 70% 以上，2011 年，该比重降到 50% 以下，2018 年下降到不到 41%（图 6.2）。

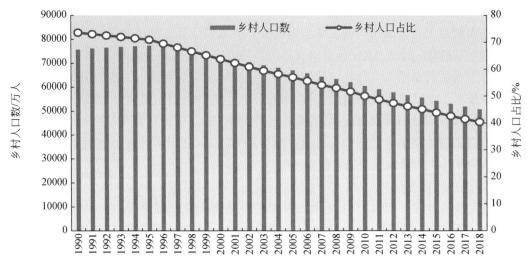

图 6.2　中国乡村人口数及占总人口比重（1990~2018 年）

资料来源：《2019 中国统计年鉴》

2）乡村人口受教育程度相对较低

农村居民家庭劳动力的受教育水平有较大幅度的提高，但仍普遍偏低。20 世纪 90 年代后，农村居民受教育水平有较大幅度的提高，小学以下受教育水平的居民占比不断减少，初中以上各受教育层次的居民比例均有不同程度的提高。但直到 2012 年，初中及以下受教育程度的居民占全部农村居民的比重仍高达 84.4%（图 6.3）。近年来这

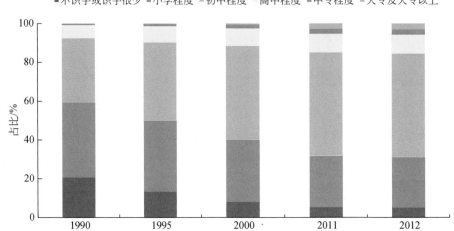

图 6.3　中国农村居民家庭劳动力受教育水平情况

资料来源：《2015 中国农村统计年鉴》

一比重有所下降，按《中国人口和就业统计年鉴2018》抽样数据估算，到2017年，这一比例约为79.2%。

3）人口老龄化

人口老龄化是中国农村人口年龄结构的突出表现。2000年我国65岁及以上的人口占比首次达到7%，已经步入老年型社会。此后老龄化程度不断提高，2010年第六次人口普查时，我国65岁以上人口比重达到8.87%，比第五次人口普查时上升1.91个百分点。截至2018年末，我国65岁及以上人口占11.9%。

中国农村老龄化程度高于城镇的特点突出。第五次人口普查显示，中国农村人口老龄化程度比城镇人口老龄化程度要高出约1.24个百分点，而10年后的第六次全国人口普查数据表明，农村人口老龄化程度比城镇的人口老龄化要高出3.29个百分点，增长速度相对较快。若按同比例增幅，则2020年农村人口老龄化程度将比城镇地区高出5个百分点。

农村人口老龄化进程与经济发展水平之间不协调。与城市的经济发展水平相比，农村的经济发展水平相对更低，而农村人口老龄化发展速度相比城镇更快，这更加剧了农村人口老龄化的进程与经济发展水平之间不协调的矛盾。这一现象对农村养老保障制度的建立和发展带来巨大的挑战。

2. 家庭结构及变化

1）家庭规模小型化趋势

中国农村的家庭户规模较大，但近年来呈小型化发展趋势。20世纪90年代前，农村家庭户规模普遍偏大，1985年农村家庭平均人口数为5.1人。90年代后，农村家庭户规模逐渐减小，1990年为4.8人，1995年为4.5人，到2000年下降为4.2人。2005年后，农村家庭户规模波动递减，后期基本稳定在3.3人左右。2011年起，农村家庭户规模有所下降，2015年和2016年，由于生育政策调整等原因，家庭户规模回升为3.33人，此后再次下降，2018年为3.23人（图6.4）。

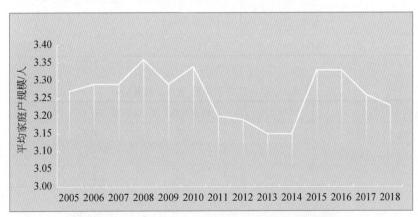

图6.4 中国农村家庭户平均规模（2005~2018年）

资料来源：《中国人口和就业统计年鉴》（2006~2019年）

　　与城镇家庭相比,农村家庭户规模偏大,但小型化的发展趋势仍较为明显。一方面,计划生育政策的落实在一定程度上起到了控制家庭人口规模的作用;另一方面,农村青年大中专毕业后返乡就业比例低、外出务工者事实上长期在城镇就业和居住等现象,也对家庭户规模减小产生了重要影响。

　　2)劳动力外出务工背景下的家庭结构变化

　　在人口流动背景下,农村核心家庭和主干家庭逐渐演化为"空巢"家庭和隔代家庭。改革开放后,核心家庭和主干家庭为主要表现形式的中国农村家庭结构依然存在,但有所变化,该变化主要由人口的机械变动引起的。快速城镇化带来的是人口的大规模流动,由于流向城市的农村人口多为20~50岁的主要劳动力,同时受城乡二元制度的限制,这些流动人口很难实现家庭迁移,家庭结构的完整性因而遭到破坏。"空巢"家庭和隔代家庭是不完整家庭结构的具体表现形式①,这两类家庭结构实质是传统家庭结构在农村人口流动下的演化结果,前者是核心家庭演化的结果,后者是主干家庭演化的结果。"空巢"家庭和隔代家庭的出现是近十多年中国农村家庭结构最显著的变化。

　　2008年北京大学的一项覆盖6省30县60乡镇119个村2378个农户的问卷调查表明,劳动力外出对农村家庭结构变动产生了很大影响。2378个样本家庭中有1500名外出务工者,造成了1000个留守家庭,占总样本的42.05%(表6.1)。由于劳动力外出而形成的留守家庭,家庭规模减小,留守人员中劳动力数量明显减少,以留守老人和留守儿童为主(表6.2)。

表 6.1　留守家庭总量与地区分布差异比较

地区	所有家庭数 / 个	留守家庭数 / 个	留守家庭比例 /%
江苏	400	152	38.00
四川	376	208	55.32
陕西	398	184	46.23
吉林	406	121	29.80
河北	398	146	36.68
福建	400	189	47.25
合计	2378	1000	42.05

资料来源:赵金华,2009。

表 6.2　部分地区各类留守人口数量分布

	留守老人 / 人	留守儿童 / 人	留守配偶 / 人	其他留守人员 / 人	合计
江苏	92	94	78	186	450
四川	182	155	49	256	642
陕西	92	93	73	357	615

---

① "空巢"家庭:家庭中因子女外出剩下老年一代人独自生活的家庭;隔代家庭:家庭中因子女外出剩下老年一代和幼年一代人共同生活的家庭。

续表

	留守老人/人	留守儿童/人	留守配偶/人	其他留守人员/人	合计
吉林	57	32	31	213	333
河北	47	71	73	264	455
福建	105	107	78	358	648
合计	575	552	382	1634	3143

资料来源：赵金华，2009。

3）城乡流动性加强背景下的社会关系变化

传统农耕经济时代，村落内部的社会关系较为简单，血缘关系和地缘关系是其中最主要的社会关系。小农经济具有自给自足的特点，农民对村落外部的依赖性和交流都较少，因此几乎不存在空间的流动，由生育和婚姻产生的血缘关系作为一种与生俱来的初级关系，自然成为当时村落的主要社会关系。以血缘关系为主要联结方式的村落多为某个姓氏的宗族居住地，这类传统村落的宗族文化在中国村落历史上发挥了重要的作用，如在生产中发挥协调作用，在生活中发挥互助作用，以及在村庄管理中发挥自治作用等。

除血缘关系外，地缘关系是传统农耕经济时代另一种主要的社会关系。这类关系以地理位置为纽带，由共同生活在一定地理范围内的人在社会交往中形成，如邻里关系、同乡关系。在稳定的社会中，血缘关系与地缘关系紧密联系、不可分割（费孝通，1948），邻里和同乡往往也是同宗或同姓的人，地域上的远近在一定程度上反映出血缘上的亲疏。因此，从社会关系的角度可以将中国村落概括为"熟人社会"，农民的社会活动基本局限于村落内部，社会关系具有高趋同性、高紧密性等特征，社会网络规模相差不大。

城镇化发展所导致的人口流动打破了中国村落社会固有的稳定性，也使村落内部的社会关系发生了变化，其中最突出的变化是业缘关系的出现。不同于血缘和地缘关系，业缘关系是个人在社会化过程中逐渐形成的一种次级关系。这类关系扩大了农民的社会网络规模，使其兼具了两种不同性质的社会网络。业缘关系已经在农民社会联系网络中占有重要的地位（张玉昆和曹广忠，2017）。同时，因业缘关系网络中个体间较大的异质性，这类关系有利于扩大农民获取资源和信息的渠道。但由于这种关系属于后天建构的次级关系，其持续时间较短暂且关系较不稳定，在农民获取社会实际支持（如物质支持）的过程中，血缘关系和地缘关系仍是最主要的社会关系（表6.3）。

3. 社会服务需要及变化

村落提供的各项社会服务是其社会功能结构的一个重要方面，广义的社会服务包括：生活福利性服务，如村落为农民生活提供衣、食、住、行、用等方面的生活福利服务；生产性服务，即村落直接为物质生产提供的服务；社会性服务，指为保证村落社会正常运行与协调发展所提供的服务，如科技、教育、文化和卫生事业等。

表 6.3 不同社会网络类型和网络规模下的社会关系结构

社会网络类型	社会网络规模	社会关系结构 /%		
		血缘	地缘	业缘
面对面交流	5	13.71	65.81	20.48
	4	8.88	75.08	16.04
	3	10.32	80.86	8.82
	2	16.27	80.11	3.62
	1	15.49	82.16	2.35
通信网络	5	37.14	25.72	37.14
	4	25.20	31.71	43.09
	3	35.55	32.37	32.08
	2	52.28	28.77	18.95
	1	80.16	14.31	5.53

资料来源：张玉昆，曹广忠，2017。

1）基础设施保障水平显著提高

作为农民社会生活的场所，村落需要满足村民最基本的生活福利性服务需求，即提供基础服务设施，如道路、水和电等。基础服务设施的完善受到经济发展水平的影响。经济条件较好的村落具有更完善的基础服务设施，且设施数量较多、规模较大、质量较高；经济条件较差的村落，在设施数量、规模及质量上与经济条件较好的村落都有较大差距。随着物质经济条件的改善，村落的生活福利性服务功能将逐渐完善，从而满足农民对基础服务设施的更高需求。

近年来，各地逐步推广的道路、电力、自来水、广播电视"村村通"工程，住房和城乡建设部推动的农村人居环境建设政策、农房改造项目等，在村落的基础设施建设方面，起到了很好的效果，多数地区有了明显改善。

2）社会服务设施结构优化和提升

村落的社会性服务功能在近些年得到一定程度的提升，如设置卫生室的行政村比例由 1985 年的 87.4% 提高到 2014 年的 93.3%，农村的群众业余演出团队 1995 年有35429 个，到 2014 年增加为 404610 个。与之相反，中国农村高中、初中及小学的学校数从 2000 年之后减少了一半以上，这是 2001 年实施"撤点并校"政策导致的结果。该政策的出发点是为了优化教育资源的配置，然而在实际操作中却出现了一些问题，如上学交通安全风险增加、寄宿制学校条件不到位等。提高村落的社会性服务功能并使之达到最优状态仍是村落亟待解决的一个重要问题。

随着经济的发展及农民对社会服务需求的不断提高，在人口大规模流动背景下，村落提供的社会服务功能也不断升级，并且出现了一些新的社会服务功能。如为留守老人提供娱乐活动和交往空间的老年活动中心等。该类社会性服务功能的出现适应了村落经济功能结构的变化，是村落社会服务功能提升的表现。随着基本公共服务均等化的推进和乡村振兴战略的实施，村落的社会服务保障水平将得到进一步提高。

第二节　中国小城镇的功能结构及变化

小城镇是一种比乡村社区更高层次的社会实体，具有城市的一些基本职能，又与农村接近。一方面，小城镇与乡村经济有着天然的联系，是农村日常消费品交易的集散中心，也是农村区域的政治、文化、社会功能中心；另一方面，小城镇开始逐渐脱离乡村社区性质，开始向现代化城市转变。虽然小城镇的具体范畴是一个长期存在争议的话题，但有一点是确定的，即建制镇是小城镇的核心（表 6.4）。

表 6.4　中国建制镇设置标准及变更

年份	设置标准
1955	（1）县级或者县级以上地方国家机关所在地，可以设置镇的建制；不是县级或者县级以上地方国家机关所在地，必须是聚居人口在 2000 以上，有相当数量的工商业居民，并确有必要时方可设置镇的建制 （2）少数民族地区如有相当数量的工商业居民，聚居人口虽不及 2000，确有必要时，亦可设置镇的建制
1963	（1）工商业和手工业相当集中、聚居人口在 3000 以上，其中非农业人口占 70% 以上，或者聚居人口在 2500~3000 人，其中非农业人口占 85% 以上，确有必要由县级国家机关领导的地方，可以设置镇的建制 （2）少数民族地区的工商业和手工业集中地，聚居人口虽然不足 3000，或者非农业人口不足 70%，但是确有必要由县级国家机关领导的，也可以设置镇的建制
1984	（1）凡县级地方国家机关所在地，均应设置镇的建制 （2）总人口在 2 万以下的乡，乡政府驻地非农业人口超过 2000 的，可以建镇；总人口在 2 万以上的乡，乡政府驻地非农业人口占全乡人口 10% 以上的，也可以建镇 （3）少数民族地区、人口稀少的边远地区、山区和小型工矿区、小港口、风景旅游、边境口岸等地，非农业人口虽不足 2000，如确有必要，也可设置镇的建制 （4）凡具备建镇条件的乡，撤乡建镇后，实行镇管村的体制；暂时不具备设镇条件的集镇，应在乡人民政府中配备专人加以管理

资料来源：彭震伟，2018。

一、经济职能及变化

1. 经济职能特征

小城镇处于城乡结合地带，具有"城市之尾，乡村之首"的特征，对城市和乡村的经济社会发展都起着极为重要的作用，同时具有服务城市和服务农村的经济职能特征。

1）小城镇服务城市的经济职能

承接城市产业转移。小城镇可以通过承接都市区和大中城市的产业转移与大城市互动，从而缓解大城市产业过度集中的压力，提升大城市的产业结构和竞争力，有利于城镇体系形成资源环境更加协调的产业布局。在经济较为发达的大城市郊区和城镇密集地区，小城镇直接参与中心城市的经济发展分工，形成区域产业集群优势，如长江三角洲城镇密集区;在发展相对滞后的中西部地区,小城镇则主要通过承接发达地区或国际资本的产业梯度转移,以充当中心城市辐射农村的经济枢纽,发挥其经济职能。

为中小企业集聚发展提供空间。小城镇相对于大城市较低的地价、工资以及较少的管制,为城市的中小企业提供了成长平台。处于起步阶段的中小型企业在小城镇集聚,可以通过充分合作与竞争降低成本;同时,企业集聚所产生的综合力量更有利于吸引人才、资金和信息;此外,集聚企业的技术溢出效应可以增强整个区域的创新能力。

2)小城镇服务乡村的经济职能

促进农业现代化。小城镇特色产业尤其是非农产业的发展,促进了区域农业产业结构的调整,形成专业化和规模化的优势种植业、养殖业。同时,小城镇的发展为建立相对健全、符合现代农业的社会服务体系创造了条件。乡镇集中了基层农业科技及推广力量,同时种子、化肥、农药、农用机械等农资产品的供应往往以小城镇为中心向外辐射,加上与农业生产关联度较高的农产品加工、流通等都以小城镇为集聚点,这些条件不仅为农业提供更加规范化和多样化的服务,推动特色农业的发展,还促进了农业专业化和产业化经营。

促进农村非农产业集聚。小城镇的发展能够吸纳农村第二、三产业的集聚,从而带动农村工业化的步伐。小城镇现有的成功企业可以吸引处在产业链上下游的相关配套产业集聚,进一步吸纳外部资本、引进成熟产业,为乡镇特色产业的形成创造良好的条件。特色产业的发展会增强小城镇吸纳流动人口的能力,进而为餐饮、住宿、旅游、房地产等第三产业提供市场和劳动力供给,进一步活跃小城镇经济,提升对农村非农产业的吸引力。

降低农民就业风险,提高收入。小城镇相对于城市,其产业结构更加偏重劳动密集型,农民进入门槛低,生活成本和就业风险小,是中国目前吸纳农村剩余劳动力的重要载体。

2. 产业结构及变化

现有的全国统计数据中缺乏集镇层面的产业结构数据,在此采用建制镇从业人员结构描述小城镇产业结构特征(表 6.5)。

表 6.5 中国建制镇非农产业从业人员比重

年份	建制镇总人口/万人	建制镇从业人员比重/%	建制镇从业人员数/万人	建制镇从事第二产业人员数/万人	建制镇从事第二产业人员比重/%	建制镇从事第三产业人员数/万人	建制镇从事第三产业人员比重/%
2008	77685.71	52.9	41124.19	11269.49	27.4	10005.68	24.3
2010	80301.91	53.4	42848.81	12156.21	28.4	10832.63	25.3
2015	77514.60	57.0	44151.30	13280.50	30.0	12025.40	27.2

资料来源:根据历年《中国建制镇统计年鉴》、《中国县域统计年鉴(乡镇卷)》整理。

截至 2015 年，全国建制镇第二、三产业从业人员占比分别为 30.0% 和 27.2%。其中第三产业从业人员比重显著低于全国平均水平（42.40%），说明小城镇相较于全国，第二产业的发展水平较高，而第三产业的发展则相对落后。同时，对比 2008 年、2010 年和 2015 年的数据可以发现，从业人员占总人数的比重，第二、三产业比重都在缓慢上升，说明小城镇的产业结构的确在不断优化，但总体来说发展速度较为缓慢。

全国小城镇总体产业结构之所以存在上述特征，是因为很多靠近乡村的小城镇由于战略定位模糊，过去凭借行政区域中心的地位得以维持简单运转，缺乏产业支撑，存在不同程度的产业"空心化"的困境。目前全国范围内的各地域试点小城镇普遍经济发展水平较高，城镇第二、三产业尤其是第二产业的发展明显强于第一产业，但其工业门类大多以粗放型和劳动密集型为主，造成了不同程度的资源浪费和环境问题。因此，在中国新型城镇化加速推进和现代农业迅速发展的宏观背景下，急需从城乡统筹的角度明确小城镇的战略定位，确定小城镇的产业支撑，从而促进小城镇的可持续发展。

二、社会功能及变化

1. 小城镇社会功能的定义

城镇的社会功能是指城镇在国家或地区中所承担的为满足人类生存和发展需要而在社会关系和社会进步方面所承担的任务和起到的作用。具体包括：为居民提供完备的城镇基础设施和社会服务；满足全体居民多种社会需求，即文化、教育、娱乐、卫生、保健及社会治安等需求；促进不同阶层、不同邻里之间的社会文化交流，并形成凝聚力，增强居民之间的社会联系。城镇的社会功能虽然不能直接推动城镇经济的增长与发展，但它是实现人的自身生存和发展的主要功能，是城镇发展的最终目标。

小城镇在性质上属于城乡过渡的单元或类型，与城市相比，由于与乡村天然的紧密联系，小城镇社会功能的辐射作用更为重要。中国农村普遍存在社会服务功能不足、结构错位问题，小城镇拥有相对健全的社会服务设施和较好的社会文化环境，是广大农村地区的公共服务供给和配置中心；此外，小城镇在生活方式、消费观念等方面对农村具有较强的示范效应，在文化观念上促进现代化城市社会与传统农村社会各方面的融合。

2. 城乡人口结构

当前中国的小城镇数量众多，但规模较小，吸纳劳动力能力有限。由于数据限制，在此仅以建制镇统计数据分析小城镇人口规模和结构变动状况。1978 年，中国建制镇数量为 2173 个，1984 年执行放松设镇标准后建制镇数量增至 7186 个。随后建制镇数量持续上升，至 2002 年达到 20601 个。20 世纪 90 年代中后期中国推行乡镇合并制度，小城镇数量开始缓慢下降，至2008年建制镇数量降至19234个。此后又开始缓慢增加，数量基本趋于稳定，近年来维持在2.1万个左右。

中国小城镇数量众多，但平均规模较小。受规模限制，小城镇能够提供的就业机会有限，因此吸纳劳动力能力有限。中国建制镇户籍人口规模在逐年小幅度增加，总人口基本维持稳定。与大量流动人口流入大中城市的趋势相反，建制镇户籍非农化率增长缓慢。户籍人口非农化率长期低于全国城镇化水平，且两者之间的差距仍在逐年增加。此外，自2007年起建制镇镇区人口与全国城镇人口的比值逐渐下降，这一趋势说明，大量农村剩余劳动力的主要流入方向仍然是大中城市。从产业就业人口比例来看，2015年中国建制镇总人口77514.60万人，从业人员44151.30万人。其中第二产业从业人口13280.50万人，占就业人口的近30%，与全国水平基本一致；第三产业从业人口12025.40万人，占就业人口的27.2%，远低于全国平均水平。小城镇在城镇化过程中提供的就业岗位，尤其是非农就业岗位容量仍然有限。

3. 基础设施服务保障

受"城乡分治"管理制度的影响，小城镇基础设施的投资体制、规划方式、建设方式以及维护方式等均具有城镇和乡村的双重特征。在当前经济条件下，小城镇社会性基础设施的建设水平仍然和城市具有较大的差距，且存在较大的地区差异。

根据《中国城乡建设统计年鉴》资料，以建制镇市政公共设施为例（图6.5），截至2018年，中国建制镇自来水用水普及率达到88.1%，基本完全覆盖居民；燃气普及率虽然在逐年上升，但是到2018年普及率仅为52.39%，与城市燃气普及率（96.70%）相差甚远。这一方面是受到燃气供应系统建设水平的限制，另一方面也反映了小城镇与城市日常生活习惯的差异，小城镇仍然保留了部分与农村相近的习惯，除天然气外，煤气、蜂窝煤等燃料在日常生活中仍被大量使用。道路建设方面，建制镇人均道路面积近年明显提高，2018年已经达到14.36m²/人，但是与城市相比差距仍在不断扩大。而人均公园绿地面积建设相对落后，2018年建制镇人均公园绿地面积仅2.8m²，远低于城市水平。同时，与城市逐年增加的趋势不同，建制镇人均公园绿地面积变化不大，反映了小城镇建设当中休闲游憩空间建设的缺失状况。

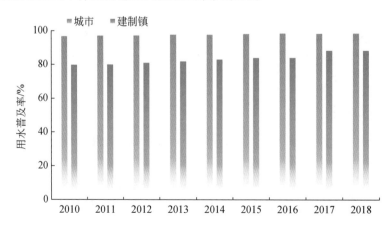

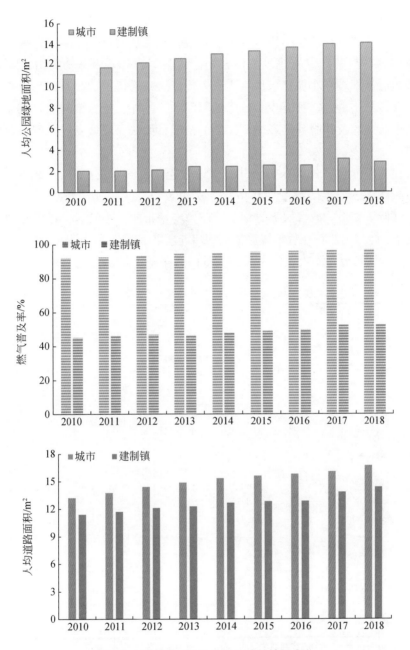

图 6.5 建制镇市政公共设施建设情况变化

资料来源：根据 2010~2018 年《中国城乡建设统计年鉴》数据整理

　　基础设施建设已经成为小城镇进一步发展的瓶颈。小城镇基础设施缺失的原因较为复杂，有学者提出其主要问题是资金短缺。中国小城镇基础设施建设资金的主要来源是财政投入，资金来源单一且投融资渠道狭窄，造成了小城镇建设资金严重不足。

4. 公共服务功能

小城镇公共服务功能包括行政管理、科技、教育、文化、卫生、金融、社保、社区服务等内容。与基础设施建设主体相同，建制镇的公共服务功能由镇级政府负责提供，除政府外很难在小城镇层面引入私人投资。政府提供的公共产品受资金等因素制约，普遍存在质量差、种类少、效率低等问题。此外，受户籍制度和城乡二元体制的影响，小城镇的公共服务出现城乡割裂的情况，无法保证城乡居民拥有对等的公共服务权利。

以医疗、教育和文化娱乐类公共服务设施建设为例（表6.6），2015年，中国建制镇每万人医院、卫生院数量为0.46个，医生数16.1人，病床数25.4床，医疗设施建设水平远低于城市。教育服务方面，建制镇与城市的中小学学校数量和教师数量差异相对较小，但是仍然存在教学设施落后、师资素质水平较差的问题。文化娱乐方面，影剧院虽然与城市差距不大，但是设施质量仍然存在较大差距。

表6.6 中国建制镇与城市公共服务设施数量的比较

每万人设施数量		建制镇				城市
		东部	中部	西部	全国	
医疗	医院、卫生院数量 / 个	0.41	0.45	0.54	0.46	0.64
	医生数 / 人	15.4	17.3	16.0	16.1	39.2
	病床数 / 床	24.8	24.4	27.1	25.4	78.1
教育	小学数 / 个	1.49	2.64	2.30	2.03	1.32
	小学教师 / 人	40.4	41.9	44.6	42.0	46.3
	中学数 / 个	0.38	0.49	0.47	0.44	0.58
	中学教师 / 人	36.1	35.8	37.9	36.5	51.1
文化娱乐	影剧院数量 / 个	0.065	0.068	0.042	0.059	0.057

资料来源：根据2015年《中国建制镇统计年鉴》和《中国城市统计年鉴》整理。

社会保障方面，从当前小城镇的保险覆盖率来看，城镇医疗保险和农村新兴医疗合作保险覆盖率超过了90%，基本达到全面覆盖。养老保险覆盖率为49%，基本与城市保险覆盖水平一致。

整体来看，中国小城镇的公共服务体系仍在逐渐完善过程中，并且随着小城镇经济水平发展以及居民生活水平提升，仍面临巨大挑战。

第三节　村镇功能联系与村镇体系结构变化

早期的小城镇是周边村落的经济、行政、文化中心，为村落提供商品集散、公共管理等服务。随着经济的发展和城镇化进程的推进，镇、村之间进入到联系更加密切、关系更加开放、职能更加多元的良性互动新阶段。一方面，小城镇的职能逐渐完善，能够为镇区及村落居民提供更加丰富的经济、社会服务；另一方面，村落的开放程度也越来越高，其对外的联系不再局限于小城镇，而是与周边其他村落、遥远的大城市建立起复杂的联系网络。因而镇、村之间的经济、社会联系从内容和规模上发生了巨大的变化，这些变化亦重塑了中国的村镇体系。

一、村镇经济联系

小城镇和村落作为城乡系统的两种空间聚落形式，各自承担不同的职能。村落作为农业生产为主的居民点，以规模化、连片种植满足城镇对原材料资源的需求，小城镇以第二、三产业为主，充当农村各种要素集聚及城镇经济、技术、资金扩散的节点，从而获取农业经营的规模效益和城镇发展的整体效益，实现镇村协调（洪光荣，2009）。村落是农业生产、农民居住的场所，为小城镇提供农产品、矿产、劳动力等资源，是小城镇发展的基础。小城镇作为乡村经济的中心，经济发展水平高于周围的村落，它们之间的经济联系主要是从较高经济水平的小城镇向较低经济水平的村落进行人力、资源、技术、市场信息等的流动和传播（袁媛，2003）。小城镇的发展可以把城乡两个市场较好、较快地连接起来，促进乡村第二、三产业的发展，吸纳农村剩余劳动力，缓解乡村人多地少的矛盾，进而促进农业规模效益的提高和农民收入的增长，同时又可以缓解大中城市人口增长的压力（温铁军等，2000）。小城镇形成的网络，将城镇与村落连接起来，把封闭的、分散的农村市场纳入到以城市为中心的统一开放的市场体系中。

村镇经济联系主要与工农业生产相关，以赚取收入为目的，伴随着资金往来的活动。具体来看，包括以下几方面的经济联系。

1. 商品贸易

随着中国农村经济的逐步发展，农村市场成为社会商贸的重要一环，以农业资源市场、农副产品市场和日用品市场为参与主体的农村多元化市场结构已发展成为较为稳定的互补体系。村镇贸易流通模式最初主要有以下四种模式：以农产品批发中心为主体的物流模式、以农产品加工企业为主体的流通模式、以农产品物流企业为主体的流通模式和以农产品流通企业为主体的流通模式。在中国城镇化加速发展的今天，村镇的贸易流通呈现更为复杂的网络化特点，村镇的贸易流通方式也从"村落—小城镇"的单向模式向"村落—村落""村落—小城镇—村落"的多元模式转变。

2. 生产分工

村镇工农业生产也出现明显分工。首先是工业化，带动广大小城镇第二、三产业的发展，小城镇有更好的条件吸引周边村落中剩余的劳动力就业；其次是农业现代化，使得乡村地区农业劳动生产率提高，农村剩余劳动力向小城镇转移，村落的生产要素向小城镇集聚，小城镇的生产资料也向村落扩散，在集聚和扩散双向效应下，逐渐调整了小城镇和村落的功能分布，形成一个符合各自不同资源禀赋特点的、高效的产业分工和职能协作体系，小城镇以大生产的现代工业、服务业等为代表的第二、三产业为主，而村落则以小生产为基本特征的农业为主。最后，在沿海发达地区，村落与村落之间的产品内分工也已经出现，每个村从事某一部分产品的生产，与周边的村落、小城镇共同形成产业集群。

3. 资金往来

作为最直接的经济表现形式，资金在村落、小城镇之间流动频繁，随着农村剩余劳动力向小城镇转移，资金活动越来越密切，比如汇款、投资等。新中国成立以来，中国通过价格"剪刀差"从农业中获取大量的资金支持城市工业的发展，然而以农业支撑工业快速发展的阶段已经过去，现在提倡工业反哺农业，小城镇不断加大财政反哺，支持村落建设，扩大转移支付范围，减轻村级运转负担，成为村集体有效拓宽增收渠道的又一手段。

4. 技术支持

小城镇利用技术与产业扩散加快农村非农产业和产业化农业资本的形成，并且用小城镇中更好的教育和培训来提升村落居民的工作技能和综合素质，比如在村落中推广小城镇的技术成果（农业灌溉系统、农业技术推广系统等），提高农业生产技术和产量，改善乡村居民生活。

此外，镇村经济联系还包括劳动就业等，主要表现为小城镇产业发展为农村剩余劳动力提供就业岗位，剩余劳动力则通过劳务输出的方式支持小城镇发展。

二、村镇社会联系

村镇的社会联系是村落、小城镇社会交往的体现。村镇的社会联系主要是与生活相关，以公共服务为主的活动，包括社会交往、公共服务联系以及政治、行政、组织联系。

1. 主要社会联系形式

1）社会交往

随着村落和小城镇社会的分化，二者也分别形成了不同的社会认识和价值体系，比如传统的村落社会在婚姻观上比较推崇家庭婚姻，即要得到父母认可，而现代小城镇社会更贴近现代城市观念，注重个人自由婚恋。虽然二者的社会认识和价值体系有很大差异，但是随着社会交流和社会关系网络的扩大，村落居民和小城镇居民均可以利用婚姻建立社会的联盟，并且在共同认识和情感上融合。通过小城镇这一枢纽，周边村落的居民可自由交往，形成覆盖村镇体系的社交网络。

2）公共服务联系

公共服务联系指教育、培训、医疗、职业、商业和技术服务形式和交通运输服务系统等。公共服务是政府等相关机构为履行公共职能，满足公共需要，为民众提供的惠及公众的服务，包括通过小城镇中相对优质的交通、教育、医疗、卫生体系为周边村落居民提供服务。小城镇成为周边村落享受公共服务的中心。由于公共服务的主要提供者是政府，村镇体系中的公共服务联系往往和其行政体系有关，两者的设施分布、覆盖网络会出现较高的耦合度。

3）政治、行政、组织联系

制度是政府的公共产品之一，通过有效的制度安排可以使村镇之间联系更为紧密，制度性的行政或政府事务为行政区内的村落和小城镇提供相似的公共服务，村镇之间的联系亦通过县—乡镇—行政村的体制得以层层落实，村镇之间单向联系的特点非常明显，小城镇成为周边村落的行政中心，成为政府信息、资金扶持的集散中心。

2. 社会联系的发展变化

传统上，小城镇起到周边村落公共服务中心的作用，单中心等级结构明显。一些诸如通婚圈、劳务帮工等社会联系也出现村落与村落直接联系的网络结构特点，但并不具有主导性。新时期，随着人口高度流动和交通的发展，村落及小城镇社会联系越来越开放，与外界直接的联系逐渐打破了单中心结构，碎化特点日趋明显。

在传统的农业社会时期，以血缘、地缘为基础的宗亲关系仍然是村镇社会关系的网络核心，村镇体系内具有高度一致的认同意识和共同情感，村镇的社会联系主要体现在水利协作、武装自卫和通婚等。此时的村镇社会联系以单中心结构为主，部分联系出现网络化特点。到了工业化时期，社会流动更加明显，村落开发程度提高，村镇联系变得更加多元化，不仅小城镇与村落、村落与村落联系加强，内容更多，村镇与外界的大城市、发达地区联系也日趋紧密，村镇社会联系出现"碎化"的现象，比如通婚圈的扩大、私人提供部分公共服务（教育、卫生、医疗）等。新时期，村镇社会联系从特点上看，不仅单中心结构开始解体，网络化的联系日趋形成，同时部分联系碎化的现象亦更加明显。

三、村镇体系及演变

村镇体系又称镇村体系，是指一定区域内，不同等级规模、职能分工、空间分布的小城镇与村落形成的村镇集合。

1. 村镇体系的特点与类型

1）村镇体系的特点

综合性。村镇体系是一种空间状态，这种状态是由不同的经济、社会联系综合而形成的。不同目的、规模、方向的人流、信息流、资金流等往来于镇、村之间，促进村镇体系的产生、稳定和变动。即经济、社会联系构成的要素叠加形成综合性的区域村镇体系。

整体性。小城镇与村落、村落与村落、小城镇与小城镇通过节点（镇、村）和联系流形成一个有机整体。某一要素的变化都会对村镇体系产生影响，比如一个村落的衰落或壮大、一条交通线路的荒废或兴建，都会使得整个村镇体系产生反馈。村镇体系具有"牵一发而动全身"的整体性特点。

层次性。一个区域内，村镇体系并非一个简单的小城镇与村落形成的杂乱无章的村镇集合。在一个有机的系统内，各个子系统共同组成大的系统。作为中微观尺度的区域系统，村镇体系也基于规模、职能、空间三个层面形成不同的子体系。子体系之间、子体系与大的体系之间需要形成良好的衔接。

动态性。村镇体系是一种村镇的保持状态，会因为经济发展、自然变化等原因发生阶段性及长期性的变化，村镇体系的描述亦需要不断地修正和补充，并需要根据科学方法进行预测。

从上述四个特点来看，村镇体系是一个具有有机整体特征、层次结构特征、动态变化特征的有机系统或有机状态。小城镇与村落主要基于经济和社会原因形成密切的要素流联系，这些联系使得村镇在规模、职能上形成空间分异。村镇及其联系的要素流在时间上发生的变化亦导致村镇体系发生相应的变动。

2）村镇体系的结构类型

中国村镇体系大致分为单中心的等级结构、多中心的网络结构以及村镇之间联系疏松的碎化结构三种类型（图 6.6）。

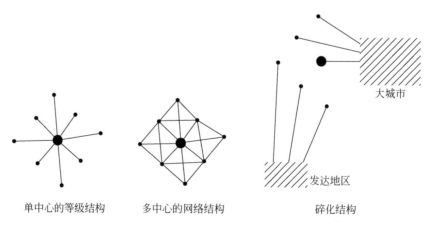

单中心的等级结构　　　　多中心的网络结构　　　　碎化结构

图 6.6　村镇体系结构示意图

单中心的等级结构。作为乡村地区商品集散中心、公共服务中心，小城镇是村镇体系的中心。村落主要通过小城镇这一中介与其他村落及外部世界发生联系。

多中心的网络结构。村落与小城镇之间在职能分工上形成联系，并没有哪一个居民点是绝对意义上的中心，各个村落与小城镇在某一职能上保持着优势的地位，并通过分工构建一个多中心的网络有机体。

碎化结构。村落与村落、村落与小城镇之间联系并不紧密，主要因为村镇体系受到外界的影响。根据具体情况可以再分为中心城市磁吸型与中心城市飞地型两种，前者体现在"城中村"、城边村跳过小城镇直接与城市发生联系，后者体现在村落居民外出务工、享受发达地区中心城市对口支援、或者本身是重要资源产地（包括景点、矿产）而与本地联系疏松，与外界地区联系更为紧密的情况。

需要指出的是，村镇体系是多种要素联系的综合表现，某一类型的村镇体系结构并不意味着内部的联系均为该类型，其中部分联系会呈现其他类型的形式。比如当下沿海发达地区的村镇体系从经济联系来看呈现明显的网络结构，但其中的行政事务仍然是单中心的等级结构，比如居民办证、生育、低保等公共服务遵循县—乡镇—行政村的等级层层落实，单中心的等级结构依然明显。村镇体系是一种综合性的状态描述，并不能否认体系内部存在联系方向、联系规模、联系主体的异质性。

2. 村镇体系结构的发展演变

1）农业社会到计划经济时期：单中心的等级结构

典型的村落是一种规模较小、职能以农业为主的居民点，而小城镇则是一种规模较大、职能较为复杂的居民点。作为小城镇与村落结合的村镇体系，由两个层次的农村居民点通过复杂的要素流组合而成。在相当长的农业社会时期，小城镇与居民点构成了一种典型的中心地结构，即以小城镇为中心、村落为外围的基层市场体系。这种基层市场体系不仅是商品贸易的共同市场，也和通婚、方言和武装自卫等社会联系的范围相契合。在这一理论背景下，村落（乡村社会）结合于以小城镇（基层市场）为端点的更大的市场中。基层市场所在的小城镇是周边村落农产品、原材料、手工产品的集散中心，这些基础产品主要被市场体系范围内的村落居民买走，而一部分产品亦由在此汇聚的外地商人采购行销国内外；同时，外面的商品亦通过这些小城镇流向周边的村落，小城镇成为村落与外界交流的窗口。共同的市场形成了基层市场体系，体系内包括数量相对均衡的村落数量,村落之间亦通过密切的贸易联系加强了交流。姻亲、保甲、习俗、水利等传统社会服务的范围也以基层市场体系为基础而形成。黄宗智（1992）通过研究长江三角洲地区的集市发现，村民们通过这些基层市场交换手工产品，形成了一定范围内的分工系统。但是值得注意的是，这一时期的分工是以基层市场为中心而存在的，与之后中国形成的产业集群式的分工存在差异。在农业社会时期，以基层市场为核心的小城镇成为村镇体系的中心,单中心的等级结构是此时村镇体系的写照。

新中国成立以后，村落与小城镇的关系进入到中心等级关系更加明显的时期。长期的计划经济通过邮政、供销社等方式将村镇经济联系与公共服务捆绑，强化了村镇体系中心等级的特点。农村生活被整合到行政等级之中，传统的基层市场消失，小城镇成为更高一级政权机关的所在地，市场特点弱化，行政特点趋浓。从村镇体系建立的内生动力来看，国家对于重工业及城市的重视也压制了乡村地区工业的发展，乡村地区难以产生历史上通过基层市场建立的日常用品分工生产的格局。这一时期，村落与小城镇之间纯粹的单中心结构很明显。村落与小城镇的主要经济、社会联系以单向的不同等级之间的居民点为主。

需要指出的是，虽然历史上中国的村镇体系是非常明显的单中心等级结构，但是亦存在少量的社会联系，比如姻亲等文化、宗族性质的联系依然保留着明显的网络结构，具体表现为两方面：一是不同村落之间直接建立起联系而非通过小城镇这样的基层中心；二是村落可能与基层体系之外的其他村落或小城镇建立联系，这说明中国传统的村镇体系其实是一种开放式系统。

2）改革开放以来：人口流入地的网络结构及流出地的碎化结构

20世纪80年代之后，工业化、市场经济和交通的发展使得传统村镇体系发生变化。这些变化促使了传统中国村镇体系从单中心的等级结构向网络结构演化。改革开放之后，沿海地区工业化水平迅速提高，市场经济条件下，户籍制度对人口流动的限制被打破。外资带动发展的工业企业吸引了中西部的农民，这对人口流入和流出地区的村镇体系产生了不同的影响。在东部沿海的人口流入地区，首先是工业园在村落和小城镇遍地开花，个别村落的工业园甚至比所在乡镇的工业园发展得更好，降低了村落对小城镇的依赖。其次，工业的发展促使沿海地区形成了数量众多的产业集群，村落之间通过分工合作的方式发挥了自身在特色产品生产上的优势。在产业集群内部，各个村落发挥了单一企业的作用，以产品为核心的分工网络在东部沿海地区的村镇体系中形成，一个专业村带动周边村落为自己提供相应的辅助产业，或者几个村落共同参与更大范围内的产业分工中，形成复杂的产业网络。

浙江省温州市苍南县宜山镇是全国闻名的再生腈纶产业集群，再生腈纶最早在该镇新西河村起家，发展初期带动了周边村落的村民为其从事开花和纺纱等工序，目前以宜山镇形成了众多的专业村，如开花、纺纱专业村、编织专业村、购销专业村等。各村落之间密切合作，完成各自的工序，为整个产业集群提供支持。这些专业村与最初的新河西村一起成为当地再生腈纶产业的组成部分，依托小城镇的大型市场，宜山镇也成为温州著名的"纺织之乡"。

而在人口流出地区，大批农民成为产业工人而外流，这也导致了村落以及小城镇的普遍衰落，村落与东部沿海的工业区而非所在的小城镇联系更加紧密，不少村落甚至直接跳过乡镇开通了直达沿海大城市的班车。交通的发展让这种跨越传统等级居民点的联系变得更加方便，村村通工程、铁路提速、高速公路修建强化了县城、省会、沿海大城市对广大内陆农村地区的吸引。中西部地区的村镇体系形成一种碎化的现象，村落与小城镇除在日常商品采购、行政事务上保持着传统的单中心等级结构外，其余的经济、社会活动都与外部的区域保持着大规模的、开放式的联系。

以中部农民工大省河南为例，在村委会财力薄弱、农村居民大批外出务工的时期，居民的经济联系成为村落对外经济联系。根据学者们对河南村落的调研，外出务工收入已经成为许多村落居民收入的主要来源和增收源泉。调研村落中，外出务工收入普遍占农村家庭收入的 60% 以上，村落已经成为沿海发达城市的劳务输出"远郊区"，各村落与其他村落联系疏松，与小城镇仅保持一些公共服务、行政事务的联系，而各自与外部的大城市保持着紧密的劳务、资金联系，中西部地区的村镇体系呈现碎化的现象。

3. 村镇体系的空间表现

村镇体系是一定区域内小城镇、村落组织联系的集合，村镇经济、社会联系的加强伴随着人流、物流、信息流、资金流在各层次居民点之间的往来。这些流动会带来村镇交通体系、通信结构、基础设施网络的变动，进而影响村镇体系的空间布局。村镇体系的空间结构亦可以体现村镇体系变动和发展结果。村镇体系的空间布局根据空间形态、组织原则可以分为以下几种。

1）中心 – 扩散型（块状分布）

这种类型一般分布在农林牧区平原的腹地，村镇体系范围内没有高等级公路经过，村落组织在小城镇（包括建制镇和集市）周围，这种类型的村镇体系最符合施坚雅提出的基层市场体系。小城镇成为组织村镇体系的枢纽，为周边居民提供商品贸易和公共服务。该类型多分布在华北平原、东北平原、四川盆地、西北牧业地区。

2）中心 – 延伸型（带状分布）

这种类型分布在山区、沿海等非均质特征明显的地区，山区的河流、公路，沿海的海岸线成为区域交通的主干线，居民点多沿交通线分布。起到中心带动作用的小城镇往往分布在主干线连接更高等级交通线的接口处，比如河流入海口、山路出山口等。村落从小城镇沿着交通主干线延伸到区域腹地。

3）中心 – 单向扩散型（扇状分布）

这是中心 – 扩散型的变形，即小城镇并非位于村镇体系的中心，而是偏居一隅，村落主要集中在小城镇的一侧，另一侧几乎没有村落或村落普遍弱小。主要出于两种原因：一是自然地形的限制，区域一侧有山地或沿海，村落集中在小城镇的单一侧向；二是高等级交通线经过区域一侧，导致另一侧的村落逐渐衰落乃至消失，小城镇因为行政地位依旧、基础设施健全等原因继续起到村镇体系的组织枢纽的角色。这种类型的村镇体系多分布沿海平原、太行山区与华北平原交界处、四川盆地与青藏高原交界处、江河沿岸等地区。

4）中心 – 网络型

村落不仅与小城镇之间交通网络发达、联系紧密，村落之间亦形成发达的交通网络。村镇体系内部交通网络的完善离不开密切的要素流动，村落与小城镇成为共同组织区域要素流动的网络节点，发展程度高的村落与小城镇建设连片。这种类型多分布在长江三角洲、珠江三角洲等沿海发达地区。

5）散落－网络型

虽然村镇体系内交通联系紧密，但各个村落、小城镇各自与外界大城市发生更加密切的联系。小城镇由于行政地位较高、经济实力较强而在发展水平上要高出村落，但并不意味着小城镇是村落对外联系的主要方向。这种类型多分布在各大城市周围，村落与小城镇已经发展成为大城市的城边村、"城中村"、卫星城镇。

第七章 中国村镇发展演化的动力机制

第一节 村落发展演化的动力机制

人类早期在相当长的时间里没有建立稳定的居住点。随着生产力水平的提高,人类逐步掌握了养殖、种植等技术,开始选择适合居住的地区聚居生活,逐渐形成了聚落。历史上,由于传统小农社会的封闭性与稳定性,乡村聚落散落在广袤空间,自发、周期性地进行着缓慢的演替。近代以来,中国乡村聚落经历近代的农业商品化(乡村工业萌芽)和"乡村建设运动",新中国成立后的"土地改革"和"公社化运动",以及改革开放后的工业化和快速城镇化进程,受政治、经济、社会体制等多方面重大变革的影响,加上区位条件、发展水平和发展阶段存在差异,以及乡村之间、乡城之间联系的紧密程度有别,乡村聚落逐步向差异化和多元化发展。

一、村落发展演化的主要形式

在工业化和城镇化背景下,随着经济社会发展水平的提高,与城镇地区非农产业发展进程相伴随的是人口和产业向城镇地区集聚,城镇型居民点在经济产出和人口承载方面占全社会的比重逐步提高,乡村地区的人口在国家或区域总人口中的比重逐步下降,在一定时期之后乡村人口的总量也开始下降。随着区域交通条件的改善和其他基础设施水平的提高,城-镇-村体系格局会发生重塑。部分区位条件优越、农业资源丰富和特色明显的村落会在村镇格局重组中得到稳定发展,与此同时,也有部分村庄会逐步衰退。主要发展演化方向有以下几种形式。

1. 转变为城镇型居民点

在城镇化推进过程中,部分地区尤其是经济发达地区的乡村聚落可以实现向城镇型聚落转变。原有的乡村聚落被不断扩张的城市所覆盖,原来的乡村地区呈现为城镇景观或城镇聚落的特征;传统的农业耕作被持续发展扩张的工业经济所替代,林立的厂房和楼房取代原有的村舍居住模式和农田景观。

中国村落演化为城镇型居民点的路径主要有两种：一是随着城市的扩展，城市建设用地向城市近郊或远郊发展和外迁，城市机能不断从中心向外围渗透，村落成为城市的一部分；二是乡村工业发展后，村落的非农经济活动增加，非农产业占据主导地位，乡村地域景观在发展中随着非农建设项目的扩展和城镇型设施的增加逐渐演变为城镇。

2. 转变为"城中村"

"城中村"是随着城镇化快速推进、城市用地迅速扩张，土地从农业利用方式被非农产业项目所取代，农村住宅逐渐被周边城市建设所包围，而形成的一种具有村社特质的城市社区，是乡村向城市转型不完全的产物。村集体土地资源被非农业活动所占据，宅基地未被征收，但村庄逐渐被城市包围，聚落空间呈集聚化、密集化的特征。住宅通常由原来的1~2层加盖至现在的多层，高密度的建筑群出现；原"城中村"本地人不再从事传统农业生产，通过经营小商店和出租房等获得较高收益；大量外来人口租住，很多"城中村"成为城市外来人口的主要聚居地。

3. "空心村"现象

20世纪90年代以来，随着农民收入的提高，村落的空间布局发生较大变化，这一变化是由不同年龄层次居民的村内空间布局差异所导致的。许多农民在村外或公路附近建设新房，乡村建设用地向外延伸，或者在村庄外部新建住宅，而农村聚落内部逐步"空心化"，导致很多农村都出现了不同程度的村庄中心衰败、外围扩展无序的"空心村"现象。

"空心村"主要特点表现为：农村青壮年劳动力大量外出，留居人口呈现老龄化、贫困化的特征；农田闲置现象明显，村庄基础设施衰败，整体景观风貌萧条；村落中心或原来村落的位置实际有人居住的宅基地面积不断减少，而村落外围或者公路附近的实际居住宅基地面积却不断增加，并且在规模、质量等方面相比村庄中心有明显的提高，造成乡村聚落的"外扩内空"。

4. 收缩与消亡

在城镇化进程中，有相当数量的村庄远离城市发展的辐射影响或受城市发展的负面影响，明显偏离正向的演变方向，人口外移、物质空间建设缓慢或停滞、农田荒废、村落景观不断衰落甚至消失。与"空心村"内部的土地闲置、基础设施老化的特点不同，这类村落的常见问题是人口外迁比例高、村容萧条、常住人口规模明显变小、原有的医疗教育等服务设施难以维系，被描述为"没有生命力"的村庄，逐渐衰败乃至消亡。

部分村落是由于国家实施重大工程或者地方政府的地方战略而导致的强制性消失（李红波等，2012），这部分村落一般处于重大项目所在地。例如，国家重大工程、生态移民、高速铁路建设、高速公路建设、沿海开发工程等国家项目，均强制性导致部分村落衰落乃至消失。另外，还有部分村落在以资源集约和服务供给体系优化为目的的村落布局调整、土地整治中消失。

二、村落发展演化的动力机制

1. 工业化和城镇化

新中国成立以来，中国城镇化的动力机制可以概括为"自上而下"型和"自下而上"型两种形式。前者指国家有计划投资建设新城或扩建旧城以实现城市的发展，主要推动了大中城市扩展，特别是工业城市的周边村落被逐步纳入城镇地域范围。这种城镇化动力形式支配了中国 20 世纪 50~70 年代的城镇化进程，至今仍在起作用，但所起作用逐步下降（宁越敏，1998）；后者以乡村集体经济或个人为投资主体，通过乡村工业化推动乡村地区的城镇化，这种动力形式在 20 世纪八九十年代的长江三角洲地区和珠江三角洲地区较为典型。

改革开放后，在中国农村广大地域开展了以家庭联产承包责任制为主的经济体制改革，大量农村剩余劳动力被解放出来。与此同时，珠江三角洲和长江三角洲等发达地区乡镇企业异军突起，提供大量就业岗位，乡镇企业成为农村城镇化的重要推动力，这些地区的经济以乡镇企业为龙头，在外资的刺激下，加速了乡村工业化，也推动了乡村地区的城镇化进程。

"自下而上"型农村城镇化以"苏南模式"和"珠江模式"为主要代表，乡村工业化是其最主要动力，农村剩余劳动力的转化也起了很大的推动作用。乡村工业的崛起提供大量就业岗位，吸引了大批农村剩余劳动力，推动了农村经济快速发展，就业岗位及建设资金得到保障，直接带动人口的集聚和村落景观风貌的改观；而数量可观的农村剩余劳动力向第二、三产业的转化和在地域上的高度集聚，促进农村向小城镇转化数量的增加和规模的扩大，推动农村城镇化不断发展。

"苏南模式"和"珠江模式"虽都是通过乡村工业化实现农村城镇化，但工业化的动力机制有所差异。"苏南模式"发展的动力主要是村集体资金的积累和地方政府强有力的介入，而"珠江模式"的动力主要是港澳等地区资金的注入和中央政府给予的先行一步的开放政策。此外，在农村剩余劳动力转化上，二者亦存在差异，苏南地区主要表现为本地农民的就近转化，而珠江三角洲则以来自跨省的农村剩余劳动力的转化为主。

2. "城中村"的产生与发展

随着城镇化进程的加快，在大城市周边大量农村聚落周围的农业用地被逐渐征用为城市建设用地，而该地区的一些宅基地尚未被征用的村落则被快速的城市扩展纳入到城市地域。随着城市的扩展、基础设施的建设，这些原来的村落地区的区位优势也越来越明显，加上外来人口涌入而产生的租住市场需求，在经济利益的驱动下，"城中村"住房密度增大，出租屋大量产生，村落逐渐成为外来人口聚居区。而随着大量外来人口的高度集聚，又衍生出一个需求巨大的餐饮和商贸服务市场。这种独特的经济体系也营造了"城中村"人口集聚和商业欣欣向荣的外在景观。

制度上，"城中村"在空间上已经纳入城市建成区范围，在规划上更是城市建设的一部分，本应纳入城市的统一规划、建设与管理。但长期以来，相关政策未能与农村城镇化的进程同步，"城中村"仍延续农村的政策与体制，在人口、经济、土地、行政等各方面的管理上均与城市有明显差异。二元的管理体制与政策造成城市与乡村之间的分隔，限制了农村经济、社会、人口等要素向城市转变，导致统一规划、建设、管理与建立统一的土地与劳动力市场困难重重，从而导致城乡二元发展格局，"城中村"成为城市建成空间内一个孤立发展的次系统，这是造成"城中村"问题的体制根源。

此外，城市在扩张的过程中，地方政府一般优先征收农用地，规避农村建设用地拆迁，所以对于问题重重、拆迁成本高昂的"城中村"，政府或投资主体一般会选择回避或暂时放任，由此导致"城中村"基础设施不足和环境恶化等后果。

3. 村落的扩张与"空心化"

"空心村"是多种矛盾对立和深化的结果。工业化、城镇化以及农民生活水平的提高是"空心村"形成的物质条件，基础设施条件的差异性和居民生活观念的转变对"空心村"具有促进作用，而中国普遍存在的村庄规划建设滞后及管理混乱也是促使"空心村"形成的不可忽视的因素。

改革开放以来，随着家庭联产承包责任制在全国范围内的广泛实施，涌现出大量的农村剩余劳动力。得益于工业化的快速推进，农村剩余劳动力向非农产业转移加快推进，农民收入得到明显提高，条件好的农户希望拥有舒适、宽敞的住宅，也具备了改善自身住房条件的能力。由于农村"主干"家庭向"核心"家庭的变迁，分家立户加大了建房的需求。旧住宅环境差、面积偏小，在有了新住宅后，农户倾向于抛弃或闲置旧宅基地。而"多一处宅基地、多一份家业"的传统小农思想、特定的社会观念与文化习俗等成为旧宅基地二次开发利用的阻力，客观上加剧了农村宅基地的废弃。

城乡分割的二元体制是"空心村"形成的根本原因。随着工业化、城镇化的推进，农村劳动力进城务工，但由于资金限制和户籍制度及其与之相关的社会保障体系的约束，大量进城务工农民难以在城市安居，遂造成农村宅基地的"季节性闲置"。另一方面，由于农村土地集体所有，农村旧宅基地因缺乏合法的退出机制，导致城乡之间"两栖"占有住房的情况。另外，由于缺乏针对闲置宅基地的处理政策与法规，新建房屋宅基地审批制度不健全等，也在一定程度上造成新建房屋的泛滥和旧宅基地的闲置。村庄规划建设管理体制不健全或不适应新时期发展需要，也影响了村庄有序建设和有效更新。

"空心村"的形成也受到自然、人文因素的影响。受地形地貌的影响，有的当时选址未充分考虑泥石流、滑坡、洪水等自然灾害的可能影响，致使旧宅基地被闲置。有些污染型企业污染当地自然环境，危及村庄；有些由于地下水超采而形成地下水位漏斗，或由于排水排污能力差导致地势低洼的村内水源被污染，迫使村民逐户迁居村边水源充足或未受污染地带等。此外，为了减少自然条件的不利影响，目前农村宅基地选址有从山上向山下迁移、由交通不便区域向交通要道逼近的趋势（龙花楼，2009；刘彦随，2010）。

4. 村镇格局重构与村落衰退

部分村落之所以走向衰败甚至消亡，是诸多问题长期积累的结果。首先，随着城镇化进程中乡村地区常住人口的减少，村庄数量或规模减小是一种不可避免的趋势，一些村庄在村镇体系重构过程中消失是城乡发展规律的要求。

中国乡村人口（未统计港澳台数据）1995年达到85947万人，此后开始下降，到2018年下降到56401万人，下降了32.3%。在城镇化水平提高和乡村人口减少的过程中，加上交通条件改善带来的时空距离压缩等方面的影响，村落空间格局会逐步重构。在这一进程中，有一些村庄会开始出现衰退迹象。有些村落的衰败是地理位置不好、缺乏发展潜力引起的，比如地处深山，远离大城市，交通不便，通信不畅，水、电供应困难，基本生存条件较差，缺乏发展动力和进一步发展的潜力等。另外，也有些村落虽地处平原地区，但当地经济总体欠发达，本身呈衰败趋势，没有产业支撑，也没有城镇带动，农民收入增长乏力。

有些村落的衰败是由于当地的生态环境被破坏、资源耗竭引起的。有些地方由于对草原、森林过度开发导致土地荒漠化和水土流失，有些地方由于在经济发展过程中不注意生态环境保护，导致水体被污染、耕地资源被破坏等。生存环境的恶化，致使村落废弃。

第二节　小城镇发展演化的动力机制

在城乡聚落体系中，小城镇处于衔接城市与乡村的枢纽地位，承担着承接城市辐射、带动周边乡村地区发展的任务。除作为一定区域中心和城镇化基础环节的作用外，小城镇自身也是承载非农产业和非农人口就业的城镇型居民点。因此，物资集散、非农业生产、综合服务等多种职能为小城镇发展提供动力。

一、小城镇发展演化的主要模式

改革开放以来，中国各地区小城镇利用本地区优势，探索出适合自身发展的模式，呈现出多种发展特征。通过对小城镇动力机制（经济、市场、规划、管理、投资与创新）的分析，可以将小城镇发展模式归纳为外源型发展模式、内涵型发展模式和中心地型发展模式三类（汤铭潭，2012）。

1. 外源型发展模式

以外向型经济为主导推动小城镇工业化和城镇化,是外源型发展模式的主要特征。改革开放以来,中国利用自身劳动力、土地等方面的优势,吸引大量的外来投资,带动经济社会快速发展。尤其是东部沿海地区,利用区位和政策优势,参与国际分工,承接国外产业转移和资本投入,形成典型的外源型城镇。"自下而上"的发展模式是外源型发展模式的另一特征,以镇、村两级为主,通过引进外来资本,发展相关产业,推动基础设施建设等。

珠江三角洲地区的小城镇多属于外源型城镇,凭借毗邻港澳地区的优越区位和改革开放的先行政策优势,吸引并有效利用外资,带动本地区城镇发展(卢道典等,2016)。"三来一补"与"三资企业"是东莞乃至珠江三角洲地区小城镇的典型发展特征。发展初期,"三来一补"性质的劳动密集型企业开启了小城镇工业化的进程,随着产业升级,"三资企业"成为该地区小城镇发展的新动力,小城镇的对外依存度提高。外源型小城镇对外联系密切,企业以外资、合资和股份制企业为主,第二、三产业比重较高,产业类型多为资金、劳动密集型。外源型小城镇存在产品附加值低、外向依赖度较高及容易受国际经济形势影响等问题。产业结构优化升级、加强自主创新、实施节约集约发展及走差异化的发展道路是外源型小城镇的演化趋势。

2. 内涵型发展模式

利用本地区生产要素促进经济发展,是内涵型发展模式的主要特征。在内涵型小城镇发展的初期,大部分乡镇企业由政府参与创办或支持,有利于乡镇企业克服发展初期的资金、土地、政策等方面的障碍,有效地促进了乡镇企业的发展。20世纪90年代以后,乡镇集体经济发展较慢,由私营、个体等组成的私有经济逐渐成为小城镇发展的重要力量。此时,政府减少对乡镇企业的直接干预,侧重于经济的宏观调控。"上下联动"的发展模式是内涵型发展模式的另一特征,乡镇集体企业、镇、村的股份制企业、私营企业等共同推动本地区的工业化和城镇化。

内涵型发展模式以长江三角洲小城镇较为典型,如"苏南模式""温州模式"等。苏南地区有着一定的手工业传统或工业基础,明清时期,家庭手工业、纺织业已较为发达,为后期快速发展奠定了良好的基础。同时,区位条件良好,临近上海、苏州、无锡、常州等中心城市,接受中心城市的产业、资金、技术的转移与辐射带动。乡镇企业以集体经济为主,对乡镇企业的经营管理,以乡镇政府推动下的市场取向为主。随着计划经济向市场经济转变,单一的乡镇企业所有制结构和产权不明晰、政企权责不分等问题成为制约苏南地区乡镇企业进一步发展的阻力。20世纪90年代中期以后,苏南地区乡镇企业通过产权制度改革,建立现代企业制度,增强了乡镇企业发展的活力,推动了该地区小城镇的转型发展。

3. 中心地型发展模式

以传统型经济为主导的工业化和城镇化,是中心地型发展模式的主要特征。中心地型小城镇往往是乡镇的政治、经济与文化中心，呈现明显的"中心－外围"特征。第二、三产业集聚在镇区发展，而外围农村地区则以传统农业为主。镇区和外围农村地区发展不均衡，且发展差距较大。中心地型小城镇往往在本地农业积累的基础上发展起来，工业基础相对较为薄弱，缺乏足够的发展动力，工业化和城镇化进程相对较慢。相对于外源型和内涵型小城镇，中心地型小城镇的发展较慢，经济实力较弱。

中心地型发展模式在中国大部分地区分布比较普遍。这类地区通常会依托承上启下的城市体系和村镇体系节点功能，并充分利用地方特色资源，在为周边乡村地区的综合服务、面向区域和外部地区提供特色产品、衔接城乡提供物资集散等方面寻求发展动力，促进自身发展。

二、小城镇发展演化的主要机制和条件

小城镇发展演变的动力机制与经济发展阶段和产业结构特征密切相关，也与资本、创新等要素密切相关，有效的资源配置方式和高效的经营管理等保障条件也对小城镇发展演化发挥了重要的推动作用。

1. 产业驱动

产业结构的调整或优化改变着小城镇的形态、规模与功能，进而影响小城镇发展质量。农业发展是小城镇发展的基础，工业化是小城镇发展的重要推动力，第三产业是小城镇发展的"后劲"。工业化初期的产业类型多为劳动密集型产业，吸纳大量农村劳动力从事非农产业活动，但这些产业间联系较少，依存度低，因此，小城镇的发展规模一般较小，城镇化进程缓慢。随着钢铁、石油、化工等资本密集型产业兴起，产业间联系紧密，并在空间集聚范围上迅速扩大，引起城镇化加速发展，形成规模较大的城镇。随着技术密集型产业的发展，生产效率的提高及工业生产手段、管理手段步入信息化阶段，致使工业生产部门对劳动力的吸纳能力大大降低。与此同时，第三产业随着人们对生活的新要求及现代化生产对基础设施、服务设施的新要求而发展壮大起来。第三产业继第二产业后继续吸纳大量的剩余劳动力，并赋予了城镇新的活力，使城镇化进程迈向更高层次。

当前，中国小城镇的发展具有明显的区域差异性，在东部经济发达地区，小城镇产业结构不断优化升级，城镇化水平较高。在中西部地区，小城镇产业结构单一，往往依靠资源、政策等驱动，发展动力不足。因此，小城镇发展应重视产业的驱动力，结合本地区的资源、区位等特征，优化产业结构，从而带动小城镇的进一步发展。

2. 投资驱动

投资是小城镇发展起步期的重要推动力和保障。与城市相比，小城镇的发展基础和服务能力相对较弱，在小城镇发展的初期，基础设施建设、公共服务供给等主要依靠政府投资。快速城镇化背景下，小城镇建设资金的需求不断增加，由于政府的投资有限，长期依靠政府投资的发展模式阻碍了小城镇的发展，因此，需要大力拓宽资金

来源，通过社会力量、企业、居民等途径解决资金短缺问题。一方面，可以在着眼于长远和全局、做好顶层设计，重点扶植重点镇和特色小城镇发展，探索建立以集体经济积累和居民个人投入为主，国家、地方、集体、个人共同投资的多元化投资体制。另一方面，鼓励企业或个人投资小城镇的基础设施建设，允许投资者以合理的方式获得投资收益。此外，金融机构可以提供低息或无息贷款，为小城镇基础设施的建设提供必要的支持。最终，通过国家、地方、集体、企业、个人等途径对小城镇建设进行投资，共同推动重点镇和特色小城镇的发展。

3. 创新发展驱动

创新能够促进小城镇的可持续发展，并增强其综合竞争力。长期以来，中国小城镇依靠自身资源、区位等特点，探索出一些发展模式，取得了一定成就，但依然存在较多问题，如发展粗放、竞争力低等。面对这些问题，创新发展模式与路径逐渐成为小城镇可持续发展的重要途径。创新主要面向现阶段体制机制约束带来的发展问题、面向未来城－镇－村发展格局的趋势性要求，从体制、政策、技术等角度展开，减少小城镇发展的束缚，激发发展活力，探索发展新模式。最终，依靠体制、法制、政策、技术、思维等方面的创新，增强小城镇的综合竞争力。

4. 资源优化配置驱动

长期以来，中国在小城镇建设与管理过程中，较少通过市场机制配置资源，导致基础设施落后、空间布局不合理等问题。在小城镇的未来发展过程中，可以通过市场机制，打破区域、行业和所有制界限，合理配置和利用资源，改善小城镇的基础设施状况，带动小城镇第二、三产业的发展，提高小城镇的服务与辐射能力。

第三节　村镇格局发展演化的动力机制

村镇格局中的村落和小城镇是长期演变的结果，两者之间也是相互依托、互为动力的关系。村镇格局的发展演变有阶段性特征，也存在规律性的内力和外力作用机制。

村镇发展的动力可以分为内部作用力（内力）和外部作用力（外力），其中，内部作用力包括资源、产业、农村发展等因素，外部作用力包括区位、政策、大城市辐射等因素。通常情况下，内部作用力对村镇发展起主要作用，但对于不同地区、不同类型的村镇，应具体分析其动力机制。

一、基于内部作用力的村镇发展演化

村镇发展演化的内力因素主要是村镇所在地所拥有的发展条件和发展基础。可以分为资源条件、产业发展与农村经济发展水平。

1. 资源条件

资源是村镇发展的基础和先决条件。根据资源属性的不同，可以将资源分为硬性资源和软性资源，硬性资源包括自然资源（土地、矿产、水等资源）、旅游资源、人力资源等，软性资源包括信息资源、科学技术资源、知名度等（汤铭潭，2012）。工业化发展的初期和中期，资源条件尤其是硬性资源的优劣直接影响着村镇的发展，成为村镇发展的先决条件。工业化后期，软性资源发挥着越来越重要的作用，成为村镇发展的新动力。软性资源在一定程度上是一种动态发展的资源，重在对村镇集约化发展提供支撑。总体来看，村镇发展从依赖硬性资源为主向以软性资源为主转变。

以特色旅游村镇为例，充分挖掘村镇的资源优势将促进村镇的差异化发展。江西婺源保留着深厚的徽州文化底蕴，并有大批具有徽州风貌特色的古村古镇，旅游资源丰富且独特。在传统经济发展时期，村镇发展以第一产业为主，旅游资源优势未得到发挥，且村镇之间联系较少，经济发展相对落后；随着经济社会的发展，当地充分挖掘旅游观光与历史文化资源，打造特色景观旅游村镇，成为著名的文化与生态旅游区，吸引大量游客前来观光游览，带动相关服务行业的发展，活跃了当地村镇经济，村镇面貌和居民生活得到较大提升。此外，当地与时俱进，注重通过网络媒体宣传本地旅游资源，并采用先进的 VR 技术为游客提供欣赏美景的新体验。

2. 产业发展

产业发展是村镇发展的重要动力之一。农业是村镇发展的基础，工业是村镇发展的"动力源泉"，第三产业是村镇发展的"后劲"。结合自身区位条件和资源优势，不断优化产业结构，将为村镇的发展提供重要支撑力。一些靠近大中城市或邻近大中城市中心城区的村镇，发挥区位优势，接受大中城市的产业与资金转移，实现自身产业结构的升级。另一些村镇农业资源丰富，可发展规模化种植及农产品的深加工，形成有特色的"一乡（镇）一业"和"一村一品"。此外，还有一些村镇自然风光优美、历史文化底蕴深厚，因地制宜地发展休闲、旅游、观光等，不仅提高了当地居民的收入，更繁荣了村镇经济。

位于广州市花都区的狮岭镇是中国皮具之都，狮岭镇利用自身区位优势，承接大城市产业与资金的转移，以产业发展带动村镇建设。在第一产业方面，狮岭镇建设农业标准化示范区、农业科技示范基地与健康养殖示范场，推动农业现代化经营。在第二产业方面，大力发展时尚皮革皮具产业、先进制造业，集聚生产型企业 8000 多家，发挥产业集聚辐射效应。"狮岭皮具"品牌在德国、瑞士等 7 个国家注册商标，皮具箱包销往全世界。在第三产业方面，利用镇域内盘古王公园、华严寺等旅游资源，发展文化旅游产业，并积极发展现代服务业。三大产业的调整与发展有效地推动了狮岭镇的快速发展。

3. 农村经济发展水平

农村经济发展水平是村镇发展的重要支撑力。小城镇由农村发展演化而来，农村经济水平不仅与农村发展密切相关，更影响小城镇的可持续发展。小城镇承担着向周边农村提供公共服务（医疗、教育等）、日常商品的功能，只有农村经济发展水平提升，村民收入水平提高，才能对小城镇提供的服务与商品产生更多有效需求，带动乡镇企业扩大再生产，从而促进小城镇经济发展。落后的农村经济发展水平条件下，农民收入水平较低，对小城镇服务与商品的需求不多，导致小城镇经济发展缓慢或停滞。可以说，农村经济发展水平是小城镇发展的基础，也是小城镇可持续发展的重要保障。

二、基于外部作用力的村镇发展演化

村镇的发展不仅需要发挥自身条件，外部因素的介入也通常会明显改变其发展路径，对村镇发展影响较大的外力因素主要包括区位、政策及大城市的辐射等三方面。

1. 区位条件

区位条件包括自然地理区位和交通区位，对村镇的发展影响主要表现为两个方面：一是地理位置的便利程度决定村镇接收外部经济、文化、信息等各个方面辐射影响的便捷度，进而影响村镇发展；二是区位会影响个人或企业的选择，从而使人才、资金、知识等流向区位好的村镇，并且，具体政策的出台也会结合地区实际情况，优越的区位条件会得到更多政策倾斜。

中国幅员辽阔，东、中、西各个不同地区的村镇发展情况呈现巨大差异。东部沿海地区的村镇依靠其优越的地理环境，产业和城市功能集聚，城镇化发展异常迅猛；而中西部地区的村镇发展缓慢，村庄沿公路、河流等基础设施发展，"空心化"严重，村镇环境亟须优化。

从区域内部城乡关系视角看，位于城市近郊或边缘区的村镇，距离市中心的可达性较高，交通也相对便捷，与市区经济联系相对紧密，受市中心的辐射影响大，各种要素易于集聚，成为城镇建设用地扩展的主要集中区，村镇规模扩展迅速。而交通可达性差，距离市中心远的村镇，与市区之间的经济交流受到区位条件的制约，规模扩展及发展速度明显缓慢。

2. 政策环境

政府的政策调控是一种自上而下的影响因素，在中国村镇发展演化中起着重要作用。新中国成立后至改革开放前，在计划经济体制下，全国各地实行自上而下的村镇经济社会联系方式，在城市工业、农村农业的分工格局下，村镇发展进程缓慢，甚至在一定时期出现了停滞和倒退。改革开放以后，中国城镇化路径由自上而下转变为自下而上为主，农村改革和就业及人口迁移政策的松动，为20世纪中期以乡镇企业崛起为代表的农村和小城镇快速发展创造了有利条件。

政策对村镇发展的影响包括三个方面：第一个是国家层面颁布的方针、政策、文件，如 1984 年中央一号文件《中共中央关于一九八四年农村工作的通知》和 1984 年 3 月 1 日发布的《中共中央 国务院转发农牧渔业部〈关于开创社队企业新局面的报告〉的通知》，对乡镇企业发展给予了充分肯定并作出部署，使全国乡镇企业在 80 年代迅猛发展。改革开放之后中央关于沿海开放和建立经济特区、开发区的系列政策，大大促进了中国港澳台地区、国外资金的引入，为获得政策倾斜地区的村镇发展提供了直接的动力，这些地区的村镇城镇化速度明显高于其他地区。第二个是国家主管部门制定的与村镇发展和城镇化相关的政策，如农民进入集镇落户、入城农民办理暂住证、调整建制镇标准等，使得村镇向城镇转化的数量大增，人口规模也有大幅提升。第三个是各省（自治区、直辖市）以及各地市级和县级县政府乃至乡镇等地方政府制定的具体政策，如各种税收优惠政策、土地出让费、人才引进计划等，均对当地的人口迁移、城乡发展和村镇格局重构有重要影响。

3. 城市辐射带动

城市辐射带动属于村镇发展的区位效应的典型形式。特大城市和大城市对于周边地区的村落和小城镇的带动作用明显。特大城市和大城市通过"极化效应"和"扩散效应"影响周边村落和小城镇的发展，这种效应包含产业转移、交通等基础设施条件改善、城市用地拓展、城市文化影响村镇居民生活方式等，形成了一大批依托大城市发展的卫星城镇、城郊农村等特有的村镇功能类型、发展动力和网络联系格局，相应地加速了村镇的发展进程。

具体而言，城市各种要素的持续外移能够带动城市周围村镇的经济发展和社会进步。随着大城市人口和经济活动的集聚，城市中心的用地愈发紧张，城市职能开始向城市外围扩散。除大城市周边的小城镇承担了中心城市的若干功能外，城市郊区的农村也发挥区位优势发展面向城市休闲和日常生活需要的休闲服务、农副产品生产等产业，村镇发展水平得到较显著的提高。此外，在城市密集地区，城市对周边较大范围地区村镇的带动作用也有积极效果。如位于北京和天津之间的三河、香河、大厂等地，与北京市和天津市均有较为便捷的交通联系，可以承接北京和天津的辐射，这些地区的县城、小城镇和农村在产业发展等方面有了更多的发展机遇和发展选择。

第八章　中国村镇规划建设

　　按照中国村镇发展的经济社会背景、相关法规政策及规划建设的变化，可以将中国村镇规划建设历程划分为四个阶段：乡村建设运动时期（20世纪30年代初到1949年）、计划经济时期的农业合作化与人民公社阶段（1949~1977年）、改革开放初期的农村建设恢复和繁荣发展阶段（1978~1991年）和改革开放稳步发展期的农村建设调整推进阶段（1992~2002年）、21世纪以来城乡统筹背景下的村镇规划建设阶段（2003年至今）。

　　本章以上述时间线，阐述近现代中国的村镇规划建设历程。每一时段的论述围绕当时的社会背景、相关政策出台、建设效果与规划实施、典型案例等主要内容展开。

第一节　新中国成立前的乡村建设运动

一、社会背景

　　20世纪30年代，晚清以来各种矛盾和问题在乡村凸显，促使知识分子展开对乡村现代化的探索，由此引发30年代影响较为广泛的社会改造运动，这段时间也成为乡土中国的近代乡村现代化之路的开端。至1934年，全国乡村建设团体达600余个，乡村建设实验区、实验点达1000余处（章元善等，1935）。在理论上形成三种模式，并开展了相应实践。

　　1）立足于平民教育的内涵式乡村改造模式

　　基于对当时中国农民普遍存在愚、贫、弱、私四大问题的认识，有人提出要以学校、社会、家庭三位一体连环教育的方式，实施以文艺教育治愚、以生计教育治穷、以卫生教育治弱、以公民教育治私的四大教育。倡导通过民众教育的扩展、农业科技的引进和应用、传统经验的改造、先进组织的建立和有效运作，实现农民素质的提高、生产力的发展以及社会各个层面的改进，进而实现农村以至国家的现代化。这一模式的重要实践是晏阳初在河北定县推行的"定县模式"。

2）基于文化复兴的新社会乡村建设模式

这种模式认为近代以来中国衰落、社会失序、农村破产是由于中国文化的失败，中国文化的根在乡村，必须滋养文化之根，要把西方的"团体组织"和"科学技术"引入乡村，构造新的社会组织，"从复兴农村入手，以达于新社会建设的成功"，完成中国文化的重建和民族复兴。具体措施包括普及乡村教育与复兴文化、组织与管理农民、改良乡村风俗、发展乡村合作事业与建设乡村工业等内容，推进整个中国社会建设，推动国家富强、民族复兴。这一模式的重要实践是梁漱溟在山东邹平的乡村建设实验，史称"邹平模式"。

3）通过经济建设推动乡村现代化的建设模式

有学者认为，中国乡村的积弱是因为经济水平的低下，因此应构建创办实业、进行企业职工教育，推动乡村城市化，把经济建设放在重中之重的地位，以交通建设为先，以经济建设为中心，重视文化教育并带动乡村向城市化发展的"乡村现代化"新模式。这一模式的重要实践是中国著名爱国实业家卢作孚在重庆北碚进行的乡村建设实验，简称"北碚模式"。

二、建设效果

这场乡村建设试验长达 10 余年，建起若干类型的乡村建设实验区、实验乡、实验镇、实验村，为后来中国乡村建设提供了宝贵经验。时至今日，在中国特色社会主义现代化建设进程中，依然可以从民国时期梁漱溟的乡村建设理论与实践中借鉴到一些有益的做法。20 世纪六七十年代，韩国新村建设运动的成功实施，以及日本与中国台湾地区的农村重建，均吸收了梁漱溟乡村建设理论中有价值的内容以及某些具有较强操作性的具体制度设计，例如农村合作组织的建立、知识分子的深层次参与、激发农民的智慧与劳动等，由此可见乡村建设运动的历史与现实意义（杨宏伟等，2009）。

"定县模式"始于 1926 年，晏阳初把定县作为"社会实验室"，认真进行社会调查，开办平民学校扫除文盲，创建实验农场传授农业科技，改良农作物与畜牧品种，倡办手工业和其他副业，兴办产销合作社和实验银行，组织同学会与公民服务团建立医疗卫生保健制度，创办《农民报》，兴建剧场与广播电台，还开展了农民戏剧、诗歌民谣演唱会等文艺活动。晏阳初在农村推行平民教育，启发民智、改革县政，其平民教育实践为定县乃至河北留下了大量有形和无形的财产，其引入的棉花、苹果、白杨等作物良种和引入培育的良种鸡等广受当地农民的欢迎，延续至今。20 世纪 70 年代农村"赤脚医生"以及相关的培养计划，即承袭自晏阳初在定县的实验。80 年代定州（即定县）是河北省内唯一一个无文盲县。90 年代后期，部分农村推行的村干部直选等政治体制改革的试点，也有当年的定县经验的踪影。

"邹平模式"始于 1931 年，梁漱溟等率领一些知识分子成立"山东乡村建设研究院"，试验区设在邹平。邹平实验试图"从创造新文化上来救活旧农村"，包括建立乡学村学，普及教育，开展学校式教育和社会式教育；运用乡村自卫组织带动民众参与各种组织以训练民众集体意识；采取多种措施促进农业发展，以期实现梁漱溟"促兴农业以引发工业"的主张；进行了一系列文卫建设；改革县政府组织机构。从 1931 年 6 月进行乡村建设实验起，到 1937 年 12 月日军占领山东，山东乡村建设研究院被迫中断，梁漱溟及其同仁在邹平进行了长达七年之久的乡村建设实验，邹平实验由于其完备的理论体系和独树一帜的指导思想，在当时产生了重大影响，其中的一些具体做法也为国内外其他实验区所研究和采纳（图 8.1）。

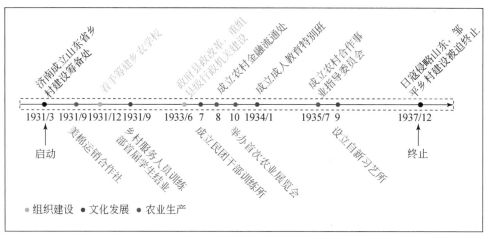

图 8.1　邹平乡村建设历程

资料来源：陈锐，2016

　　"北碚模式"始于 1927 年，卢作孚出任峡防团务局局长，上任之初便开始着手以北碚为中心的乡村建设实验。建设主要从三方面着手进行：一是生态环境的改善和建设，包括整治环境卫生，拓宽道路，广植花草树木。据不完全统计，仅 1927 年到 1935 年，北碚有统计的植树量即达 7 万余株。二是大力兴办各种经济事业，先后投资和参与兴办北川铁路公司、天府煤矿公司、三峡染织厂、中国西部科学院等。三是创办文化事业和社会公共事业，包括地方医院、图书馆、公共运动场、平民公园、各类民众学校等。抗日战争爆发以后，由于大批高校内迁，北碚的城市化由于高等教育的加盟而快速推进。卢作孚以一个现代实业家的魄力使北碚在短短的 20 年间，就由一个贫穷落后、交通闭塞、盗匪横行的偏僻乡村变成了一个具有现代化雏形的城市。卢作孚提出了乡村现代化和以经济建设为中心的理念，制定和实施了北碚乡村建设 20 年发展规划，成功创造了乡村建设的"北碚模式"，对于当代中国乡村的城镇化建设仍有积极的借鉴意义。

第二节　中国计划经济时期的村镇规划建设

　　1949~1977 年，中国农村发展经历了较大的起伏，总体上可以分为 1949~1957 年的农业合作化阶段和 1958~1977 年的人民公社阶段。受计划经济和苏联模式的影响，此阶段的村镇规划建设带有较强的功能主义规划的痕迹和计划色彩。

一、土地改革与农业合作化阶段（1949~1957 年）

1. 土地改革与农业合作化的发展

新中国成立后，中国土地改革和水利工程兴建推动了农村的发展，改变了农村的面貌。1955 年，农业合作化迅速发展。随着农业经济的活跃，农村的各项事业开始进入了有组织、有规划发展的阶段。许多农村进行了村庄的建设，农村的居住条件和环境卫生得到改善。农产品统购统销制度的设立，实质上是将粮食等主要农产品的资源支配进行国家化（徐勇，2019），1955 年颁布的《农业生产合作社示范章程草案》明确规定农业生产合作社是劳动农民的集体经济组织。人民公社制度确立后，农产品的"国家—集体"属性进一步加强，公社集体的劳动成果都归公共集体所有，只有自留地生产的产品才由劳动者个人支配（徐勇，2019）。《1956 年到 1967 年全国农业发展纲要（草案）》提出"有准备地、有计划地、分期分批地修缮和新建家庭住宅，改善社员的居住条件""在七年或者十二年内基本上做到乡乡有体育场"等，在这些要求指导下，很多地方开始进行农村居民点的示范建设工作。

2. 建设成果初显

1949~1952 年，中国土地改革完成，农村生产力得到极大解放，手工业恢复发展，商品数量的增加和农民消费水平的提高推动了集镇的初步繁荣，但基本无规划考虑。1953~1957 年，实行粮食统购统销，私营工商业改造，行业合作化，店组集体化，集镇发展日趋没落。为响应《1956 年到 1967 年全国农业发展纲要（草案）》中合作社住宅建设的要求，在此期间农村每年的新建房达到了 1 亿 m^2 左右，农村人均房屋使用面积 11.3 m^2，但基本无规划指导。

从实施效果来看，农业合作化运动带来了一些积极效果，一方面是大幅改善了农村道路、农田水利等基础设施建设，有力促进了农村生产力的发展，为乡村公共事业发展提供了一定的财力支持；另一方面则是为保证国家工业化战略目标的实现提供了宝贵的资金和资源。

二、人民公社阶段（1958~1977 年）

1. 社会背景

1958 年，在农业合作化初步建立之后，建设社会主义的积极性空前高涨，中共中央认为农业合作化的规模越大、公有化程度越高，越能促进经济的发展，于是提出小社并大社的建议。中央制定了"鼓足干劲、力争上游、多快好省建设社会主义"的总路线，发动"大跃进"和人民公社化运动。1958 年 8 月，在北戴河召开的中共中央政治局扩大会议通过了《关于在农村建立人民公社问题的决议》，决定在全国农村普遍建立政社合一的人民公社。人民公社是中国社会主义社会结构的工农商学兵相结合的基层单位，同时又是社会主义组织的基层单位，实行生产资料单一的公社所有制，在分配上实行工资制和供给制相结合，并取消了自留地，压缩了社员家庭副业。人民公社的主要特点是"一大二公"，"一大"指规模大，一个公社平均有 500 户农民，1000 个劳动者和 1000 亩[①]土地；"二公"指的是公有化程度高，原属于农业社员的一切土地连同耕畜、农具等生产资料以及一切公共财产都无偿收归公社所有。在短短的一个多月内，全国农村除西藏自治区外基本上实现了人民公社化，原有的 74 万多个农业生产合作社改组成为 2.6 万多个人民公社，社员自留地等全部收归公有。至此，个体农民土地私有制宣告结束。

2. 村镇规划建设与实施

人民公社时期，农村的各种建设一定意义上促进了农村规划的发展。人民公社一般由 20~30 个合作社组成，直接负责本地的规划，规划范围有的可达到几十平方千米。规划内容涉及灌溉系统、交通系统、土地分配、居民住宅重组、农用建筑的扩大、以及工厂、学校和医院的建设等。农业部在 1958 年 9 月发出人民公社规划的通知，要求全国"今冬明春"对公社普遍进行全面规划，规划内容除农、林、牧、渔外，还涉及平整土地、修整道路、建设新村等。人民公社的首要任务是发展生产，人民公社规划主要重视经济部门的规划，其中农业生产又是重中之重，各项生产指标的人为确定较为主观，具有浓厚的计划色彩（张同铸等，1959）。

在"大跃进"思想的影响下，人民公社被要求在极短的时间内完成村镇规划的编制，有的村镇的规划甚至是在一两天内完成的。人民公社编制的大量建设规划，其宗旨为颠覆传统的乡村生活方式，建设理想的共产主义社会。规划中出现了一些新的空间类型，如托儿所、幼儿园、新式学校、食堂和公园等，为中国农村基础服务设施奠定了基本框架。但一些激进的设计希望直接通过"限制"原有空间来促进生活方式的改变，如在一些设计方案中家庭被分散到不同的楼里或者不同的单元里，住宅单元平面中没有厨房和客厅等。同时，象征符号在规划中得到广泛使用，如整齐排列的房屋、笔直的大道等，呈现出一种理想的对秩序和效率的推崇。一切都旨在使建立在宗族和家庭利益基础上的小农经济生活方式让位于理性化控制以及生产力的快速提高。分散的小村庄被组织成集中的大型居住区，居民点是组成这些居住区的基本单位。居民点的规划则旨在将农田、工业区和居住区之间建立良好联系，并统一布置福利设施。

然而"描绘共产主义蓝图"式的规划难以指导现实实践，那些违背科学、脱离实际、大量建设完成的公共食堂等被迫解散。否定商品生产和商品交换的思想也使得农村集

---

① 1 亩≈666.7m²

镇的建设受到重创。在人民公社时期，由于生产方式的改变、公共设施和工厂的建设，促成了村庄的合并，带来农村用地布局和居民点分布的改变。但是，由于这场规模浩大的建设带有浓重的乌托邦色彩，而且投入过高，难以普遍开展，于是以失败告终。

3. 典型案例

这一时期的典型代表是大庆和大寨，在当时的村镇规划建设实践中具有较大的影响。大庆是工农业相结合的建设模式，村庄的建设充分考虑了生产和生活的需要。随着工业基地周围的村镇成片建成之后，公共设施开始建设；开垦村镇周围的土地，进行农副业生产。1964年开始有计划地进行工业村镇（矿区）建设。大庆的工业村镇分为三级：一级居民点是以当地的会战领导机关为中心建成一个小镇，人口规模在3万~5万人；二级居民点是以厂、矿、机关所在地为中心，建成一个新中心村，来管辖周围分布的小居民点，中心村配置高一级的服务设施，如小学、医院、邮局等；三级居民点是以基层生产的钻井队和采油队为中心设置的小村，其分布在中心村周围，是石油生产的基层单位也是居民点管辖和家属耕种的基层单位，每个小村都有商业、幼儿园等基本生活设施（张满，2016）。

"农业学大寨"运动出现在第一次"设计下乡"的后期，此时由于大寨"榜样"的出现，使得农村中"新村"的规划开始小微化、精细化。而且由于社会动员产生的积极性，使得"新村"规划在现实中多多少少被实施（张剑文，2019）。大寨新村原有的建筑布局以分散的窑洞为主。在1963年，大寨大队遭受了特大的洪水灾害，大部分房屋、窑洞被冲毁，需要重建，大寨新村也在此机缘下开始兴建。在"新村"建设中，大寨村民自己动手烧砖、采石、施工。在1966年基本完成了"新村"的建设，共修建220栋青石窑洞，530间砖瓦房，铺设了水管，装上了电灯，还兴建了一些生活福利设施和小型工业建筑。"新村"摒弃了传统村落独家独户的院落设置，布局为四个大院，院落间不设堵墙，相互畅通，既方便村民沟通，又有利于集体活动（张剑文，2019）。大寨村是在村民自发建设下发展起来的，村民因地制宜采用窑洞的居住形式，以实用技术和当地材料加以改良。窑洞顺应地势，数排自上而下依次排列，为节约用地在每排窑洞上加建普通住宅。这种住宅形式很好的结合了地形地貌，并且建造成本低廉、节约土地。在"农业学大寨"运动中，"新村"的建设开始向"大寨"模式靠拢，比较有代表性的实例是江苏江阴市的华西大队新村（1964年）、河北省深县大屯公社后屯大队新村（1966年）、浙江绍兴上旺新村（1968年）等。但是在强大的"自上而下"的力量推动下，全国性的农村规划和建设的模仿也产生了很多问题。机械性的推行大寨兵营式的排排房并未明显改善大多数农民的居住条件。1966~1976年农村经济濒于破产，集镇建设也出现了进一步的萎缩。近年来，大寨村利用独特的地标名片和发展品牌，推进农业与生态、文化、旅游等产业深度融合，打造大寨红色文旅小镇。

第三节　改革开放以来的村镇规划建设

改革开放之后，中国村镇建设快速发展，中国农村地区发生了巨大变化。农村住宅的数量和质量明显提高，村镇公共建筑和生产建筑的建设也有很大发展，基础设施建设逐步配套，小城镇也逐渐复兴。这一时期的村镇发展与规划建设又可细分为1978~1991年的村镇规划与建设恢复发展阶段和1992~2002年的以小城镇为重点的村镇规划与建设阶段。

一、村镇规划与建设的恢复发展阶段（1978~1991年）

1. 社会背景

中共十一届三中全会以后，家庭联产承包责任制的落实提升了农村的生产力水平，农民生产积极性高涨，农民收入不断增加。在解决温饱问题后，农民迫切要求改善居住条件，农村住房建设也开始活跃，农房建设规模不断增大。据统计，1979年后的10年间，全国村镇新建公共建筑6.27亿 m²，生产建筑6.72亿 m²，每年新增建筑面积约在1亿~1.5亿 m²，年均建设量超过1978年以前的1倍以上。农民住房建设迅猛发展，出现了新中国成立以来最大规模的建设高潮，广大农民的住房条件得到了较大改善。

村镇基础设施配套逐步完善。在加强基础设施方面，各地重点加强了道路建设。村镇供水设施建设有了较大发展，农民的饮水条件有了很大改善。农村能源建设也有很大进展。全国有4.35万个集镇通电，占集镇总数的96.02%；通电村庄已达240万个，占村庄总数的63%。村镇的环境建设开始引起人们的重视。

集镇建设方兴未艾，进入新的发展时期。随着农村经济改革开放的深化，乡镇企业的发展，商品经济的繁荣，以及随之而来的城镇化趋势，曾一度衰落和萎缩的集镇出现了历史上前所未有的繁荣，集镇建设进入迅速发展的新时期。集镇建设的发展为乡镇企业的发展创造了良好的投资环境，促进了乡镇工业的发展。集镇的功能，也正由单一的集镇功能，向以农业为基础、工业为支柱、农工商并举、综合服务的多功能体系转化。集镇的商业、服务业日趋繁荣，集镇的集贸市场已成为农民从事交换的主要场所。集镇开始发挥农村政治、经济、文化、科技、服务中心的作用。全国各地涌现了一大批各具特色、欣欣向荣的新型集镇，这些集镇的兴起和发展对于改变农村的落后面貌、促进城乡融合产生了巨大的作用。

2. 村镇规划建设与实施

民房大量建设引发了乱占耕地等问题。针对农房建设高潮和乡镇企业的迅速发展所引发的农民建房乱占滥用耕地严重等问题，为引导农房规范建设，国家建设部门于

1979 年召开了"第一次全国农村房屋建设会议"，提出正确处理生产和生活的关系、高度重视节约用地、切实防止乱占耕地等初步规划原则，从此进入正式的村镇规划阶段。1981 年"第二次全国农村房屋建设工作会议"要求"对山、水、林、田、路、村进行全面规划，逐步将比较落后的村镇建设成为现代文明的社会主义新村镇"。之后又于 1982 年颁布《村镇建房用地管理条例》，进一步规划村镇民房建设。这一阶段的乡村建设特点表现为：逐渐走向富裕的农民显著改善了住房条件；需要公共财政投入的乡村基础设施、公共服务设施建设，尚未大规模开展；部分地区开始自发进行乡村道路、电力、安全饮水等基础设施改造与建设，但国家层面没有资金扶持与政策指导；政府的作用主要在于规划控制、技术指导农民的住房建设行为。比如，1982 年国家建委、农委联合组织了全国性的乡村住宅建筑设计竞赛，筛选并推广优秀设计方案；自 1982 年起，国家建委支持、引导各地开展了大规模的村庄住房建设规划等（刘李峰，2008）。

1982 年，国家建委联合国家农委颁布《村镇规划原则》，对村镇规划的任务、内容做出了原则性规定，为规划编制工作提供了技术标准。村镇规划编制工作在全国范围内展开，1982 年到 1986 年间，连续五年出台聚焦"三农"的中央一号文件。中央财政共拨款 1.1 亿元用于支持编制村镇规划，到 1986 年底，全国共有 3.3 万个（90%）集镇和 280 万个（70%）村庄编制了规划。这一轮的规划编制，结束了农房建设的自发状态，对当时村镇建设起到一定的指导作用。中国长期自发进行的农房建设，逐步走上了有引导、有规划、有步骤的发展轨道（李兵弟，2009）。这一时期的规划以保护耕地和规范农房建设为主要目的，在内容上侧重于物质建设，在技术标准上对镇、村二者无太大区别，如技术标准中两者都存在打谷场、农机房等农业生产要素。

同时，乡镇企业的快速发展带来了建设分散和侵占耕地问题。国家及地方政府出台了以"三集中"模式和划定"基本农田保护区"为代表的村镇规划应对措施，如出台《关于协调搞好当前调整完善村镇规划与划定基本农田保护区工作的通知》等。1991 年国务院批转了《建设部、农业部、国家土地管理局关于进一步加强村镇建设工作的请示》（国发〔1991〕15 号）等，成为指导这一时期建设工作开展的重要指导方针。

1986~1991 年期间，随着农村改革的深入和乡镇企业的发展，农村产业结构、社会结构快速转变，农村的非农生产要素加速向小城镇流动，主要的经济活动开始向小城镇集中。村镇建设从单纯注重农房建设发展到同时注重村镇的各项建设，统筹安排农民住房、生产建筑、公共建设和基础设施等的建设。村镇建设的需求转变推动了村镇规划思路的转变，城乡建设环境保护部于 1987 年 5 月提出以集镇建设为重点、分期分批调整完善村镇规划的工作之后，大规模的村镇规划修编工作在全国范围内展开，由此开始了"从只抓农房建设发展到对村镇进行综合规划建设"的新阶段。

3. 典型案例

这一时期发展最快的是珠江三角洲的村镇，地方政府开始普遍启动村镇规划。20

世纪80年代中期，珠江三角洲在从计划经济向市场经济转轨的过程中，利用国家赋予的优惠政策，以其独特的地理区位、土地和劳动力等优势，与外来资本相结合，创造了由地方政府主导的外向型快速工业化经济发展模式，走出一条具有中国特色的沿海地区新型工业化发展道路。以东莞为例，80年代中期，少数乡镇意识到编制规划的必要性，开始编制镇区规划，如石龙镇于1986年编制镇区总体规划。到80年代末，迫于经济社会快速发展的压力，乡镇普遍意识到编制镇区规划的重要性，绝大多数乡镇启动镇区规划编制，以安排工业用地布局和基础设施建设，并有部分乡镇开始编制镇域规划。如1991年，塘厦镇委托珠海市规划设计院编制完成《塘厦镇总体规划》，规划面积18km²，初步确立塘厦镇城市道路网络和城市基本架构。在此期间，村镇规划逐渐形成总体规划和建设规划两个法定编制阶段，规划内容和范围也开始向大区域的经济、环境和社会等综合层面靠拢。村镇规划初步完成了法规、编制和实施体系框架的构建。

塘厦镇位于东莞市东南部，南依深圳，广九铁路从其中穿过。依托自身地缘优势，塘厦镇于1991年即编制镇总体规划，将镇中心区性质定位为"全镇政治、经济、文化和商业贸易中心，依托铁路、东深公路，发展电子、电器、纺织服装、食品等工业和外向型加工业为主的卫星城镇。镇中心区规划面积达到中等城市规模的20km²，划分为三大组团区域：东区重点发展绿化、别墅和体育设施，西区重点发展工业和旅游业；中心区重点发展商业、金融、住宅。塘厦镇在建设过程中投入大量资金，进行基础设施与配套公共服务设施建设，吸引外资企业落户。1991~1993年的3年间，共引进外资企业516家，1993年引进的229家外资企业中，总投资超过5000万港元的有32家，生产高科技产品的有87家。同时通过工业的发展，带动了第三产业发展及农业向"三高"方向发展（谭练等，1994）。经过多年外向带动战略的实施，塘厦镇走出了一条以加工贸易参与国际分工，以经济国际化带动农村工业化、城镇化的发展道路，迅速从农业镇发展成为广东省中心镇、东莞市5强镇之一（李诗婷，2015）。

典型的村镇建设成功实践还有温州模式和华西村模式。位于浙江东南山区的温州地区农村，针对其"三少一差"的村镇基础情况，即可利用自然资源少、人均耕地在浙江最少、国家投入少和交通条件差，逐渐形成了以家庭经营为基础，以专业市场为主导，以产业集群为核心，以小城镇建设为依托，以创富精神为带动的"小商品，大市场"的格局——温州模式。在小城镇的带动下，周边农村成片开展了村庄环境整治工作，大幅度改善了城乡接合部和道路沿线的环境，农村的生产生活环境条件得到优化，为发展现代农业提供了良好的基础条件。在温州模式下，农民是发展市场经济的主力军，从早期实行的家庭联产承包责任制到后来涌现的农民专业合作社，再到全国农村新型合作试点的瑞安农村合作协会的出现，都对推进农村民主自治和农村发展起到了重要作用。但同时也存在农业地位低、城乡差距拉大、生态环境遭到破坏及民主管理受制于大企业等问题。

华西村位于沪宁城市带，有较好的自然、社会、经济条件和优越的地理位置、交通条件，历史上农业发达。这不仅为苏南非农经济的发展提供了基础，而且由于上海等工业中心的辐射和支持，使其成为中国工业化最早的地区之一，也促使社队工业在人民公社时期就得到发展。十一届三中全会后，苏南利用大城市工业基础仍较为薄弱的特点，抓住市场机遇，迅速壮大，形成发展集体经济实现农业工业化的典型（朱晓红等，2008）。1986年，华西村制定了新的发展规划，提出了"苦战三年，实现三化三园亿元村"（"三化"是指绿化、美化和净化；"三园"是指远看华西是林园，近看华西是公园，细看华西是农民生活的幸福乐园）的新目标（赵英媛，2015）。华西村把零落的12个小村落进行合并，村民住房由集体统一规划、统一建设、统一分配，一定程度上节约了建筑的占地面积。同时通过有偿兼并、开发合作等办法，提高农民发展积极性。

二、以小城镇为重点的村镇规划与建设阶段（1992~2002年）

1. 社会背景

为巩固农业的基础地位，1991年8月国家下发《中共中央关于进一步加强农业和农村工作的决定》，指出："农业是经济发展、社会安定、国家自立的基础，农民和农村问题始终是中国革命和建设的根本问题。没有农村的稳定和全面进步，就不可能有整个社会的稳定和全面进步；没有农民的小康，就不可能有全国人民的小康；没有农业的现代化，就不可能有整个国民经济的现代化。"1992年党的十四大报告强调，要加强农业的基础地位。在合理规划指导下，逐步推进乡镇企业相对集中布局和加快小城镇建设，全面振兴农村经济。

（1）推进乡镇企业集中，改善农民生活与环境条件。乡镇企业持续高速增长推动了农村经济的全面发展。1992年中国乡镇企业产值达17580亿元，占农村社会总产值的66%，实现利税1500多亿元，出口创汇200多亿美元。党的十四大报告指出，一定要加深村镇建设在农村经济与社会发展中重要意义的认识，正确处理村镇建设与经济发展的关系，大力搞好村镇建设，为农村经济持续健康发展和亿万农民生活条件的进一步改善创造良好的环境条件，促进农村经济健康发展和社会全面进步。

（2）推进小城镇建设，吸纳农村剩余劳动力。1993年，在中国国民经济产值构成中，工业与农业产值的比率由新中国成立初期的3∶7转变成8∶2，而城市非农产业劳动力和农业劳动力、城市人口与农村人口比率大致在2∶8左右，乡村城镇化滞后于工业化，面临着大量农村剩余劳动力转移的巨大压力。1993年年初由内地流向广东、上海等沿海地区的农村劳动力达5000多万，2000年有近2亿的剩余劳动力从农业中分离出来，急需解决其就业问题。庞大的劳动力大军，单靠一二百个大中城市难以消化，政策策略是一小部分进入大中城市，补充第二产业和发展第三产业，更多的将依托乡镇企业进入小城镇，做工、经商、搞服务业。随着中国城镇化进程的不断加速，城镇对人口和产业的集聚能力增强，农村地区的生产要素和劳动力不断流入城镇。

1997年后，国家在政策方面日益加大对小城镇和农村的关注力度，这为村镇规划跨入进一步探索阶段提供了环境。在小城镇发展方面，1998年党的十五届三中全会提出"小城镇、大战略"的方针；2000年中共中央、国务院在《关于促进小城镇健康发展的若干意见》中强调了小城镇的重要地位，同年中共中央《关于制定国民经济和社会发展第十个五年计划的建议》指出，着重发展小城镇的同时，积极发展中小城市，完善区域性中心城市功能，发挥大城市的辐射带动作用。2001年"十五"计划纲要把实施城镇化战略第一次列入了国民经济中长期发展计划，并对城镇化发展方针与道路提出了新的表述："有重点地发展小城镇，积极发展中小城市，完善区域性中心城市功能，发挥大城市的辐射带动作用，引导城镇密集区有序发展。"

在中央号召及相关政策的推动下，这一时期的中国村镇建设进入农房建设与农民最直接的基本生活设施建设同步快速推进阶段。国家财政加大了对农村道路、供电、安全饮水设施建设的支持力度，农村基础设施建设开始全面快速发展。1992年全国通电村庄比例达到68.7%，自来水受益人口占农村总人口的21.8%，乡村共有路灯75.4万盏；1998年通电村庄比例上升到83.6%，自来水受益人口所占比例为32.8%，乡村路灯增加到140.9万盏。同时有了更多积累的农民翻建、改建住房的热情再度高涨，形成了以改善质量为特征的农村住房建设的第二次高潮。1992年，中国农村居民人均住房面积16.2m²，砖木结构占57.5%，钢筋混凝土结构占6.8%；1996年底，人均住房面积增加到21.7m²，增幅34%，砖木结构所占比例下降为53.9%，而钢筋混凝土结构所占比例上升到20.5%，增加了13.7个百分点（刘李峰，2008）。

2. 村镇规划建设与实施

小城镇建设受到高度重视。1993年，全国村镇建设工作会议提出"以小城镇建设为重点，带动村镇建设的全面发展"；同年5月国务院发布《村庄和集镇规划建设管理条例》，并于同年11月起实施。1998年，党的十五届三中全会提出"小城镇、大战略"的战略要求，促进了小城镇的规划建设和相关政策措施及法律法规的完善；同年《中共中央关于建立社会主义市场经济体制若干问题的决定》提出，"加强规划，引导乡镇企业适当集中，充分利用和改造现有小城镇，建设新的小城镇。逐步改革小城镇的户籍制度，允许农民进入小城镇务工经商，发展农村第三产业，促进农村剩余劳动力的转移。"

规划、建设与管理工作逐步加强。这一期间，中国有关行政主管部门开始致力于村镇规划、建设和管理工作，在该领域起草的政策性文件、技术规范及标准等多达几十部。1993年9月，建设部颁布了《村镇规划标准》（GB50188—93）；1994年，建设部颁布《城镇体系规划编制审批办法》，对中国城镇体系规划编制的目的、任务、编制组织及审批方式、编制内容及成果要求均作了详细规定；1995年建设部发布了《建制镇规划管理办法》等。同时，全国大部分省（自治区、直辖市）也制定了相应的地方性法规和标准，截至 1995 年底，全国约 78% 的镇、59% 的集镇、18% 的村庄对初步规划进行修编或调整完善，1996 年底，全国所有的省（自治区、直辖市）、98% 的县（市）和 67% 的镇（乡）都设立了村镇建设管理机构。

这些政策性文件、技术规范及标准等对提升广大村镇建设工作者的政策理念和专业技能、指导农村建设与规划设计发挥了积极作用。

3. 典型案例

在市场经济体制引导下，中国各地村镇建设开始寻找适合自己的发展道路，形成了不同的发展类型，如工业企业型、特色产业型、休闲旅游型、劳务经济型等。有的农村地区创造出具有地方特色的发展模式，如珠三角模式、苏南模式、温州模式等；出现了具有代表性的典型村庄，如江苏华西村、河南南街村、北京韩村河等。农村发展模式的多元化导致村镇规划的复杂化和系统化，村镇规划研究进入了多元化阶段，不再仅仅局限在一些基础设施和农宅的建设和改造上，而是将关注点转向如何使村镇走可持续发展的道路。这一时期比较典型的案例有北京市房山区韩村河村和广东省中山市的小榄镇。

韩村河镇位于北京市房山区西南部，全镇共 11 个村，村镇土地面积 4770.15 亩，全镇 11 个村都在 1993~1994 年前后完成初步村镇规划，但并未全部落实。由于各村新村规划都有基本框架，各村都在其后的发展中划出了楼区和平房区，进行了一定面积楼区住房建设，但缺乏全面、完整的新村规划。因各村经济水平不一，乡村社区建设层次差异较大，只有韩村河村依据所制定的建设规划，于 1998 年全部高标准完成新村建设，成为房山区现代乡村社区建设的示范之一（王云才等，2001）。韩村河村从 1993 年开始新村建设，规划功能主要包括居住功能区、商贸服务区、娱乐康体区、文化教育区、工业区、对外接待区等。经过规划和建设，截至 1995 年建成住宅区 11 栋别墅式小楼，21 栋多层住宅楼，总建筑面积 18.5 万 m^2，人均住宅面积 $68m^2$，全村统一供水、供电、供暖。到 2000 年底，投入资金 5.8 亿元，建成了 11 个住宅小区，581 栋小别墅，共有 8 种建筑风格，实现了传统乡村就地城镇化。完善的功能区建设使韩村河村乡村社区完全现代化和城市化，加之社区教育的普及、深化及文明素质的提高，韩村河现代乡村社区建设在北京市郊区乃至全国都处在较高水平。在广泛进行现代化新农村建设之际，总结韩村河现代乡村社区建设的经验，使其成为北京市郊区乡村社区现代化建设的示范和借鉴（王云才等，2001）。

小榄镇是广东省中山市北部的中心镇，改革开放前，小榄镇曾是一个传统的农业镇，随着经济的逐步发展和产业结构的调整，镇内农业也走上了产业化、商品化的道路，较早形成了花卉苗木、蔬菜、观赏鱼等特色高效产业。改革开放以后，小榄镇以邻近中国港澳地区的区位优势，在短短几年时间内迅速成长为全国知名的工业强镇，是中国的乡镇之星（叶晓甦等，2009）。随着地区生产总值的不断增长，小榄镇的产业结构也在逐渐改善，经济发展与城镇建设成就显著。1996 年即被授予"村镇建设全国楷模"。90 年代初，小榄镇针对人口密度大、道路拥挤等制约城镇发展的问题，制定了建设一个现代化的新城区、疏散旧城区的人口、再逐步整治旧城区的建设方针（刘淑英，2002）。1991 年，小榄镇总体规划完成，将其定位为"以发展电子、轻工、五金、食品为主的工商城镇，是中山市北部地区的中心城镇"，形成以城区为中心，两翼为次中心的城镇结构体系（刘淑英，1993）。该总体规划的编制及实施，对小榄镇的社会经济发展和城市建设起到了重要指导作用。到 2001年，小榄镇城镇建设用地比 1986 年扩大 3.7 倍，乡村建设用地比 1996 年扩大 3.87 倍，形成了行政中心、文化中心、商业购物中心、体育中心、娱乐中心及高水平的餐饮服务，城区城镇功能较完善，已经具有城市的特征（周榕，2004）。21 世纪以来，根据小榄镇的历史、现状、未来的规划及其问题和优势，结合周边情况，确立小榄镇的镇域发展目标和定位。其目标是建立以特色产业为核心的中心商务区；其定位为服务特色产业的小城镇中心商务区。小榄镇中心商务区建设规划形成了"1468"的发展思路，即打造 1 个集群服务中心、构筑 4 大商务平台、体现 6 项商务功能、形成 8 大商务集群。

第四节　当代城乡融合背景下的村镇规划建设

2003 年，党的十六大提出"统筹城乡经济社会发展"，中国进入"工业反哺农业、城市支持农村"的新阶段；中央召开的农村工作会议，要求把解决"三农"问题作为全党工作的重中之重；十六届六中全会将逐步扭转城乡发展差距扩大的趋势、建立覆盖城乡居民的社会保障体系、逐步实现基本公共服务均等作为重要内容。这一时期的中国村镇发展与规划可以概括为城乡统筹阶段。城乡统筹始终是处理村镇发展问题的核心思想，相关的工作分别依托社会主义新农村建设、新型城镇化、乡村振兴等重要战略开展。

一、社会主义新农村建设（2003 年至今）

1. 社会背景

随着改革开放的持续推进和加入 WTO，中国的宏观经济得到了较快发展，然而农业增产、农民增收、农村建设发展却遭遇困难，"三农"问题依然严峻，城乡二元矛盾长期积累，城乡差距不断拉大。国家对城乡差距问题给予了高度重视。1978~2018年，全国城乡居民收入比（以农村居民收入为 1，下同）由 1978 年的 2.57∶1 扩大到2009 年的 3.33∶1；从 2010 年起，城乡居民收入比出现连续 8 年缩小的趋势，到 2018年为 2.69∶1。其间经历了"三降、两升"的过程。1980~1983 年、1994~1997 年、

2010~2018 年城乡收入差距缩小，1983 年为近 40 年中国城乡收入差距最低点，收入比为 1.82：1；1984~1993 年、1998~2009 年，城乡收入差距扩大，2009 年达到最大，收入比为 3.33：1（图 8.2）。中共中央、国务院于 2004 年恢复发布以"三农"为主题的中央一号文件，为中国乡村规划建设提供了宏观政策指引。

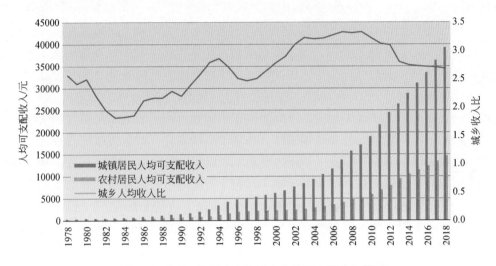

图 8.2　改革开放以来中国城乡人均可支配收入差距

资料来源：根据 2019 年中国统计年鉴及 2019 年国家统计局统计数据绘制，不含港澳台数据

社会主义新农村建设理念最早是在 20 世纪 50 年代提出的，但受当时的国家经济实力和政治局势影响，没能实现这一目标。党的十六大后，"三农"问题被作为全党全国工作的重要内容。2002 年党的十六大报告明确指出，要逐步提高城镇化水平，坚持大中小城市和小城镇协调发展，走中国特色的城镇化道路。2004 年中央农村工作会议提出了"努力建设生产发展、生活富裕、生态良好的社会主义新农村"。十六届四中全会指出，中国总体上已经到了"工业反哺农业、城市支持农村"的发展阶段，并提出"以工促农、以城带乡"的发展思路。2005 年党的十六届五中全会把建设社会主义新农村提到"我国现代化进程中的重大历史任务"的战略高度，按照"生产发展，生活宽裕、乡风文明、村容整洁、管理民主"的要求，扎实稳步推进新农村建设。随后党的十七大提出形成城乡经济社会发展一体化新格局的工作要求。

2. 村镇规划建设与实施

建设社会主义新农村政策的提出，突破了"就三农抓三农"的传统定势，在全社会和整个国民经济的大格局下统筹农村发展问题。中国城乡相关主管部门同步配套制定、编制了一系列的法规、规范，对新农村建设和城乡统筹发展提供保障和支撑。

2006 年，建设部发布《县域村镇体系规划编制暂行办法》（建规〔2006〕183 号），以此代替 2000 年出台的编制文件，用新的包含城乡统筹发展思想的"县域村镇体系规划"取代过去的只着眼于城镇而忽略农村的"县域城镇体系规划"。该办法之后，各地根据实际情况进一步细化，出台了较为适合本省情况的县域村镇体系规划办法或技术细则。如《四川省县域村镇体系规划编制暂行办法》《山东省县域村镇体系规划编制要点》《河南省县域村镇体系规划技术细则》《吉林省县域村镇体系规划编制审批暂行办法》等。但在实践过程中，各地的"办法""细则"等也逐渐显现其局限性。简单机械的规则规定和以城市模式改造建设农村导致的乡村文明缺失问题越来越严重①。

2007 年 10 月 28 日，全国人大常委会通过《中华人民共和国城乡规划法》，并于 2008 年 1 月实施。在总结《中华人民共和国城市规划法》（1989 年）和《村庄和集镇规划建设管理条例》（1993 年）实施经验的基础上，分别对村镇规划的制定、实施、修改、监督、检查和法律责任做了规定，全面改进了中国现行城市规划和村镇规划法律制度体系，突出了城乡规划的公共政策属性，强化了法律责任，对各级政府及规划行政主管部门、规划编制单位等都提出了新的要求（宁启蒙，2010）。2010 年住房和城乡建设部先后出台了《镇（乡）域规划导则（试行）》《城市、镇控制性详细规划编制审批办法》等相关法规对《中华人民共和国城乡规划法》进行配套。

从实施效果看，通过调整公共财政投入的分配格局和给予农村地区一系列的政策倾斜发展现代农业，农业发展呈现多元化、规模化特征。实施"村村通"工程，农村基础设施建设逐步完善，与城市差距越来越小。取消农业税，加大农业补贴力度，使得农村居民的收入明显提高，取消义务教育阶段的学费，实行农村合作医疗，农民权益得到更好保障。建制镇的发展速度明显加快，有效地分流了农村剩余劳动力。截至 2005 年底，全国建制镇平均人口规模迅速扩大到 8352 人，年均增长率达 10%。随着小城镇经济迅速发展，一批重点小城镇已经具备较完整的产业结构，社会服务功能逐渐增强，从原来简单的农副产品集散地发展成为农村地区的区域性中心，有的甚至发展成为辐射全国的商品交易和工业品生产中心。

新农村建设也存在一些问题。随着"迁村并点"政策的推进，村庄数量不断减少，但农村居民点用地却在增加，这在一定程度上导致了农村耕地数量的减少和建设过程中的浪费现象。另外，在新农村总体规划建设方面也存在一些不足，主要体现在：社会主义新农村建设以试点居多，在系统性和理论方法的科学性上存在一定欠缺；规划的基础资料陈旧、缺乏，无法对农村地区的规划提供有力支撑；新农村规划建设的技术标准难以统一，各地的规划建设水平良莠不齐；经过长期的二元发展，中国农村地区的经济基础和外部条件都比较薄弱，规划建设的资金来源不足，且同时面临发展生产和提高农村生活水平的艰巨任务，导致规划的实施效果不够理想。

---

① 刘敏，王明田 . 2013. "新四化"背景下县域村镇体系规划编制建议 . 见：中国城市规划学会 . 城市时代，协同规划——2013 中国城市规划年会论文集，8。

3. 典型案例

在一系列法律、规范的保障下，很多地区都在进行城乡统筹的研究和实践，在城乡统筹的理念下改进农村规划体系。如北京市尝试在全市范围内实现规划的全覆盖，一些地区像北京的通州区、山东的胶南县在县域范围内开展村庄体系规划；很多地方进行了村庄的布点规划，如济南、广州、宁波等；另有许多地方通过建立试验区进行城乡统筹的实践，例如，成都、重庆作为全国城乡综合配套改革试验区，推行城乡一体化规划的探索。还有部分省份启动了全省大规模规划整治工作，如浙江省"新乡村建设运动"与美丽城镇建设、江苏省村镇环境整治等。

1）村庄规划

在新农村建设开展之后，北京市延庆区完成了大量村庄规划的编制，并进行了一些村庄改造的尝试。但在实践中发现，新农村规划建设缺乏宏观的指导和上位规划的支持，一定程度上导致了投资的盲目性。新农村建设虽然已有目标、途径等相关政策、策略等纲领性文件的总体指导，也有各相关部门提出的单系统项目实施计划，但没有形成一个针对辖区内所有村庄的及基于城乡关系特征之上的全面统筹城市与农村、农村与农村以及各部门之间的长远计划。为此，延庆区开展了村庄体系规划，以分类指导、因地制宜和逐步实施为原则，从村庄分类、产业发展与空间布局、村庄布局调整、公共服务设施与基础设施配置规划、村庄布局调整时序安排等方面进行重点部署。规划在研究延庆区农村现状、对照村庄体系规划目标等基础上，从社会经济、用地空间、生态环境、农业产业、资源特色等方面分析延庆区村庄现状问题，明确发展限制性因素，挖掘村庄发展的特色和机遇；在明确地质灾害、洪涝调蓄、基础设施防护、水源保护、文物保护、自然保育等方面生态制约因素的基础上，通过分析社会人口、经济产业、交通区位、资源文化等社会经济因素，结合农村产业布局和模式研究，明确城乡统筹发展的村庄分类建设策略；结合具体影响要素，分片区对具体村庄进行研究，得出村庄具体分类整合规划方案；针对不同片区、不同类型的村庄，进行公共设施与基础设施规划指引，并进一步研究保障措施和时序安排。

以村庄产业发展为例，本着坚持生态涵养与环境保护为产业发展根本原则，坚持以地区基础条件为产业发展出发点，以宜农产业为发展核心，发展适合地区资源的农业休闲产业，逐步建立"生产、生活、生态"三生一体化的产业发展模式的基本原则，确定延庆产业发展总体策略，以片区划分总结产业发展特征，寻找片区产业发展的总体优势和动力，促进产业区域合作模式；以特殊优势资源作为产业发展的切入点，促进产业群落的形成，逐步构建区域产业发展合作体系；规划促进产业带动，协助产业合作，根据村庄所处空间位置提出产业发展建议，遏制恶性竞争。将延庆产业空间发展布局规划为从大到小、逐层深入的"四区、三带、多片、多点"的多层次产业发展模式。

四区。根据村庄群落特征，延庆区共分为四个片区：中部城镇化影响片区、北山旅游发展片区、东部山区生态发展片区以及南部长城观光发展片区。通过总结和分析，四个片区具有相似的产业发展区域性特征。

三带。分析延庆地区产业发展动力，总结出三条主线，分别是中部城镇化影响片区中，沿妫河旅游线发展以农业观光为主的民俗产业，打造"妫水旅游观光带"；北部旅游发展片区中，沿北部主要旅游交通线打造"风景旅游山前民俗产业带"；南部长城观光发展片区中，依托长城旅游资源打造"沿长城旅游观光产业带"。

多片。根据现有产业分布特征，整合产业发展资源，形成以某种产业为龙头的产业发展片区，从而实现产业的规模效益，提升区域带动力，例如中部城镇化影响片区和南部长城观光发展片区的一些产业片区。

多点。依托一些具有特殊资源的村庄，重点打造个体村庄的产业品牌，带动周边小范围地区的村庄的共同发展，如柳沟、岔道、沙塘沟、香屯等村庄。这些基于农村地区基础条件的发展引导为村庄体系的整合提升提供了有益的探索。

2）新农村建设工程

（1）浙江省"千村示范、万村整治"工程。

针对农村发展中存在的一系列问题，为加快全面建成小康社会，统筹城乡经济社会发展，提高广大农民群众的生活质量、健康水平和文明素质，浙江省委、省政府于2003年7月作出了实施"千村示范、万村整治"工程的重大决策。

"千村示范、万村整治"工作的总体目标是：以村庄整治和建设为突破口，逐步打破城乡分割的传统体制，使城市基础设施、社会服务事业逐步向农村延伸辐射，让农村居民也能享受到城市文明，争取用5年时间，对1万个左右的行政村进行全面整治，并把其中1000个中心村建设成"村美、户富、班子强"的全面小康示范村。列入第一批基本实现农业和农村现代化的县（市、区），每年要对10%左右的行政村进行整治，同时建设3~5个示范村；列入第二、第三批基本实现农业和农村现代化的县（市、区），每年要对2%~5%的行政村进行整治，同时建设1~2个示范村。

浙江省在"千村示范、万村整治"工程中，出台了《浙江省农业和农村现代化建设纲要》，指导各地认真编制好县域村庄布局规划、村庄总体规划和村庄建设规划。浙江省住房和城乡建设厅研究制定了《浙江省村庄规划编制导则》，开展了"全省农房设计竞赛"，针对山区、丘陵、平原、海岛等不同的地貌特点，提供了农房建筑方案，供广大农民选择。全省60个县（市、区）开展了村庄布局规划编制工作。其中34个县（市、区）实现了从县、乡镇到村庄的层层规划配套，一批具有鲜明的江南水乡、海岛渔村、山乡村寨特色和浓郁乡土文化气息的新农村规划脱颖而出。

从地域分布看，城市示范村的重点是撤村建居，按城市社区标准建设，方式是建多、高层公寓，建设一批都市型小区。农村示范村按照"村美、户富、班子强"的标准，实现三大文明协调发展，建成农村新社区。对城乡结合部、乡镇所在地和公路沿线等地的重点整治村，以"脏、乱、差、散"为整治重点。从经济条件看，经济发达的村实施旧村改造，拆旧房、建新房；经济条件一般的村，实施村庄整理，拆违房、整旧房、建新房；经济欠发达的村，以环境整治为主，以道路硬化为突破口，以卫生改善为重点，整治村容村貌；少数贫困村，鼓励农户到脱贫安居小区建房安居。

在村庄整治过程中，浙江特别注重发挥先进村的示范引导作用，重视生态环境建设和保护，实行田、林、路、河、住房、供水、排污等综合治理。注重保持农村的特色和风貌，注意保护古树名木和名人故居、古建筑、古村落等历史文化遗迹。如杭州市临安区重点建设生态村、旅游村、文化村等 3 种类型的特色村；桐庐县确定了整体迁建型、保护复建型、环境整治型 3 种类型，按照不同的标准区别对待、分类施策，从而保证了"千村示范、万村整治"工程更加符合实际、更有指导性和针对性。

"千村示范、万村整治"工程把改善人居环境和提高农民生活质量作为工作的基本出发点，以改水、改路、改厕、改线、改房和环境美化为主要内容，具体包括：改造农村危房，建设小康型住宅；实施房屋美化、道路硬化、路灯亮化、村庄绿化、环境净化工程；新建村级公路，实现村村通公路；基本完成农村改水工作；新建和改建水冲式公厕、垃圾箱；疏浚、清理河道，提高河水的清洁程度；实施科教文化、卫生保健、商业网点、农村养老进农村工作；保证每村有办公场所、文化活动中心、老年乐园、宣传长廊、图书室、阅报栏；新建完全小学、社区卫生服务中心、小超市、老年公寓等，提高农村社区服务水平；建立卫生长效保洁制度，实施垃圾袋装化和村主次干道保洁。以上这些活动有效地提高了农民的生活质量。

（2）浙江"百镇样板、千镇美丽"工程。

浙江省小城镇具有数量多、分布散、规模小、两极分化明显的现状特征。针对当前小城镇基础设施和公共服务等功能存在短板、空间品质和风貌特色需要提升、人口集聚和产业发展有待加强、制约小城镇发展的体制机制仍没有得到很好破解、小城镇上接城市下带农村的节点作用未得到充分发挥等方面的问题，必须紧紧抓住小城镇这个联结城乡、承上启下的战略节点作用，协调推进新型城镇化战略和乡村振兴战略，推动城乡融合的高质量发展。2019 年 8 月，浙江省委、省政府发布了《关于高水平推进美丽城镇建设的意见》，提出了实施"百镇样板、千镇美丽"工程，高水平推进美丽城镇建设的目标、任务和举措。

美丽城镇并不只是小城镇环境综合整治的升级版，更是小城镇高质量发展的现代版，是新时代浙江省城镇工作的总抓手。其根本任务是做好服务城市、带动乡村两篇文章，构建工农互促、城乡互补、共同繁荣的新型城乡关系。

美丽城镇建设的总体要求包括环境美、生活美、产业美、人文美、治理美等"五美"要求，再加上城乡融合体制机制、群众主体，共 7 个方面，从中梳理出 10 项标志性指标，简称"2 道 2 网 2 场所 4 体系"，具体内容包括：一条便捷的快速交通道路，一条串珠成链的美丽生态绿道，一张健全的雨污分流收集处理网，一张完善的垃圾分类收集处置网，一个功能复合的商贸场所，一个开放共享的文体场所，一个优质均衡的学前教育和义务教育体系，一个覆盖城乡的基本医疗卫生和养老服务体系，一个现代化的基层水治理体系，一个高品质的村镇生活圈体系。

浙江的美丽城镇建设是以全省所有建制镇（不含城关镇）、乡、独立于城区的街道及若干规模特大村为主要对象，以建成区为重点，兼顾辖区全域，统筹推进城、镇、村三级联动发展、一二三产深度融合、政府社会群众三方共建共治共享，推进1000个左右小城镇建设美丽城镇。近期目标是构建以小城镇政府驻地为中心，宜居宜业、舒适便捷的村镇生活圈，城乡融合发展体制机制初步建立，推动形成工农互促、城乡互补、全面融合、共同繁荣的新型城乡关系，美丽城镇成为浙江省继美丽乡村之后的又一张"金名片"。远期到2035年，美丽城镇建设取得决定性进展，城乡融合发展体制机制更加完善，全省小城镇高质量全面建成美丽城镇。

小城镇一头连着城市，一头连着农村。浙江的美丽城镇建设，一方面就是要在小镇里打造出"城乡等值"的美好生活。即城市和乡村在生态、服务、治理、文化、产业等5个方面具有同等的区域价值。另一方面，通过建设美丽城镇，肩负起浙江高质量推进城乡融合发展、加快推进乡村振兴的重要使命。

（3）江苏省镇村环境整治。

党的十八大以来，农村建设事业进入到扎实稳步推进社会主义新农村建设、持续改善农村生态人居环境的新阶段。江苏省积极响应国家政策要求，结合自身乡村发展实际，有序推动乡村规划建设工作。2005年，针对当时全省自然村分布零散、乡村建设用地粗放和城镇总体规划"重镇区、轻农村"而引起的乡村建设及管理混乱无序等问题，组织开展了覆盖全省的镇村布局规划编制工作（张鑑和赵毅，2016），对优化城乡空间、提升村庄设施条件和改善村庄环境起到了积极作用。

镇村布局规划根据各自然村的区位、规模、产业发展、风貌特色、设施配套等现状，在综合分析研究其发展条件和潜力基础上，规划将村庄分为重点村、特色村和一般村，其中重点村和特色村是规划发展村庄（表8.1）。

表8.1　镇村布局规划村庄分类原则

类型	要求	细则
重点村	为一定范围内的乡村地区提供公共服务的村庄	现状规模较大的村庄 公共服务设施配套条件较好的村庄 具有一定产业基础的村庄 适宜作为村庄形态发展的被撤并乡镇的集镇区 行政村村部所在地村庄 已评为省三星级康居乡村的村庄
特色村	在产业、文化、景观、建筑等方面具有特色的村庄	历史文化名村或传统村落 特色产业发展较好的村庄 自然景观、村庄环境、建筑风貌等方面具有特色的村庄
一般村	未列入近期发展计划或因纳入城镇规划建设用地范围以及生态环境保护、居住安全、区域基础设施建设等需要实施规划控制的村庄，是重点村、特色村以外的其他自然村庄	位于地震断裂带、滞洪区内，或存在地质灾害隐患的村庄 位于城镇规划建设用地范围内的村庄 位于生态红线一级管控区内的村庄 位于铁路、高等级公路等交通廊道控制范围内的村庄 区域性基础设施（如变电站、天然气调压站、污水处理厂、垃圾填埋场、220kV以上高压线、输油输气管道等）环境安全防护距离以内的村庄

在强调城乡发展一体化战略的发展背景下，2011年江苏实施了"美好城乡建设行动"，省委、省政府出台意见，明确新时期以城乡发展一体化为引领，全面提升城乡建设水平，大力推动城乡人居环境改善。

其中，村庄环境整治行动是"美好城乡建设行动"的核心内容之一。目标是通过3~5年的努力，全面完成全省所有自然村的环境改善任务。不同于以往村庄环境整治的有限样本示范，江苏通过全面实施村庄环境整治，旨在普遍改善乡村人居环境，促进资源要素向乡村流动，逐步改变城乡二元结构，推进城乡发展一体化。本次江苏全面实施村庄环境整治，是结合当前江苏城镇化发展进程，以村庄环境整治作为切入点实施的统筹城乡发展战略（周岚，2014）。涉及全省近20万个自然村，惠及近3000万全体农村居民。

考虑到城镇化推进的动态特征，一些村落会集聚更多人口，另一些会逐步消亡，江苏强调以村镇布局规划为引领实施分类整治、渐进改善，即一般自然村通过整治达到"环境整洁村"标准，规划发展村则要求在整治的同时提高基本公共服务水平，吸引农民自愿集中居住，建设康居乡村。对规划布点村庄实施"六整治六提升"，对非规划布点村庄实施"三整治一保障"。通过村庄环境整治，不仅极大地改善了江苏的乡村面貌，也激发了农民参与乡村建设的热情，得到了农民的广泛支持，成为深受农民群众欢迎的民生工程。

随着苏南地区城镇化、工业化、产业化发展及交通等基础设施的建设以及政府相关的强力政策调控，乡村发生了巨大变化，城乡关系在经历多种复杂关系之后也逐步走向协调，苏南地区已进入经济社会发展的转型时期。在城乡统筹发展的视角下，村落空间面临着分化重组的新格局，通过分析其空间格局变化和主导作用机制，总结提炼了苏南地区乡村聚落在重构过程中的三类典型模式（李红波，2015）（表8.2）。

表8.2 转型期苏南乡村重构的三类典型模式

模式	空间格局演变	主导作用机制
城乡挂钩	受城市的影响，乡村用地逐步被城市所蚕食、吞并，乡村聚落出现急剧的变化，是城市郊区化的重点地区，土地内部结构和空间布局变化剧烈，居住社区化和农业产业化进程加快	以城乡建设用地增减挂钩政策为指引，江苏省创新性的提出了"万顷良田建设工程"，是对城乡用地配置以及城乡空间变动的有效调控，带来了乡村的集聚发展，同时也导致部分村落衰退乃至消失
乡村更新	乡村自身更新主要侧重在乡村人居环境的改善和乡村自身产业的有效升级，乡村聚落空间呈现外扩及内部的更新改造	以新农村建设方针为指导，对村落进行更新改造，侧重于对聚落空间内部的优化调控，构建生态的空间和集约的空间
新村建设	受产业和政策调控的影响，村落原地扩建或异地新建，产生新的居住单元，空间分布较为集约	为了有效集约利用土地，配合"三集中"的政策引导，也出现了很多原地扩建或异地新建的村落，逐步向社区化方向发展

二、乡村振兴战略（2017 年至今）

1. 社会背景

在党中央和政府的政策引导下，经过几十年的努力，中国农业、农村和农民的发展取得了世人瞩目的成就。但受经济因素和观念的影响，中国农村、农业和农民的发展仍存在众多亟待解决的问题。农业生产方式仍显落后，土地利用效率不高，与自然资源之间的矛盾依然突出；农业的产业化经营能力仍显不足，产业经营管理方式落后、产业经营机制单一，与新时代农业发展要求规模化、产业化的发展方式不相适应；农民收入增长动力不足，区域之间收入差距仍然存在；农村为城市的发展提供了众多支持，但自身出现许多问题，比如农村劳动力向城市的集聚导致农村老龄化问题、留守儿童问题、农村"空心化"问题。

为解决这些问题，乡村振兴战略提出了新的总要求，即"产业兴旺、生态宜居、乡风文明、治理有效、生活富裕"。这些总要求为新时代发展和解决"三农"问题提供了新思路。2017 年党的十九大报告指出，农业、农村、农民问题是关系国计民生的根本性问题，必须始终把解决好"三农"问题作为全党工作的重中之重，实施乡村振兴战略。2018 年 1 月 2 日，国务院公布了 2018 年中央一号文件，即《中共中央国务院关于实施乡村振兴战略的意见》。2018 年 3 月，国务院总理李克强在《政府工作报告》中提出，要大力实施乡村振兴战略。2018 年 9 月，中共中央、国务院印发了《乡村振兴战略规划（2018—2022 年）》，并发出通知，要求各地区各部门结合实际认真贯彻落实。

2. 村镇规划建设与实施

2012 年 11 月中共十八大报告首次明确提出"促进生产空间集约高效、生活空间宜居适度、生态空间山清水秀"的总体要求，形成了"生产空间—生活空间—生态空间"三位一体的国土空间功能分区，涵盖了国土空间的三大主要功能，为构建统一的土地利用分类体系创造了有利条件。随后，2013 年 11 月十八届三中全会通过《中共中央关于全面深化改革若干重大问题的决定》，进一步提出建立国土空间规划体系，划定生产、生活、生态空间开发管制界限，落实用途管制以及划定生态保护红线，建立国土空间开发保护制度（图 8.3）。

2014 年，住房和城乡建设部村镇建设司首次提出了"县域乡村建设规划"，开始通过试点方式探索县域层面"多规合一"式的乡村规划编制方法，所发布的《住房和城乡建设部关于做好 2014 年村庄规划、镇规划和县域村镇体系规划试点工作的通知》（建村〔2014〕44 号）特别要求探索"多规合一"的县域村镇体系规划编制方法，探索县域城乡规划、国民经济社会发展规划、土地利用规划及生态环境规划等"多规合一"的规划方法和工作机制，实现县域村镇体系规划全覆盖（刘和涛，2015）。2015 年，住房和城乡建设部印发《关于改革创新全面有效推进乡村规划工作的指导意见》，提出县（市）

域乡村建设规划，统筹安排乡村地区重要基础设施和公共服务设施，作为编制镇、乡、村规划的上位规划，同时作为"多规合一"的重要平台。2015 年 6 月，全国 7 个县域乡村规划建设规范示范单位名单公布。2016 年 5 月，住房和城乡建设部下发通知，要求扩大县域乡村建设规划试点工作，每个省（自治区、直辖市）开展规划试点的县（市）不低于 5 个。

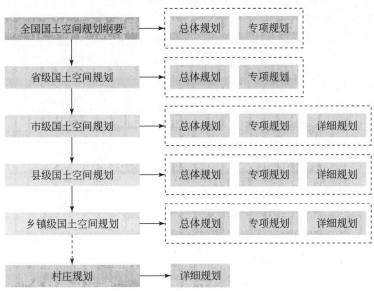

图 8.3　国土空间规划的五级三类体系

2018 年 2 月 28 日，《中共中央关于深化党和国家机构改革的决定》最终确定了自然资源部的改革目标，决定提出"强化国土空间规划对各专项规划的指导约束作用，推进多规合一，实现土地利用规划、城乡规划等有机融合。"2019 年 5 月 24 日印发的《中共中央 国务院关于建立国土空间规划体系并监督实施的若干意见》中明确指出：作为详细规划，村庄规划是国土空间规划体系的重要组成部分，也是开展国土空间开发保护活动、实施国土空间用途管制、核发乡村建设项目规划许可、进行各项建设等的法定依据。5 月 28 日，自然资源部印发《关于全面开展国土空间规划工作的通知》，提出"结合县和乡镇级国土空间规划编制，通盘考虑农村土地利用、产业发展、居民点布局、人居环境整治、生态保护和历史文化传承等。落实乡村振兴战略，优化村庄布局，编制'多规合一'的实用性村庄规划。"5 月 29 日，自然资源部办公厅印发《关于加强村庄规划促进乡村振兴的通知》，进一步细化了村庄规划的工作重点：第一，严守底线。落实生态保护红线划定成果；落实永久基本农田和永久基本农田储备区划成果，守好耕地红线；划定乡村历史文化保护线，保护好历史遗存的真实性。第二，优化布局。统筹考虑村庄发展布局及基础设施和公共服务设施用地布局；优化城乡产业用地布局；合理确定宅基地规模，划定宅基地建设范围。第三，充分参与。强化村民主体和村党组织、村民委员会主导，提高村民在规划编制过程中的参与意识；建立驻村规划师制度。

2020年以来，各地开始陆续出台乡镇级国土空间规划和村庄规划相关导则。其中2020年4月13日，河北省自然资源厅印发《河北省乡镇国土空间总体规划编制导则（试行）》，强调乡镇国土空间总体规划是对市县国土空间总体规划的细化落实，是对乡镇域国土空间保护开发作出的具体安排，是开展乡镇详细规划、相关专项规划和村庄规划编制的依据。2020年4月，新疆维吾尔自治区自然资源厅印发《新疆维吾尔自治区村庄规划编制技术指南（试行）》，明确村庄规划范围为村域全部国土空间，可以一个或几个行政村为单元编制，要遵循"统筹推进、分类指导、保护优先、节约集约、传承文化、彰显特色、村民参与、共编共建"的原则编制村庄规划，规划内容包括村庄分类、村庄发展目标和规模确定、村庄国土空间布局、生态保护与修复、耕地和永久基本农田保护、历史文化传承与保护、产业发展、建设空间布局、村庄安全和防灾减灾及近期实施项目10个方面。

以上述文件出台为标志，中国村镇规划全面进入了"以生态文明为引领、以乡村振兴为目标、以空间规划为载体"的新阶段。新时代的村镇规划既要严格落实上位规划的刚性管控要求，又要充分反映村庄农民主体对于美好生活的诉求，这是前所未有的课题。按照国土空间规划体系建设总体要求，按照"多规合一"实用性村庄规划总体定位，当前亟待全方位开展村庄规划编制审批体系、实施监督体系、法规政策体系和技术标准体系研究（王明田，2019）。

3.典型案例

1）南京市江宁区美丽乡村规划建设

这一阶段比较典型的案例是南京市江宁区美丽乡村规划建设。作为率先进入后工业化、后城镇化的南京市江宁区，依托城市近郊的区位优势和良好的发展基础，是较早探索乡村全域规划建设的先行先试的典型区域，并且在长期的建设实践中取得了一定的成绩并积累了大量经验。江宁区拥有广阔的乡村和生态地区，在完成快速城镇化之后，面临城镇发展转型和乡村衰败的问题，地方政府敏锐意识到乡村发展对于地区整体协调发展的重要性，在全国率先编制城乡统筹规划，梳理城乡发展关系，聚焦乡村未来。江宁区2011年酝酿并启动美丽乡村规划建设工作，经过持续建设和不断探索，迄今已完成江宁东、中、西三个片区的乡村总体规划，全区美丽乡村规划建设覆盖率达70%以上，西部430km² 美丽乡村示范区建成并逐步优化升级。江宁区美丽乡村规划建设共经历了试点示范、示范区建设、全域规划建设、特色田园乡村品质发展四个阶段。多年以来，江宁区坚持规划引领美丽乡村建设，克服乡村规划体系不健全的现实困难，在实施过程中坚持阶段性总结思考并逐步优化规划，不断完善和探索规划体系，大致构建了江宁乡村规划的三个层次，包括全域层面、示范区层面、村庄规划和自然村层面，并编制了《江宁区美丽乡村规划建设指引》，为新时代国土空间规划背景下的村镇规划建设作出了有益探索（张川，2018）。

2）浙江省松阳县大东坝镇后宅村传统村落保护

浙江省松阳县大东坝镇后宅村传统村落保护是大量偏远地区传统村落保护发展的典型案例。在快速城镇化进程中，伴随着村庄的建设扩张，中国传统村庄的格局遭到严重破坏，传统村落文化不断消失。为了保护传统村落文化与文明，党中央 2013 年出台一号文件要求制定专门规划，启动专项工程，加大力度保护有历史文化价值和民族、地域元素的传统村落和民居。后宅村等传统村落普遍存在着相当数量的传统建筑年久失修、公共服务设施及基础设施不足或老化、村庄传统风貌与格局受到发展威胁、村庄"空心化"、缺少必要的旅游或对外服务功能等问题。规划后的后宅村成为"传统文化特色突出，山、林、田、溪、村一体共生的，作为东坞源水源地生态保护典范的山地传统村落"。以遗产保护为核心，兼顾村落发展，在保护村落格局和建筑、传承非物质文化遗产、完善生活及旅游服务设施的同时，协调解决遗产保护与村民生活的矛盾，形成良性的可持续发展模式。通过规划的空间安排与功能梳理，延续了村落建设秩序，最大限度保留了传统村落的文化内涵，带动了旅游发展。

3）湖北省大冶市陈贵镇域总体规划

陈贵镇地处湖北省大冶市中心腹地，交通十分便利，区位优势明显。

陈贵镇因矿而兴，丰富的矿产资源是陈贵镇经济发展的重要基础，但由于多年的高强度开采，矿区资源逐步枯竭，生态破坏和环境问题也日趋严重，陈贵镇矿业产业转型发展需求迫切。陈贵镇位于武汉城市圈极化发展辐射区，城乡互动频繁，交通便捷，服务配套良好，就业岗位多元，农民半城镇化和兼业现象普遍，"有产无镇"现象突出，镇区仅发挥"就业场所"功能，导致镇区对周边人口的吸引力和综合服务能力严重不足。与一般小城镇相似，在地方多重发展动力的推动下，全镇城乡发展缺乏统筹，用地布局面临多规协调，存在用地增长较快、布局散乱、不集约等问题，其中工业用地粗放式扩张现象尤为明显。此外，陈贵镇作为武汉东部旅游资源丰富的小城镇，乡村资源特色突出，但村庄发展普遍滞后。综合来看，陈贵镇发展存在工矿产业亟待转型发展、城乡缺乏全面统筹、镇区人口集聚能力较弱和村庄发展普遍滞后四大特点，既体现其自身发展面临的独特性问题，同时也反映了小城镇发展的典型特征。

规划以"四化同步"发展内涵为出发点，策划了基于"一个总体思路、三个规划层次、一个行动计划"的十余项系列规划和专项研究内容。该"一揽子规划"新方式以"四化同步"发展为总体目标，以"宏观、专项、微观"为三个规划层次，以"一个行动计划"为配套实施，从小城镇发展独特性出发，提出"转型跃升、全域统筹、活力镇区、美丽乡村"四大策略，切实解决陈贵镇现状发展问题，规划通过信息化促进产业化发展，工业化促进地方经济提升，农业现代化提高生产效率、解放农村劳动力，经济提升与城乡高效建设带动农民就业和人口就地城镇化，促进"四化同步"在乡镇层面的协同发展，打造陈贵镇在全省"四化同步"乡镇试点中的示范性（图 8.4、图 8.5）。

该规划从"四化同步"核心命题出发，以切实解决陈贵镇发展需求为目标，策划一揽子规划，为陈贵镇提供"全方位、一站式、能落地"的规划咨询服务。同时总结

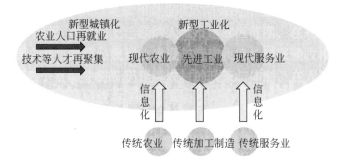

图 8.4　陈贵镇总体规划"四化同步"示意图

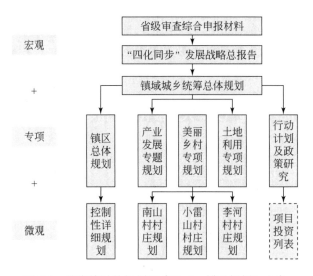

图 8.5　陈贵镇总体规划思路及"一揽子规划"内容

出工矿小城镇转型发展的若干推广经验，包括从资源消耗到资源重组的小城镇产业转型发展路径、大城市周边小城镇人口城镇化路径、小城镇新型城乡空间发展模式、小城镇视角下的美丽乡村发展策略以及多规在小城镇规划中的协调新方法等。此外，通过系列规划的同步编制和"镇主体、县把关、市督促、省审查"的工作模式，全面落实了"多规合一、上下协同"的规划管理思路，搭建良好的多方参与和沟通平台，综合考虑规划编制与后期政策落实及资源配置的统一与协调，最终实现了各层面需求的衔接，强化了规划落地与实施。

第九章　中国村镇地域分区系统

第一节　中国村镇体系及其地域分区原则

一、中国村镇系统

村镇系统是在一定地域范围内，由不同等级、规模、职能的村庄、集镇（包含建制镇、乡）等相互联系、相互作用形成的网络有机体（高文杰，2000；贺灿飞等，2016），可以表征区域内村镇数量、空间分布、聚落结构、景观格局、功能演替以及附着在村镇地域上的经济社会活动等。村镇区域是建构在城乡过渡基础上的地域空间单元（贺灿飞等，2016），正是这种过渡性和衔接性决定了村镇体系在城乡之间承担着"承上启下"的重要功能，也是推动城乡融合发展的主要阵地。随着新时代乡村振兴战略与城乡融合发展的深入推进，中国村镇体系研究已经成为当前乡村地理学关注的重要对象和城乡地域系统耦合的重点内容。村镇系统在中国未来城乡关系演化中将扮演不可替代的重要角色。

中国村镇系统具有复杂性和多样性，主要源于自然地理环境和人文社会环境的复杂性。在中国不同地形区、气候区以及具有不同农业生产条件和经济发展水平的区域，村镇之间往往存在明显差异，这也为中国村镇地域系统的分区提供了基础条件。李旭旦（1984）曾指出"区域化必须以景象作为基础，每一个社区都有它的特有景象，一种和它的邻区稍稍不同的标记……"，这些"不同的标记"正是划分不同村镇类型区的主要依据（刘沛林等，2010）。

二、中国村镇地域分区的依据与原则

1. 相关区划研究回顾

新中国成立以来，国内地理学者开展了大量有关自然和人文地理单（综合）要素的区划工作。在农村聚落景观方面，金其铭（1989）较早提出了中国农村聚落系统的划分原则和具体方法，共划分出北方、南方、西部3个聚落系统、11个区和25个亚区。刘沛林等（2010）将全国聚落景观划分为3个景观大区、14个景观区和76个景观亚区。在景观建筑领域，彭一刚（1992）研究了中国建筑气候的分区状况，

中国村镇

并详细阐明气候、地形、生活习俗、民族文化和宗教信仰与各地村镇聚落景观之间的关系。《建筑气候区划标准》（GB50178—93）以多年1月和7月平均气温、7月平均相对湿度等作为主要指标，以年降水量、年日平均气温≤5℃和≥25℃的天数等作为辅助指标，将全国划分成7个气候区20个子气候区。另有学者关注到中国传统民居的构筑形态，王文卿等（1992）探讨了中国自然环境与人文背景对传统民居区划的影响；汪德根等（2019）以中国建筑景观特色村镇为案例，提出了中国传统民居建筑风貌的12种类型；翟礼生等（2008）则开展了中国典型区域村镇建筑区划和建筑体系方面的研究工作。上述成果或多或少涉及村镇系统的研究内容，但又并不完全一致。受到中国村镇系统组成因子多样性和因子层面多重性影响，长期以来未能形成一个统一的标准，针对村镇地域系统的综合性分区工作一直没有得到有效开展。

2. 村镇区划的依据与原则

随着经济社会的快速发展，中国村镇体系相较于20世纪八九十年代已经有了新的变化。随着新型城镇化战略与乡村振兴战略的落地实施和深入推进，要适应新时代地理学特别是乡村地理学的发展需求，有必要统筹中国农村聚落区划、农业区划、自然地理区划、聚落景观区划等多项成果，遵循以人为本的发展理念，开展面向新时代的中国村镇地域系统的区划工作。这不仅在理论上是对中国人文地理区划的补充和丰富，所确定的中国村镇体系的空间格局、范围、界线以及对各村镇区自然地理环境、村镇聚落结构和建筑景观特征的阐述，也将为未来中国村镇体系建设和乡村振兴战略布局提供借鉴。

中国村镇区划具有综合性与分异性特点。要将村镇聚落、农业发展条件、地理环境、自然生态、聚落景观、民族文化及经济社会等要素作为一个整体看待，研究它们之间的有机联系、依存关系和科学组合；要分别评价村镇发展所依托的各类要素的相对一致性和差异性，在确定主导因子的基础上对各类要素的边界和范围进行界定与取舍；要充分考虑村镇体系的最基本特征——聚落结构与农业生产景观，将其作为村镇分区的重要依据；要突出民族地域文化的本土性，最大限度的将具有明显血缘、亲缘、业缘关系的地域文化区域划归到同一个村镇区（或村镇亚区）；要确保区划方案具有针对性、科学性和可操作性，需要以行政单元边界对中国村镇系统进行合理框定；同时，要避免走入分区过度破碎化的误区，区划方案要保持村镇区空间分布的连续性。

中国村镇区划系统是综合揭示和反映中国村镇聚落、农业发展条件、地理环境、建筑景观、民族文化及经济社会特点的地域系统，是一次人文社会要素与自然地理要素耦合集成的区划研究尝试。基于此，确立中国村镇区划的基本依据包括以下六个方面（金其铭，1989）：①村镇形成发展的自然地理环境和社会经济条件的相对一致性；②村镇所在区域农业生产条件和特征的相对一致性；③村镇聚落基本特征的相对一致性；④村镇地域文化景观与民族宗教信仰的相对一致性；⑤村镇发展的制约因素、存在主要问题及整体发展方向的相对一致性；⑥县级行政区界线的完整性与空间连续性。

中国村镇区划主要遵循以下三个主要原则（傅伯杰等，2001；郑度等，2008；方创琳等，2017）。

1）综合性与主导性相结合原则

综合性原则是指针对地理系统的复杂性与多样性，尽可能全面涵盖影响村镇分异的要素。主要包括自然地理环境、农业生产条件、聚落结构及景观特征、民族文化、社会经济和行政区划等；主导性原则是指影响村镇划分的主导性决定因子，在众多影响因子中，必然有某个或某几个因子对村镇本质特征的形成与区分发挥主导作用；同时需要将主导因子置于区域特征的整体环境下，避免出现孤立性结果以及主观臆断的干扰。村镇区划的依据虽然要综合考虑多个方面，但要区分主次，一级区划分时就需要根据主要矛盾和主导因素来确定。

2）区内相似性与区间差异性原则

具体表现为同一个村镇区的村镇聚落结构、景观以及村镇所在区域的自然地理环境和经济社会特别是农业生产条件具有相对一致性，区内各要素的差异较小，基本特点和规律具有较强的共性。而在不同村镇区之间，各类要素往往具有比较显著的差异，村镇分区界线即是对这种差异的分类处理，以体现不同区域的分异规律和独特性。

3）"自上而下"与"自下而上"相结合原则

通常在大范围高层次的地域划分时，较多采用"自上而下"的演绎法，而较低等级的地域类型则多应用"自下而上"的归纳法。"自上而下"有利于更好的把握要素地域分异的总体规律和宏观格局，"自下而上"则更利于较小空间单元的定量精细化分析。采用该原则，通过"自上而下"的方法获取主要分区界线，避免分区过于破碎，通过"自下而上"的方法校验和优化区划结果。

第二节 中国村镇地域分区系统方案

一、分区方法

地理要素区划的实现方法主要包括定性与定量两大类型。定性方法一般通过走访、考察、资料搜集与分析等进行地域划分，定量方法则综合考虑影响分区的自然地理和经济社会要素，并以此构建指标体系，将计算结果空间聚类实现地域分区，包括要素加权叠置法、空间聚类分析法、地理相关分析法、主导因子法、多因子综合法等（刘沛林等，2010；方创琳等，2017）。一般而言，在对地理要素进行综合区划研究时往往要综合上述多种方法，通过集成分析的方式最大程度的确保区划方案的科学性和合理性。在中国村镇地域分区的方法运用上，考虑到中国地域范围较大，为有效贯彻相对一致性原则，采用"自上而下"顺序划分的演绎方法，其特点是能够客观把握和体现中国村镇地域分异的基本特征和总体规律；进一步结合多种要素空间叠置的技术手段，基于地理相关分析、主导因子与多因子综合比对等具体方法，实现中国村镇地域系统的初步划分；最后采取"自下而上"的归纳法对区划方案进行校验和优化。

中国村镇地域分区具体操作包括以下过程：①各类要素区划的选择。中国村镇地域系统的形成和分化，主要受地形地貌、气候、生态环境、农业生产能力与生产条件、聚落建筑景观、民族与文化宗教信仰等多种自然社会要素的影响。基于村镇分区的研究需要，选取中国农村聚落区划（金其铭，1989）、综合农业区划（周立三，1981）、自然地理区划（赵松乔，1983）、生态地理区划（郑度等，2008）、传统聚落景观区划（刘沛林等，2010）、文化区划（吴必虎，1996）、行政区划等7个区划方案参与研究。②要素图层标准化处理。由于要素区划的划分依据各不相同、区划详细程度不一，导致区划界线并不一致。本区划利用 ArcGIS 技术平台将农村聚落区划、综合农业区划、自然地理区划、传统聚落景观区划等各个要素图层进行地图配准，确保各要素尺度统一。③确定中国村镇地域分区的基底要素和主导因子。其中，基底要素为中国农村聚落区划，主导因子选取自然地理环境和农业生产条件，三者叠置分析后初步得到中国村镇地域10个一级村镇区的边界和范围。④综合多因子比对。完成一级区划分后，综合考虑所有区划方案，比对各类区划空间的吻合程度，在优化一级区边界的基础上确定中国村镇地域二级区的空间范围。⑤区划界线校正与优化。按照县级行政区划单元，在充分考虑专家意见的基础上，对一级区、二级区界线进行科学校正与优化，避免分区的过度破碎化或出现明显错误。

需要指出，对多种区划方案的空间叠置分析需要确定基底要素和主导因子作为区分村镇一级区边界的依据。考虑到自然地理环境是影响中国村镇聚落发展的根本因素，而村镇的形成与分布往往以农业生产条件的地域分异规律为基础，因此在对中国村镇一级区划分时，将自然地理环境与农业发展条件确定为主导因子，而以中国农村聚落区划作为中国村镇区划方案的基底则是因其包含了中国村镇聚落发展的基本信息，三者叠置具有较强的科学性。此外，在实际操作过程中，地域界线是区域划分的具体表现，综合"调整"不可或缺。由于绝对的界线在自然地理环境中很难寻觅，不同区划方案的界线也不可能完全重合，因此，界线是在模糊的渐变客观中寻找不同要素相互吻合的最大空间（郑度等，2008），"调整"是多种区划边界协调、"求大同存小异"的过程，受到专家经验影响而具有一定的主观判断和选择，往往是对各类边界反复比较取舍后所得到的较优结果。

二、分区系统

中国村镇地域分区系统是从全国尺度剖析区域的差异性和统一性，主要服务于中国村镇系统的整体格局，因而具有较强的概括性。区划体系不能过于烦琐，分区层次不宜太多，在此按照"三级划分法"将中国村镇系统初步划分为"村镇聚落系统—村镇区（一级区）—村镇亚区（二级区）"三个层级。一级区的命名主要参考中国农村聚落区划方案的命名方式，如东北村镇区、黄土高原村镇区等；二级区的命名主要结合地区典型的自然、人文地理环境或行政单元进行命名，如黄淮平原村镇亚区、河西走廊村镇亚区、台湾村镇亚区等。在此基础上，最终将中国村镇地域划分为 4 个村镇聚落系统、10 个村镇区和 34 个村镇亚区，具体如图 9.1 和表 9.1 所示。

表 9.1　中国村镇区划表

聚落系统	一级区	二级区
北方村镇聚落系统	Ⅰ东北村镇区	Ⅰ1 大小兴安岭村镇亚区
		Ⅰ2 东北平原村镇亚区
		Ⅰ3 长白山村镇亚区
		Ⅰ4 辽东半岛村镇亚区
	Ⅱ华北村镇区	Ⅱ1 海河平原村镇亚区
		Ⅱ2 黄淮平原村镇亚区
		Ⅱ3 山东半岛村镇亚区
	Ⅲ内蒙古及长城沿线村镇区	Ⅲ1 内蒙古高原村镇亚区
		Ⅲ2 长城沿线村镇亚区
	Ⅳ黄土高原村镇区	Ⅳ1 晋东豫西村镇亚区
		Ⅳ2 晋北村镇亚区
		Ⅳ3 陕甘宁村镇亚区
南方村镇聚落系统	Ⅴ长江中下游平原村镇区	Ⅴ1 长江下游平原村镇亚区
		Ⅴ2 江淮平原村镇亚区
		Ⅴ3 长江中游平原村镇亚区
	Ⅵ江南丘陵村镇区	Ⅵ1 皖南浙闽丘陵村镇亚区
		Ⅵ2 湘赣丘陵村镇亚区
		Ⅵ3 南岭山地村镇亚区
	Ⅶ华南村镇区	Ⅶ1 浙闽沿海村镇亚区
		Ⅶ2 珠江三角洲村镇亚区
		Ⅶ3 琼雷及南海诸岛村镇亚区
		Ⅶ4 台湾村镇亚区
	Ⅷ西南村镇区	Ⅷ1 秦岭大巴山地村镇亚区
		Ⅷ2 四川盆地村镇亚区
		Ⅷ3 川滇村镇亚区
		Ⅷ4 滇南村镇亚区
		Ⅷ5 黔鄂湘村镇亚区

聚落系统	一级区	二级区
西北村镇聚落系统	IX 西北村镇区	IX 1 陇东关中村镇亚区
		IX 2 河西走廊村镇亚区
		IX 3 南疆村镇亚区
		IX 4 北疆村镇亚区
青藏村镇聚落系统	X 青藏村镇区	X 1 青海陇西村镇亚区
		X 2 青藏高寒村镇亚区
		X 3 藏南川西村镇亚区

总体而言，中国村镇地域分区与中国农村聚落区划及中国综合农业区划方案具有较高的吻合度，同时在陇东关中亚区、长城沿线亚区、南岭山地亚区、湘赣丘陵亚区及滇南亚区等局部地区也存在一些差异。这些局部分异特征体现了中国村镇分区系统的独特性。由于中国地域辽阔，自然与人文环境复杂多样，中国村镇地域系统区划方案总体而言是初步的、粗线条的，界线划分也是动态的、可调整的，以不断适应中国经济社会发展以及城镇化建设的未来需要，也为中国乡村振兴提供源源不断的理论支撑。

为进一步明确中国不同村镇区的具体特征，本书分别对中国村镇区和村镇亚区进行分区介绍。其中，10个村镇区（一级区）将从自然地理特征、村镇聚落结构特征、村镇景观格局特征等进行阐述。自然地理特征主要论述不同村镇区的整体地形地貌、气候环境及其生态地理格局；村镇聚落结构与景观格局特征则是通过一对一的方式在每个村镇区中选择1个案例县（市、区），借助村镇统计数据系统判别不同村镇区的村镇数量、规模、密度等基本属性，并运用景观生态学方法探讨案例区村镇聚落的景观指数（详见本章第三节）。

村镇亚区（二级区）是对村镇区聚落特征研究的进一步深化，重点涉及不同村镇亚区的自然地理环境和村镇传统建筑景观。其中，对村镇传统建筑景观的分析侧重不同地区的传统建筑形制和景观特色。考虑到历史文化名镇名村具有显著的地区差异性和乡土性，不同地区、不同自然条件下的名镇名村的形态、建筑风格以及人们日常生活与自然环境的融合方式是迥然不同的（赵勇，2008；胡彬彬等，2018）。作为中国地域景观、文化、民族、宗教及社会活动多样性的直接物证，历史文化名镇名村已经成为中国村镇体系中最具典型性、独特性和代表性的文化符号（图9.2），增加不同地区历史文化名镇名村的案例介绍，有助于深刻理解中国村镇地域特征的差异性和多样性。

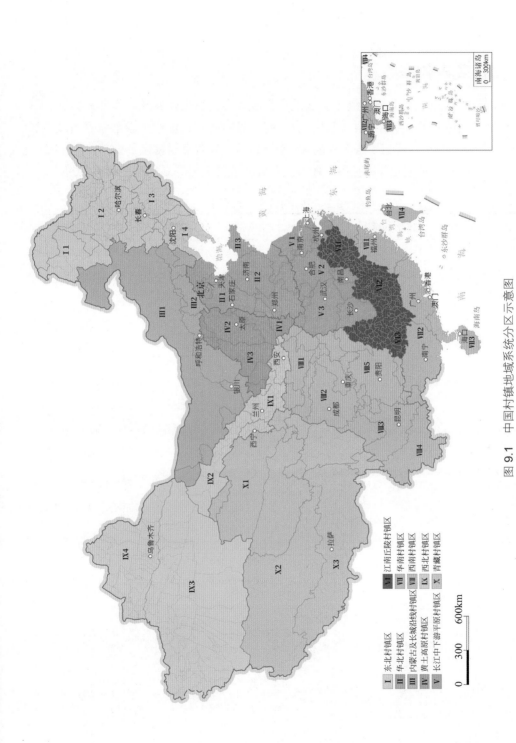

图 9.1　中国村镇地域系统分区示意图

第三节　村镇区地域空间基本特征

一、村镇区基本概况

中国村镇区划包含北方、南方和西北、青藏 4 个村镇聚落系统，东北村镇区、华北村镇区、内蒙古及长城沿线村镇区、黄土高原村镇区、长江中下游平原村镇区、江南丘陵村镇区、华南村镇区、西南村镇区、西北村镇区和青藏村镇区等 10 个村镇区（一级区）。各村镇区的主要分布范围、地形、气候和植被类型等基本概况如表 9.2 所示。

表 9.2　中国村镇区基本特征

村镇区	主要分布范围	主要地形	主要气候类型	主要植被类型
1. 东北村镇区	黑龙江、吉林、辽宁中东部地区以及内蒙古东北部大兴安岭地区，共计 291 个县级单元	大小兴安岭、长白山地、东北平原、辽东丘陵	温带季风气候	寒温带针叶林、温带针阔混交林、暖温带落叶阔叶林、温带草原
2. 华北村镇区	京津、河北中南部、山东、河南（西部除外）以及苏北、皖北等地区，共计 478 个县级单元	华北平原、山东丘陵	温带季风性湿润气候	暖温带落叶阔叶林
3. 内蒙古及长城沿线村镇区	内蒙古大部，长城沿线的辽宁西部，河北、山西北部以及陕甘宁北部地区，共计 129 个县级单元	内蒙古高原、鄂尔多斯高原、阴山山地	温带季风与大陆性气候的过渡地区	温带草原
4. 黄土高原村镇区	山西大部、陕西中北部、内蒙古南部、宁夏陇东部分县城及河南西部地区，共计 196 个县级单元	黄土高原、太行山地	温带季风气候	暖温带落叶阔叶林
5. 长江中下游平原村镇区	江苏中南部，浙江、江西、湖南北部，湖北大部分地区及上海，共计 385 个县级单元	长江中下游平原、桐柏-大别山地	亚热带季风性湿润气候	亚热带常绿阔叶林
6. 江南丘陵村镇区	浙江、福建西部丘陵地区，湘赣皖南部以及粤北、桂北的部分区域，共计 204 个县级单元	江南丘陵、南岭山地	亚热带季风性湿润气候	亚热带常绿阔叶林
7. 华南村镇区	浙江东南部，福建、广东、广西大部以及台湾和海南全部区域，共计 352 个县级单元	浙闽丘陵、两广丘陵、台湾山地	亚热带、热带季风性湿润气候	亚热带常绿阔叶林、热带雨林、季雨林
8. 西南村镇区	秦岭以南、横断山脉以东、宜昌以西的广阔区域，包括云南、贵州、重庆大部，四川中东部，陕南及湘西、桂西、鄂西南等地，共计 492 个县级单元	云贵高原、四川盆地	亚热带、热带季风性湿润气候	亚热带常绿阔叶林、热带雨林、季雨林
9. 西北村镇区	陕西中部、甘肃东中部、河西走廊地区、青海东北部及新疆全域，即人们通常习惯称呼的西北地区，共计 227 个县级单元	塔里木盆地、准格尔盆地、天山山地、关中盆地、河西走廊	温带大陆性干旱半干旱气候	温带草原、温带荒漠
10. 青藏村镇区	西藏全部、青海大部、川西及滇西北的部分区域，共计 149 个县级单元	青藏高原、柴达木盆地、横断山地	高山高原气候	高山草甸、高寒荒漠

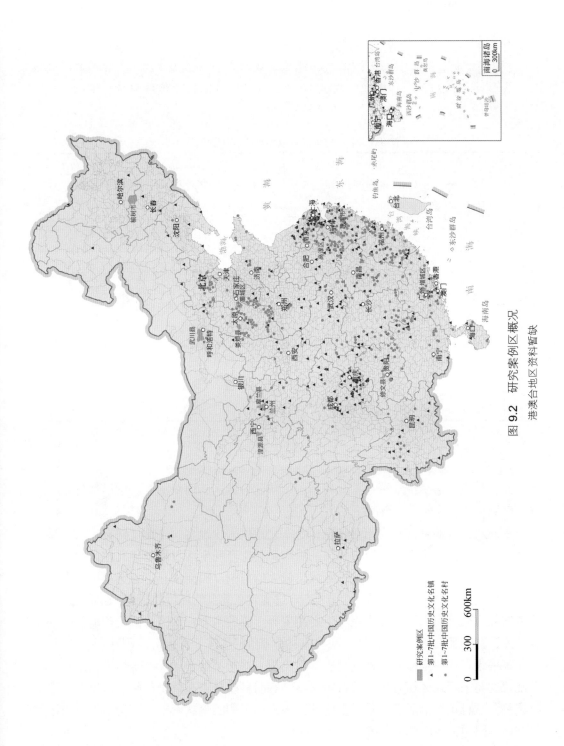

图 9.2　研究案例区概况

港澳台地区资料暂缺

二、村镇区聚落特征与景观格局

1. 村镇区聚落系统整体特征

根据 10 个案例区中关于村镇规模结构的统计数据（表 9.3），结合相关研究成果（金其铭，1989），总体把握我国 10 个一级村镇区的村镇聚落数量、密度、形态等基本特征。

表 9.3　中国村镇区规模结构特征（案例区）

案例区	村庄（行政村）			建制镇			乡镇（含乡）
	数量/个	平均面积/hm²	密度/（个/100km²）	数量/个	平均面积/hm²	密度/（个/100km²）	密度/（个/100km²）
1. 吉林省榆树市	388	78.46	8.23	15	162.84	0.32	0.51
2. 河北省藁城区	239	53.72	28.59	12	112.40	1.44	1.56
3. 内蒙古自治区武川县	93	59.91	1.99	3	419.78	0.06	0.19
4. 山西省娄烦县	142	14.00	11.02	3	237.03	0.23	0.62
5. 江苏省高淳区	121	59.79	15.31	8	120.01	1.01	1.01
6. 浙江省建德市	229	32.05	9.90	12	139.31	0.52	0.56
7. 广东省增城区	284	16.78	17.57	7	1369.94	0.43	0.43
8. 贵州省修文县	108	23.27	10.08	10	122.78	0.93	0.93
9. 甘肃省皋兰县	71	59.52	2.87	7	249.08	0.28	0.28
10. 青海省湟源县	146	14.59	9.68	9	64.22	0.60	0.60

注：村镇数量来自不同案例区的统计数据。

1）北方村镇聚落系统

北方村镇聚落系统细分为东北村镇区、华北村镇区、内蒙古及长城沿线村镇区、黄土高原村镇区等 4 个一级区。

东北村镇区的聚落密度相对较低，与东北地区人少地多、土地辽阔有很大关系。此外，东北居民多为山东、河北移民的后裔，其生产和生活习惯与华北地区趋同，乡里之间乐于相互照顾，集中居住，形成比较大的村屯。因而从一定意义上讲，东北地区的村镇实质是华北村镇区的一个分支，不过受到东北自然环境的影响，在住宅形式、聚落密度、聚落内部结构等出现了一定的变异。总的来看，该区村镇聚落内部布局比较紧凑，占地面积大，大村大镇共同构成村镇聚落的主体（表 9.3）。但在不同地形区，聚落规模也存在一定差异，特别是山区常出现一些零星的小居民点，规模较小，分布散乱，这与平原地区相对集中的村镇聚落具有明显差异，在数量和面积占比上均不具有优势。从村镇聚落形态上看，平原地区多为中大型团聚状聚落，河流谷地及山区因受到地形限制，往往呈条带状、散点状分布。

华北村镇区的村镇聚落规模普遍较大，结构规整，是中国村镇聚落最大的地区之一。该地区村镇的分布均匀，密度较大，与平坦的地形和发达的农耕产业密切相关（表9.3）。村庄与建制镇的规模和形态差异较小，均以大中型聚落和团块状分布为主。山区丘陵地区村镇的规模总体偏小，分布也较为零散。但总的来说，华北地区村镇聚落的内部差异性较小。

内蒙古及长城沿线村镇区的村镇聚落密度低，是全国聚落稀少的地区之一，聚落规模整体偏小，并且存在蒙古包等大量的流动式住宅（表9.3）。区内村镇聚落分布不平衡，内蒙古高原地区的村镇多集中于水草丰美的草原地区，人口规模普遍小于华北、东北等农业地区，以中小村镇为主，也有一定数量的牧业聚落分布，沙漠戈壁基本为无人居住区。农区和农牧交错区以大中型村镇聚落为主，布局适宜，基本不存在过密过疏现象。

黄土高原村镇区受地形条件、水源分布等影响，村镇聚落分布较为集中，村庄内部结构相对建制镇而言更为松散，人均聚落占地面积较大。本地区的村镇布局和结构上与华北地区相似，大多为团聚状或近似团聚状，带状聚落和散居聚落相对较少。但与华北平原地区相比，黄土高原的村庄聚落规模要小得多，不过在一些地形相对平坦、水源相对充足的河谷地区，乡镇聚落的空间聚集程度较高，规模也相对较大（表9.3）。总体而言，本地区仍以中小规模村镇为主。

2）南方村镇聚落系统

南方村镇聚落系统包括长江中下游平原村镇区、江南丘陵村镇区、华南村镇区、西南村镇区4个一级区。

长中下游平原村镇区总体上以中小规模聚落为主。该区是中国人口最稠密的地区之一，人多地少，经济社会普遍发达，乡镇工业在村镇聚落发展中占有重要地位。同时本区农业生产强调精耕细作，耕作半径较小，因此本区村庄距离农田普遍较近，自然村落之间的距离很小，数量多且密度大（表9.3）。就不同的地形区而言，分布在平原地区的村镇聚落规模较小，湖区的聚落规模偏大，山地丘陵地区的聚落规模与密度最小。受河网密布影响，村镇布局扩展受到一定限制，聚落及房屋多临河而建，"君到姑苏见，人家尽枕河"是其真实写照。由于聚落沿河伸展或环河、塘布局，村镇常常不是正向延伸，而是随水变化，以致聚落的走向多变、形态复杂。

江南丘陵村镇区受地形影响较为明显，村镇聚落的空间分布不均匀，聚落形态复杂多样。该区山地丘陵广布，丘陵之上仍有较多1000m以上的山岭，导致农田面积不大，耕地被地形切割而较为分散，盆地及河谷地区的村镇分布较为密集，容易出现较大规模的建制镇，山区聚落数量不多且规模较小；一般以十几户左右的小村为主。

华南村镇区的村镇聚落规模同时存在两种极端，沿海地区的庞大村镇与山区的小规模村庄并存。在珠江三角洲、潮汕平原及厦漳泉三角洲等地，由于地形平坦、耕地集中以及外向型经济社会发展，村镇经济和城镇化水平总体较高，村镇聚落的规模普遍大于粤北、闽西等山地丘陵区的聚落。在广西壮族自治区，耕地资源较少，村镇规模普遍不大，因耕地分散导致居民点聚落的分布也较为零散。平原三角洲地区的村镇聚落形态一般多为团状，丘陵山区及河流沿岸的村庄也有条带状、散点状布局。

西南村镇区村镇规模小而分散，聚落密度较高。该区面积广阔，地形复杂，民族多样，不仅在南北方向上跨越热带、亚热带及暖温带等多个气候带，而且各种地形地貌类型齐全，部分地区还具有典型的喀斯特地貌特征，因此，本区村镇聚落受水热条件、地形地貌、民族构成等因素的影响极为显著，与长江中下游平原及江南丘陵地区基本类似（表9.3），但分布更为分散和不均匀，聚落布局和房屋形式复杂多样，不同亚区村镇聚落结构均有自身的特点，是中国村镇内部差异最大的一个地区。

3）西北村镇聚落系统

西北村镇聚落系统包括西北村镇区一个一级区，是中国人口分布稀疏、密度最低的地区之一。由于本区东西跨越大，经历了从季风气候区到非季风气候区的演变，导致不同地区的聚落结构存在较大差异。但总体来看，村镇聚落的基本特征是聚落数量总体较少，密度小但不散乱，聚落规模普遍较大，主体为中等规模村镇（表9.3）。逐水源而居，聚落形态多变化，既有平原地区、绿洲、灌区的团聚状分布，也具有明显的沿河流、谷地等形成的鱼骨状、条带状、梳状形态。这也导致村镇的规模结构与长江中下游平原等水资源丰沛地区多有不同。

4）青藏村镇聚落系统

青藏村镇聚落系统包括青藏村镇区一个一级区，其聚落结构和形式差异较小，主要为从事农业的汉族、藏族人民和从事牧业生产的藏族人民之间的差异。村镇聚落规模不大，总体密度低且分布不均（表9.3），受到农业生产、温度及水源的影响，大部分村镇散布于河流交汇地区、河谷地区及冲积平原地带。此外，村镇分布受海拔高度的影响颇为显著，高海拔地区村镇数量少且分布零散，随着海拔降低，村镇数量有所增加。除农业型村镇聚落外，在青海三江源地区、环青海湖地区以及祁连山地等也分布有一定数量的牧业聚落。

2. 村镇聚落景观指数

在明确中国村镇聚落整体特征的基础上，从典型案例区的村镇景观指数展开分析（表9.4）。各地区共有的特征包括，第一，建制镇斑块无论从占景观面积比例还是数量或密度上普遍小于村庄斑块，平均斑块面积和最大斑块指数则普遍超过村庄，这符合中国村镇等级结构体系的分布特征；第二，建制镇聚落的分维数总体低于村庄，结合度指数和聚集度指数普遍高于村庄聚落，建制镇在不同地区之间的差异明显小于村庄。说明在中国各地，相对村庄聚落而言，建制镇聚落的几何形状普遍趋于简单和统一，具有更强的规律性，景观联通度与连续性较好，空间结构也更加紧实致密。不过值得注意的是，这些共性特征在不同村镇区仍然有着不同的表现形式和形态结构的地域分异规律。正因如此，才共同构成了丰富多样的中国村镇地域系统。

表 9.4　中国村镇区聚落景观指数（案例区）

案例区	类型	斑块占景观面积比例	斑块数量	斑块密度	平均斑块面积	最大斑块指数	分维数	结合度指数	聚集度指数
吉林省榆树市	村庄	92.59	3593	10.72	8.47	0.36	1.24	92.42	85.84
	建制镇	7.41	39	0.12	62.49	1.90	1.30	97.74	93.43
河北省藁城区	村庄	90.50	1522	10.73	8.44	0.74	1.21	96.10	90.34
	建制镇	9.50	36	0.25	37.46	1.24	1.18	96.93	94.45
内蒙古自治区武川县	村庄	81.57	1524	22.35	3.65	1.59	1.30	87.72	77.66
	建制镇	18.43	183	2.68	6.87	8.61	1.18	96.69	93.33
山西省娄烦县	村庄	73.66	568	21.04	3.50	2.15	1.34	90.24	77.96
	建制镇	26.34	40	1.48	17.77	13.06	1.27	97.69	91.88
江苏省高淳区	村庄	88.29	2174	26.11	3.33	1.99	1.34	90.78	77.12
	建制镇	11.71	161	1.93	5.96	4.11	1.31	96.31	85.35
浙江省建德市	村庄	81.40	9197	53.51	0.80	0.96	1.41	82.71	62.35
	建制镇	18.60	69	0.40	24.30	2.05	1.41	97.35	87.49
广东省增城区	村庄	33.19	4095	28.55	1.16	0.71	1.41	85.51	65.48
	建制镇	66.81	1111	7.74	8.63	9.19	1.37	97.70	87.24
贵州省修文县	村庄	67.22	7666	17.26	0.33	0.06	1.48	64.28	40.26
	建制镇	32.78	105	0.24	11.69	1.08	1.31	97.30	89.94
甘肃省皋兰县	村庄	70.74	1428	23.91	2.96	3.24	1.38	91.76	78.22
	建制镇	29.26	224	3.75	7.80	10.92	1.30	97.00	87.12
青海省湟源县	村庄	78.63	1262	46.63	1.69	1.80	1.43	86.56	67.34
	建制镇	21.37	66	2.44	8.76	11.28	1.35	96.17	87.58

1）村镇聚落斑块基本特征

在村镇聚落斑块面积占比方面，东北村镇区榆树、华北村镇区藁城的村庄斑块面积占比最高，二者均超过 90%，相应地，建制镇面积占比最小。作为中国以村庄聚落分布和传统农业生产为主的主要区域，受特殊的地缘政治和历史文化因素影响，二者在整体聚落景观上具有较高的相似度。村庄斑块面积占比在 80%~90% 之间的案例区主要包括黄土高原村镇区的榆林、华北村镇区的藁城、内蒙古及长城沿线村镇区的武川、长江中下游平原村镇区的高淳和江南丘陵村镇区的建德，这些地区的村庄聚落在整个村镇系统中占有重要地位，也是中国农业（牧业）生产的重点地区之一。黄土高原村镇区的娄烦、西北村镇区的皋兰及青藏村镇区的湟源等 3 个地区的占比在 70%~80%，这些地区均位于季风区与非季风区的交界处，降水较少，地形以高原山地为主。受上述自然地理环境影响，地区人口规模总体较小，村镇聚落之间的面积对比并没有其他案例区悬殊。此外，在一些经济社会开发较早的地区，由于村镇经济和城镇化发展促进了城镇聚落规模的大幅扩展，建制镇面积占比明显偏大。增城成为仅有的建制镇聚落面积占比超过村庄面积的案例区，前者占到地区村镇聚落总面积的 2/3 以上，意味着建制镇聚落是整个村镇景观中的主导类型。

村庄聚落斑块数量方面，建德、修文、增城的村庄斑块数量均超过 4000 个，村庄分布破碎化程度较高，受丘陵及高原山地等地形地貌的影响显著。村庄数量最少的地区集中在黄土高原地区的娄烦，与当地稀缺的水资源状况密切相关。其他大多数地区的村庄斑块数量在 1000~3000 个不等。在建制镇聚落斑块数量方面，增城区数量超过 1000 个，领先于其他所有地区，反映出当地发达的经济社会水平。此外，皋兰、武川等农牧业地区，由于集镇在地区经济社会服务中具有较高的实际需求，往往要提供周边较大区域内所有农牧业生产活动的基础资料，因而也常常发展成为一些规模较大的镇区。

村镇聚落斑块密度及平均斑块面积方面，建德、湟源的村庄斑块密度最高，超过 40，其次是增城和高淳，分别为 28.55、26.11，这也意味着中国南方广大地区的村庄比较零散，空间异质性较高，往往以中小规模聚落分布为主。而在榆树和藁城等中国传统北方地区，村庄斑块密度明显较低，不足其他地区的 1/4，但平均斑块面积最大（8.47 和 8.44），甚至超过高淳、武川、皋兰等地区建制镇的平均斑块面积，与增城区、湟源县建制镇平均面积相差无几。与建制镇对比发现，榆树、藁城的平均斑块面积同样较大，分别达到 62.49 和 37.46，这也意味着，中国东北、华北等传统农业区普遍出现"大村大镇"共同分布的村镇格局。而在武川、湟源、高淳、增城等地，由于村镇平均斑块面积本身不大，二者的实际差距相对较小，村镇体系更加均衡和扁平化。

村镇聚落最大斑块指数反映的是最大斑块对整个类型和景观的影响程度。对案例区村庄斑块而言，皋兰和娄烦的最大斑块指数位居前列，相对中国南方地区的村庄而言具有更强的景观影响力。建制镇数据则显示，娄烦、湟源、皋兰的最大斑块指数均在 10 以上，与村庄表征具有一定的相似性，分别对应黄土高原地区、青藏高寒地区和西北干旱半干旱地区，无一例外的处在中国地势较高、自然生态环境特别是水源条件较差的区域，人口和村镇聚集区往往位于河流谷地、冲积平原、黄土塬面等自然条件较好的位置，由此集聚形成的建制镇在规模上普遍偏大，首位建制镇在景观格局中常常占有重要的支配地位。此外，华南地区的增城得益于发达的村镇经济和高度城镇化水平，建制镇最大斑块指数对景观的影响也十分显著。

2）村镇聚落形态格局特征

中国东北、华北、内蒙古及长城沿线等北方地区村镇聚落的几何形状均趋于简单，形态更加规则和整齐，斑块之间的自相似性较强。具体而言，榆树、藁城、武川村镇聚落的分维数普遍不足 1.3。榆树村镇聚落形态单一且接近于长条状；藁城村镇形态高度相似，以矩形、方形等团块状为主；武川一定程度上受到高原地形地貌的影响，形态略显复杂，但仍然具有较强的团块、长条状特征。这在结合度和聚集度指数上也可以得到验证，特别是榆树和藁城，村镇聚落的空间连续性强，主要由结构紧凑的单一聚落组成，村镇景观的整体一致性较好。

中国南方地区村庄聚落的破碎化程度较高，聚落类型丰富多样而缺乏一定的规律性。修文、增城的村庄聚落分维数总体较高，均在 1.4 以上。这些地区的村庄形态各异，受地形、河流的影响显著，多呈条带状、散点状、不规则形状分布。例如位于长江中下游平原的高淳，村庄形态因河而异，蜿蜒曲折；华南、西南村镇区的增城、修文聚落形态多变，景观破碎，受当地典型的山地丘陵地貌影响很大。相比之下，建制镇聚落的分维数与其他地区特别是结构较为规整的华北、东北地区并没有显著不同，这也意味着在全国各个地区，建制镇聚落之间的地域差异相对村庄而言要明显小得多，通过对比结合度和聚集度指数同样可以得到与之相似的结论。但在村庄聚落方面，结合度和聚集度指数则表现出更加多样化的地域特征，除榆树、藁城等村镇景观连续性和集中性较强外，修文、增城、建德及湟源的结合度和聚集度指数在村镇之间相差悬殊，相对于各自所在地区建制镇以及其他村镇区的村庄，聚落分布离散化的同时也缺乏较强的稳定性。

第四节　村镇区地域空间分区特征

一、东北村镇区

东北村镇区可进一步划分为大小兴安岭村镇亚区、东北平原村镇亚区、长白山地村镇亚区、辽东半岛村镇亚区等 4 个亚区，以关东文化及少数民族宗教文化等为主（王恩涌等，2008）。

1. 自然地理环境特征

在大小兴安岭村镇亚区，地形主要为山地，北部小范围处于寒温带湿润地区，气候湿冷，以落叶松和樟子松构成的原生寒温性针叶林生态系统和红松为主的针阔混交林为主，除一些谷地外，其他地区并不适合农业生产。在长白山地村镇亚区，山地丘陵等地形地貌广布，山间分布有小范围的盆地平原，天然植被也以红松针阔混交林为主。东北平原村镇亚区所跨纬度较大，南北方向上存在一定差异，但总体自然植被为森林和草原；该亚区地形平坦，黑土广布，长期受到人类影响，自然植被结构和组成均发生很大变化，农牧业活动成为该地区重要的特征之一，亚区内的三江、松辽、松嫩平原既是中国重要的商品粮基地,也是重要的湿地生态保护区和优质牧草生产基地。在辽东半岛村镇亚区,低山丘陵居多,自然植被以温带落叶阔叶林为主,松栎林和山地灌草丛最为常见(郑度等,2008;周立三,2017)。

2. 村镇传统建筑景观

东北村镇区传统建筑景观多体现清代合院建筑或地方特色建筑风格,民居保暖防寒功能良好。该区是中国纬度最高的地区,冬季气候寒冷干燥。同时东北地区也是中国汉族、满族、朝鲜族、赫哲族等多民族聚居区域,除汉族典型村镇建筑形制之外,也遍布有浓厚的少数民族民居建筑特点。与之对应,4个不同村镇亚区的传统建筑景观具有较高的相似度,一些不同的建筑特征主要体现在不同民族的建筑上。

东北汉族传统民居在院落布局、房屋形态以及材料选用上都较为简单粗犷,具有较强的经济性和实用性。本区森林资源丰富,山区民居多采用木材建造,俗称"木楞子房"的井干式民居形式;在平原地带,民居多为土筑,"土坯房""碱土平房"等成为典型民居。碱土房一般呈点状布局,间距较大,布局分散,建筑多为梁架结构形式,以三开间居多,一明两暗,堂屋居中,两侧对称布置东、西屋,设有火炕、烟道和锅台,并在外围有土墙或木篱笆围成的小院落,以满足基本生活之用。五开间或七开间的房屋在汉族大型民居中较为常见,除堂屋外,其他房间均为家人寝卧之用。此外,东北汉族传统民居的"防御性"较为突出,具有华北地区传统农耕和移民文化特征,同时东北当地的自然地理环境孕育出关东文化独有的精神特质,民居的院落空间也更加大气、开阔(金其铭,1989;周立军等,2009)。

传统满族民居合院式院落布局形制通常为矩形,坐北朝南,各建筑之间有一定距离,互不遮挡。建筑多是土木材质的梁柱或穿斗式结构建筑类型,正房三间或五间,房间以西面为尊,称为"上屋",中间的为堂屋。满族民居多数合院为一进或二进,以南北为主的单条纵向轴线控制院落的空间与序列。为满足防寒需要,满族民居一般建造三面火炕,炕洞一端与灶台相连,一端与墙外的烟囱相连,形成回旋式烟道。墙体也有讲究,北墙最为厚实,南墙次之,墙体内也有采用中空配合火炕取暖的方式,具有较强的实用性。

朝鲜族民居的主要布局特点是朝向自由,以院落为中心,在其周边随意地围建房屋,建筑布置并不遵循中国传统建筑的中轴对称理念,也没有一定的建筑框架约束。房屋为抬梁式木构架,普通家庭三间居多,有的住宅外设有廊。民居的最大特点是"火炕",主要构成要素是卧室、厨房和储藏间,卧室铺满火炕,炕下设回环盘绕式烟道。建筑形式采用朝鲜族传统的合阁式屋顶,四角昂翘,主体采用砖混结构,表面粉刷白灰。总体而言,东北村镇区的朝鲜族民居传承了朝鲜族的独有文化,同时融入了中国东北地区的文化建筑风格,孕育出多元包容的朝鲜族民居形式。

此外,东北地区北部受俄罗斯文化的影响,农村聚落也可见到一些俄式房屋或残留有俄式影响的住宅,木板房、雕花窗,窗户上部为圆形,室内铺地板,住房高出四周地面，门外有三四级木制踏梯，或以波状铁皮盖房顶，并漆成各式色彩。

专栏 9-1 东北村镇区 名镇名村

1.吉林省吉林市龙潭区乌拉街镇

乌拉街镇地处松花江上游，东倚长白山余脉，分布于起伏的丘陵之上。"乌拉"得名于水，意为"沿江"。乌拉街镇有着浓厚的历史文化色彩，曾作为乌拉国的都城盛极一时，故有"先有乌拉，后有吉林"一说。1613 年努尔哈赤灭乌拉国，并在这里养精蓄锐以向中原进发，清顺治皇帝因此将其尊为"发祥之胜地"。现在的乌拉街镇，清代格局得以保留并传承下来，历经清朝、民国的发展，一直是满族人民生活聚居的镇区。乌拉街曾有"八庙四祠三府一街"的古建筑，现保留下来的是由魁府、萨府、后府和清真寺组成的清代建筑群。乌拉街镇的生活习俗中也带有浓郁的满族文化色彩，至今依旧保持较为完整的包括最具特色的萨满文化以及满族秧歌、鹰猎习俗、满族说部、满族剪纸等。此外，当地的哈拉巴舞和笊篱舞也独具特色。

 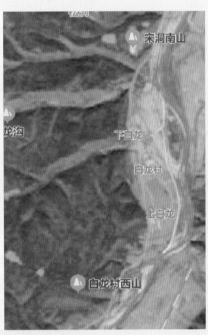

乌拉街镇（左）和白龙村（右）影像图

2.吉林省图们市月晴镇白龙村

白龙村位于吉林省延边朝鲜族自治州图们市境内，建于清光绪初年，是由朝鲜族移民而形成的村落。当初村民常被老虎伤害，故取名为"布瑞坪"，朝鲜语意为发布告驱虎，后受朝鲜族民间传说"白龙能驱虎"的影响而改名并沿用至今。白龙村与朝鲜半岛"咸镜道式村落"结构类似，至今仍保存较为完整的"中国朝鲜族百年部落"，是典型的朝鲜族建筑群，由13座风格各异、用途别样的朝鲜族房屋构成，房屋呈大屋顶形状，屋脊外观是中间平如行舟、两头翘立如鹤，瓦饰上雕有绳纹和吉祥文字。百年老宅采用土木和瓦结构建造，坐北朝南，以火炕取暖，平面沿用咸镜北道传统"两通式"布局形式，全凹廊式立面，门窗均为细木格子门棂，房屋间的隔段全部是木制推拉门。在民俗文化方面，白龙村以"农耕舞"著称，又被誉为"朝鲜族农耕文化第一村"。

二、华北村镇区

华北村镇区可进一步划分为海河平原村镇亚区、黄淮平原村镇亚区、山东半岛村镇亚区等3个亚区，主要受到中原文化、齐鲁文化和燕赵文化的深刻影响（王恩涌等，2008）。

1. 自然地理环境特征

整个华北村镇区的自然植被均以暖温带落叶阔叶林为主，适应温带南部湿润半湿润的气候条件。其中在山东半岛村镇亚区及鲁中地区，地形以低山丘陵为主，植物类型主要为松、栎、杨、槐及山地灌草丛，丘陵地区也分布有苹果树、梨树、桃树等构成的果园生态系统。在海河平原及黄淮平原亚区，经历史时期的海河、黄河、淮河等冲积形成的平原广阔，由于长期开垦、砍伐及频繁的农业生产活动，原始植被大部分已被破坏，现存以次生人工植被区为主（郑度等，2008；周立三，2017）。但在西北部与内蒙古高原接壤的地方，逐渐从落叶阔叶林变为草原生态景观。

2. 村镇传统建筑景观

以四合院为代表的单层砖木结构建筑是华北地区的传统住宅形式之一，布局规整，主次分明。相较于其他地区，北京四合院最为典型，是北京城市文化的重要象征，也是中原、齐鲁和燕赵文化平原农耕特点的共同展现。四合院民居建筑多为由不同功能、不同形制、不同规模的单体建筑元素组合构建而成的合院型建筑，其建筑空间构成的单体建筑元素包括房、门、廊、墙和影壁等。多种单体建筑元素的巧妙组合，形成四合院民居特有的形式、气质和风貌。一般而言由正房、厅房、厢房、耳房、后罩房、倒座房等组成，标准的四合院通常坐北朝南，按照南北主轴对称的形式将正房安置在北侧，倒座房位于南侧，经垂花门进入中心庭院，在东西轴线上安置相对次要的厢房，再围以高墙形成"合"制院落（金其铭，1989；李秋香等，2010）。

专栏 9-2　华北村镇区 名镇名村

1. 河北省永年县广府镇

广府镇位于河北省邯郸市东北，古称"曲梁"，"曲"意为弯曲，"梁"本意为水堤，因洺水环绕，堤围其周而得名。广府自古就与水有联系，是河宽地阔的河谷地带，广府古城坐落在永年洼淀之中，因而又被称为"旱地水城"。古城外围河流纵横，为防洪滞洪区，终年积水。广府城距今有 2000 多年的历史，隋末窦建德对古城进行修整，城池初具规模，明嘉靖二十一年，土城修砌为砖城，并在四门增筑瓮城。古城略呈正方形，面积 1.5km²，城内没有高层建筑，大多为四合院落，南北东西四大街呈"丁"字形交叉，另有八小街，七十二道弯，街道格局呈方格网状，基本保持了历史上的传统格局和尺度。至今仍保留清晖书院、状元楼、太和堂、弘济桥等古迹。此外，广府还是杨式、武式太极拳的发祥地，是中国著名的"太极拳之乡"。

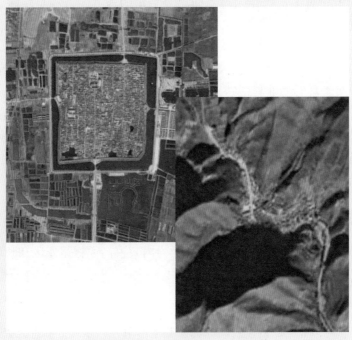

广府镇（左）和爨底下（右）影像图

2. 北京市门头沟区斋堂镇爨底下村

爨底下村位于北京市门头沟区，又名"古迹山庄"，始建于明永乐年间，全村都为韩姓，位于京西明代"爨里安口"险隘谷下方，在山上俯瞰群山环抱的爨底下，村落整体布局呈"元宝状"。"爨"原意有灶的意思，意为躲避严寒。村中的古民居以清代四合院为主，随山势高低变化，分上下两层，以村北的山包为轴心呈扇形向下延展，建筑布局严谨和谐，变化有序。一般由正房、倒座和左右厢房围合而成，部分设有耳房和罩房，形式上以山地四合院、双店式四合院及店铺式四合院为主。建于清代的广亮院位于村落中轴线的最高点，是古村四合院中等级最高的院落，布局宏大，装饰精美，是爨底下民居的代表建筑。

在海河平原及黄淮平原村镇亚区，传统的"一明两暗"三开间平面布置也是主要建筑形式。中间为堂屋，两侧为卧房，房屋进深较浅，平面上近似方形。正房一般坐北朝南，以环抱阳光阻挡冬季寒冷北风。随着经济社会发展，近年来多开间的矩形平面布置较为常见，外围连接院墙形成矩形"天井"。乡镇建筑多为两到三层的临街楼房，主要分布在交通道路的两侧，为地区村民提供基本的农业生产和生活物质资料。从建筑材料上看，村镇住宅一般为砖瓦建筑，一些农村地区尚存有部分夯土房屋。

在山东半岛村镇亚区的一些沿海地区，地形多山地丘陵，气候较为湿润，这种地理环境决定了建筑多选择在阳坡、面海、平坦的地方，以满足保暖、防潮等居住要求。同时受到齐鲁文化和东夷文化的综合影响，人们对海洋资源的合理开发利用自古有之并承袭至今。《史记·齐太公世家》记载："太公至国，修政，因其俗，简其礼，通商工之业，便鱼盐之利，而人民多归齐，齐为大国。"目前在威海荣成地区仍集中分布着具有渔业村落特色的民居类型——海草房。它以天然厚石块筑墙，房脊高耸，左右倾斜可达50度，屋顶厚重，使用从海水中捞出晒干后的水草、海带、海草混合麦秸草等苫作屋顶，具有防腐、防火、防蛀、保暖以及便于排水等特点。而且建筑用料完全为天然材质，具有极高的生态价值，因此也被称作世界上最具代表性的生态民居之一。

三、内蒙古及长城沿线村镇区

内蒙古及长城沿线村镇区可进一步划分为内蒙古高原村镇亚区和长城沿线村镇亚区，是草原文化与传统农耕文化的交融地带。

1. 自然地理环境特征

内蒙古高原村镇亚区以内蒙古高原为主要地形单元，东北部靠近大兴安岭；长城沿线村镇亚区与华北、东北和黄土高原村镇区相邻，地形以山地丘陵为主，地势险要，也是传统农牧业交错分布的主要地区。该区南部分布有黄河冲积而成的带状平原，被称为"准绿洲"。2个村镇亚区植被几乎全部为中温带草原，随降水变化，自东向西依次为森林草原、草甸草原、典型草原、荒漠草原等类型。东部的呼伦贝尔草原区主要为干草原和森林草原；中部内蒙古高原草原区以灌丛、干草原为主，是近年来沙化最为严重的区域之一；西部鄂尔多斯及内蒙古高原荒漠草原区主要植被类型为荒漠草原，是草原向荒漠的过渡地带（郑度等，2008；周立三，2017）。

2. 村镇传统建筑景观

内蒙古高原村镇亚区典型的聚落景观为蒙古包，其结构是用皮条将"哈那"（沿蒙古包周边设置的网状木杆架）"陶脑"（蒙古包屋面上的圆木顶）和"乌尼杆"（连接屋顶和"哈那"的木杆）绑扎成上部呈圆锥形、下部呈圆柱形的网架，根据气温高低可在上面铺盖一至二层毛毡，再用绳索束紧，掀开底部毡子即可通风，可谓冬暖夏凉。蒙古包平面是圆形，使用面积的大小随"哈那"的多少而定。蒙古包的门通常朝向正南和东南，包顶面正中的"陶脑"上的毡子可根据晴雨冷暖的需要随时启闭，起到类似天窗的作用，蒙古包在屋面、门的两侧以及外墙上部，以雪白的毛毡作为衬底，用蓝、黄、红等颜色的布料做成有民族特色的如意花纹。此外，也有砖木结构建造的固定式蒙古包，这是近百年来在草原文明与农耕文明交融发展起来的建筑形式（金其铭，1989）。

长城沿线村镇亚区中囤顶住宅或平顶住宅比较常见，这种住宅构筑简单，建设成本较低，屋顶亦保暖，还可以在屋顶晾晒粮食。此外，该区也存在大量两面坡式住宅。本地合院民居与北方民居形制基本一致，多中轴对称，院落坐北朝南，大门设置与装饰可从外观上区分汉、回民居。回族民居与当地汉族民居以及其他少数民族的民居具有相同的地理气候条件，民居形态具有较多的相似性，以平顶房为主，呈一字形排列，坐北朝南。与汉族不同的是，回族民居大多还在卧室一侧建有简单的沐浴间，以供家中做礼拜前使用。从院落结构上看，回族民居要满足日常宗教生活的需要，院落一般有起居、储藏、饲养、庭院、礼拜、沐浴等6个基本功能单位组成，体现较强的生产性和民族宗教文化特点。

专栏 9-3　内蒙古及长城沿线村镇区 名镇名村

1. 内蒙古自治区喀喇沁旗王爷府镇

王爷府镇位于内蒙古自治区喀喇沁旗西南，建于清乾隆年间，为清代喀喇沁右旗札萨克郡王府邸，故称王爷府。西接承德皇家园林，东邻内蒙古贡格尔草原，是近代蒙古族文明的重要发祥地和富集地。王爷府镇现存国内王府建筑中建成年代最早、建筑规模最大、规格等级最高的清代蒙古亲王府建筑群，以及藏传佛教寺庙福会寺。喀喇沁王府建于锡伯河北岸的平整台地上，北以三重山峦为屏障，并与两侧土山成环抱之势。主体建筑群由中轴区、东西跨院和后花园组成，坐北朝南，中轴区建筑规模宏伟，结构精巧，府内主体建筑为砖木结构，朱梁彩窗，先后有十二代蒙古王爷在此袭政。亲王府糅合了清王朝政权制度与蒙古族人民生活习俗，既体现了中国北方清代官式建筑严谨庄重的建筑风格，同时又有浓郁的民族、宗教和地域特色，是蒙、汉、满族文化交流融合的历史见证。福会寺是喀喇沁王府的家庙，形态呈长方形，分两座院落，外院用红砖砌成花墙院，内院主庙分为五殿，是地区闻名的宗教文化活动场所。

王爷府镇亲王府（左）和美岱召村喇嘛庙（右）

2.内蒙古自治区土默特右旗美岱召镇美岱召村

美岱召村位于内蒙古自治区土默特右旗大青山下，南望黄河，始建于明朝嘉靖年间，得名于村中的美岱召庙。古村依山傍水、景色秀丽，是阿勒坦汗及夫人居住和议政的地方，也是藏传佛教的重要活动场所。村中央的美岱召犹如草原上一颗绚丽的明珠，建筑仿中原汉式，将蒙藏文化融于其中，是一座"城寺结合，人佛共居"的喇嘛庙。作为明代塞外城堡式寺庙建筑的典型代表，美岱召喇嘛庙主体由城墙和寺庙建筑群组成，南墙正中开设城门，并建有城楼，城内现存明代古庙近300间，主要有大雄宝殿、三层楼、太后庙等。明清时代的美岱召曾是漠南丰州滩上土默特部蒙古人的政治、经济、文化、军事中心，阿勒坦汗及夫人积极开展与中原地区的互惠通商和文化交流，促进了内蒙古地区的经济社会发展，维系了土默特部与明朝政府和睦相处的安定局面。因此，美岱召这座庙与城相互结合的建筑村落，不仅在建筑布局上具有艺术价值，也是蒙汉和好、民族团结的历史见证。

四、黄土高原村镇区

黄土高原村镇区可进一步划分为晋东豫西村镇亚区、晋北村镇亚区、陕甘宁村镇亚区，该区也是秦晋文化的主要影响区域（王恩涌等，2008）。

1. 自然地理环境特征

黄土高原是3个村镇亚区共有的主要地貌单元，除几个大盆地和少数河谷外，大部分地区是丘陵、高原和山地，由厚层黄土堆积而成，海拔大致呈自西北部向东南部递减的趋势。黄土因土质疏松易于出现水土流失，黄土塬梁峁地貌发育，"千沟万壑，支离破碎"是其生动写照。从地带性植被来看，主要为落叶阔叶林。在阴坡、阳坡、丘陵山地等不同地貌或部位，因水热条件差异，天然植被的组成也有显著不同。目前，黄土高原的森林以人工林为主，树种以杨、榆、槐、油松居多，也有较多果园分布；除内蒙古、宁夏境内有部分成片草原外，其他地区草地分布较为零星，多用于生态修复与水土流失防治（郑度等，2008；周立三，2017）。

2. 村镇传统建筑景观

本区典型的村镇聚落景观为窑洞式住宅，其产生与黄土的特性有关。黄土质地均一，富有钙质，钙以各种矿物的外蒙体形式包裹在黄土尘状物的表面，使黄土堆积物具有一定的胶结力，形成黄土层并导致垂直节理的发育，使黄土区常见直立的悬崖，壁立不倒，这种特点使得人们在黄土中挖掘居室成为可能。同时，黄土高原的黄土堆积深厚，保证了窑洞建造的工程需要。窑洞基本保持了北方传统四合院形式，一般为正房三间，另有厨房、储物室等，形成一个舒适的地下庭院。

窑洞的种类很多，按建筑材料可以分为砖石窑和土窑，按建筑形式及所处位置可以分为下沉式、靠崖式和独立式。①下沉式又称地坑院，分布在黄土高原塬面保持比较完整平坦的地区，特别是在晋东豫西村镇亚区的分布较广，保存相对完好。当没有垂直崖壁可以利用时，在黄土层挖掘方形、条形或丁字形深坑，形成四壁闭合的地下空间，在坑内三面或四面再挖窑洞，坑院各面依朝向有主次之分，深坑内植树木。由于地坑院与地面相平，远望只见树冠，不知下为民居，所以又被称为中国北方的"地下四合院"。②靠崖式是沿山边、沟边垂直崖面上开掘的窑洞，在陕甘宁村镇亚区分布最为广泛。这种窑洞只能平列，不能围聚成院落。当需要多室时，则要向深处发展，中留横隔墙。为增加辅助面积，还可在土崖壁上挖掘各种形状和大小的壁龛。除横向发展外，也有上下发展成层叠状住宅，原洞之上挖窑，俗称"天窑"。③独立式窑洞主要分布于陕甘宁和晋北村镇亚区。在黄土高原的平川地区，房屋建造以土坯砌成圆拱后，上部覆土以保温，是一种建在地面之上的窑洞。这种窑洞可不依赖于山体，通风采光较好，又兼有靠山窑冬暖夏凉的优点（王金平等，2009）。

专栏 9-4　黄土高原村镇区 名镇名村

1. 山西省临县碛口镇

该镇位于山西吕梁，黄河东岸，临县南部。"碛"指黄河上因地形的起伏而形成的急流浅滩，黄河水在流经时遇到大小不同的石块，浪花飞溅发出巨大声响，因此得名。明清至民国年间，碛口镇凭借黄河水运一跃成为北方商贸重镇，享有"九曲黄河第一镇"之美誉，是晋商的发祥地之一，也是中国历史文化名镇、山西省地质公园，同时还有"2006 年世界百大濒危文化遗址"之一、全国最具年味的八个目的地之一等称号。碛口古镇的街道、店铺是清代山区传统建筑的典范。这些建筑黑顶砖墙，完全依地形而建，有明清建成的多条街道，街道都用石头铺砌，店铺都是厚厚的平板门。

碛口镇（左）和张壁村（右）影像图

2. 山西省介休市龙凤镇张壁村

张壁村位于山西省介休市南，村落以"壁"为名，具有"堡寨"的围合性特征，有防卫隔断之意。张壁村是中国现存比较完好的一座融军事、居住、生产、宗教活动为一体的、罕见的古代袖珍"城堡"，整座古堡顺塬势建造，南高北低，南北设堡门，由院落聚合而成。从堡北向下俯视，左、中、右各有一条深沟向下延伸。堡南则有三条向外通道，堡西为窑湾沟，峭壁陡坡，深达数十丈。堡东居高临下，有沟堑阻隔，可谓"易守难攻，退进有路"。堡墙用土夯筑而成，高约10m。堡有南北二门，中间是一条长300m的街道。北堡门筑有瓮城，南堡门用石块砌成，堡门上建门楼。街道两侧有典雅的店铺和古朴的民居；几座庙宇琉璃覆顶，金碧辉煌，点缀在堡内；还有抱柳的古槐和罕见的琉璃碑。

五、长江中下游平原村镇区

长江中下游平原村镇区可进一步划分为长江下游平原村镇亚区、江淮平原村镇亚区、长江中游平原村镇亚区，是吴越文化、荆楚文化和海派文化的重要影响区域（王恩涌等，2008）。

1. 自然地理环境特征

本区位于长江中下游地区，气候温暖湿润，降水量一般在1000mm以上，地势低平，以平原和低山丘陵分布为主，河网密布、湖泊众多，分布着洞庭湖平原、江汉平原、鄱阳湖平原、太湖平原、里下河平原等湖积和洪积平原，土质肥沃，农业生产活动频繁。此外，江淮平原村镇亚区也分布有桐柏山、大别山等丘陵地貌。天然植被自北向南由依次分布落叶阔叶林、常绿针阔混交林、常绿阔叶林，但由于人类长期的经济活动，本区几乎全部为农田，岗地丘陵除部分地区栽种了亚热带经济林和果园、茶园外，其余主要为次生灌木林或人工栽培的杉林和马尾松林。目前植被类型多由栎属和苦槠、青冈等组成的常绿针阔混交林组成，也有部分樟科、山茶科树种（郑度等，2008；周立三，2017）。

2. 村镇传统建筑景观

长江中下游平原村镇区房屋多为两面坡式房顶，也有层层下落式屋顶。北方四合院式、土顶式住宅不再多见，代之以砖木结构的平房或楼房建筑，上覆黛瓦，进深较大，农村地区出现了大量楼房。

长江下游平原及江淮平原村镇亚区常见的平房住宅以三开间为基本类型，堂屋一般布置在卧室的中间或一侧，多为开敞式空间，室内宽敞明亮，通风良好。在一些村镇的临街地段多设为店铺，其后连接院落和住房，若将后部的院落建筑用于生产，就形成了"前街后坊"的空间格局，楼房建筑则表现为"下店上宅"式。该地区也分布有较多富商名士住宅，布局精巧、结构别致。这些私人庭院将住宅、亭台楼阁、林木池塘等融为一体，在一定程度上代表了江南民居的建筑艺术风格和园林布局特色，对江南地区的村镇建筑景观产生了重要影响（雍振华，2009）。

长江中游平原村镇亚区的村镇分布密集，民居的主要形态和特点表现为"垸田"形态的聚落以及合院形式。明代以后沿长江筑堤垸带动了当地民居聚落的发展，民居沿堤而建形成聚落，因此该地区许多村镇名称中带有"堤""垸"等字。合院建筑仍是该区具有代表性的民居样式，以轴线布置纵深型四合院落，其前部入口处的正房往往是三开间，后面是堂屋，其间用矮墙连接成天井院落。

专栏 9-5　长江中下游平原村镇区 名镇名村

1. 江苏省苏州市吴中区甪直镇

甪直镇位于江苏省苏州市东郊，原名甫里，因镇西有"甫里塘"而得名。后来发展成为甫里和六直两个部分，清代改称甪直。甪直历来有"五湖之汀""六泽之冲"之称，古镇以河多、桥多、巷多为特点。居民依水而居，一种是前街后河，人们枕河而居，另一种是两巷夹一河。街坊则多为临河而筑，卵石铺成的街面比较狭窄，一层或二层的明清传统民居，以合院形式形成线形肌理。河两边多为石驳岸，并有河埠，便于上下船，也便于居民用水。河道两旁店铺林立，偶有空缺处，是通向河埠的出口。店铺一般都和住宅连在一起，平房多是前店后宅，楼房则是下店上宅。建筑以粉墙黛瓦、木门木窗为特色，间或有石门高墙，是以前的大户人家，厅轩堂楼齐备，部分有走马楼和花园。此外，古镇河道上横架有各式桥梁72座半，现存41座，绝大部分建于清代及以前，因此甪直也被称为"古桥之乡"。

角直镇（左）和漆桥村（右）

2. 江苏省南京市高淳区漆桥镇漆桥村

漆桥村位于江苏省南京市高淳区，自汉朝以来就是连接苏南、皖南的重要交通节点，因村南漆桥得名。漆桥村是南迁孔氏五十四代孙文昱公的落脚地，是全国除山东曲阜以外第二大孔子后裔聚居地。漆桥老街为村的中轴线，弧形延伸，是古人有意规避风水中"直不储财"的风水理念而建。老街上的建筑以明清、民国时期居多，砖木结构，屋檐外挑，商铺对面而设，街面较窄，临街店铺仍保留着木板矮墙，布局前店后宅，多为上下两层。街道左右为小巷，外围布满河道，街区整个平面布局类似蜈蚣状。老宅山墙之上开有漏窗，其上砌窗楣遮雨，俗称"眉高眼低"，是金陵风格民居形制。房屋在巷口的转角处砌成"抹角"的形式，俗称"拐弯抹角"，是为了便于行人挑担出行，体现出建村时的人性化理念。老街建筑作为江南明代建筑的重要代表，不仅体现了中国江南建筑文化的精髓，更展现出中国特有的宗族群居的生活状态。

六、江南丘陵村镇区

江南丘陵村镇区可进一步划分为皖南浙闽丘陵村镇亚区、湘赣丘陵村镇亚区、南岭山地村镇亚区3个亚区，是湘赣文化、徽州文化、客家文化的主要分布区域（王恩涌等，2008）。

1. 自然地理环境特征

3个村镇亚区分别由皖南浙闽、湘赣湘西和南岭等丘陵山系构成骨架，海拔多在1000m以下，地貌最大特征是广布红色岩系构成的丘陵盆地。地形以山地丘陵为主，盆地次之，河流两侧发育有阶地与河谷平原。植被类型为中亚热带常绿阔叶林，主要由壳斗科，其次为樟科、山茶科、杜英科、桑科等常绿阔叶树组成。丘陵山间盆地和河谷平原多被开辟成农田，也栽种亚热带经济林木和作物，如柑橘、樟树、茶树、甘蔗等。整个区域森林覆盖率较高，树种以杉木、马尾松、毛竹居多，是中国重要的林特产品生产基地（郑度等，2008；周立三，2017）。

2. 村镇传统建筑景观

江南丘陵村镇区地形复杂，各地住宅的形式差距颇大。总体上以楼居为主，采用砖木、石木构造居多。石材不仅用于房屋建筑，而且在村镇道路上应用广泛。

皖南浙闽丘陵村镇亚区是最为典型的徽州文化区，分布有大量明清时期的传统民居建筑，特色鲜明。从村落布局上看，多分布在山坡阳面的河流谷地，依山傍水，引水穿村。村庄皆有石坊、路亭，村中一般设有广场，主要与小巷串联，布局紧凑而规整。建筑以白墙灰瓦居多，屋宇相连，以高高的马头墙相围，形成紧致严谨的村镇建筑空间。平面多沿轴线对称布局，组成三合院或四合院，天井、堂屋和居室多采用中国传统建筑手法，一般民居为三开间两进或三进房屋，天井左右配置厢房和回廊，上部皆有阁楼，外墙高而无窗，以单坡斜屋面居多，雨水全部集中汇流入天井，俗称"四水归堂"，兼具防火防盗的功能。在建筑装饰方面，砖雕、石雕、木雕等均比较常见，做工精细，具有较高的艺术价值（金其铭，1989；单德启，2009）。

湘赣丘陵村镇亚区的传统民居大多采用天井式格局，与合院式建筑有一定区别，天井被一栋建筑内四面（或三面）不同房间所包围，这些房间的屋顶连接在一起，从高空俯瞰，恰似向天敞开的一个井口，而合院式建筑是有多栋不同使用功能的房屋从四面或三面围合起来的院落，它们之间是通过院墙或者走廊连接在一起，因此每栋房屋的屋顶是分开而独立的。天井式民居的平面构成是以"进"作为一个基本单位，通过纵横组合连接成一个复杂的平面整体，其中三开间多进式和多开间多进式民居是最常见的组接方式（黄浩，2008）。

南岭山地村镇亚区的传统民居仍以聚族而居的血缘型聚落为主，宗族制成为居民共同文化归属和心理认同，至今仍保留大量规模较大的同姓村落，祠堂与家庙因而成为村落中最重要的公共建筑景观。此外，该地区具有类似的山地地貌和基本相同的气候条件，因此民居形制上有相近之处，总体上看，民居属于"一明两暗"的天井式建筑类型，平面基本特征是中轴对称，以矩形天井为核心，按前堂后寝布局，结构上多为抬梁式木构架，清水砖瓦，布瓦屋面，山面为跌落式马头山墙。

专栏 9-6　江南丘陵村镇区 名镇名村

1. 江西省铅山县河口镇

河口镇位于江西省铅山县北，因地处信江与铅山河河口处而得名，至清乾隆年间，河口已经与景德镇、樟树镇、吴城镇齐名，成为江西四大名镇之一，"货聚八闽川广，语杂两浙淮扬。舟楫夜泊，绕岸皆是"。河口镇属于滨水型古镇，形成了内外水结合的独特空间形态，信江、铅山河作为古镇外水，在沿江处分布有多个码埠；镇中的惠济渠作为内水，满足人们日常生活以及消防之用。河口镇的古街巷多形成于明清时期，素有"九弄十三街"之称，目前格局保存完好。在这些街弄中，以临河古街最具特色。古街呈东西走向，北临信江，由一、二、三堡街和半边街组成，路面多用青石及鹅卵石铺砌。由古街至沿河码埠，有多条巷弄相通，连接着古镇的各个街巷空间。沿街建筑多为砖木结构，店铺联排密布，以两层为主，底层为木排门，楼层有花栏或花窗，房间进深幽长，房屋之间则以梯形山墙分隔。建于1881年的"金利合"药铺，融合了中国传统建筑艺术与西方宗教建筑造型，是近现代中西文化合璧的代表。

2. 安徽省黄山市徽州区呈坎镇呈坎村

呈坎村，古名龙溪，位于安徽省黄山市徽州区中部，具有1800多年的悠久历史，为"中国历史文化名村""中国传统村落"及黄山市"百村千幢"古民居。村落现存有国家级重点保护文物21处，分布有东汉、唐、宋、元、明、清等时期古建筑150多幢，历史环境要素种类齐全，整体空间形态保存十分完整。两条水圳引河水进入街巷，至今仍发挥着重要的消防、排水功能。古村内还聚集着明清时期不同风格的亭台楼阁、桥井祠社，装饰精美的砖雕、木雕、石雕，是徽州文化和古建筑艺术的代表之作。呈坎村建筑布局相对紧凑，更能适应自然环境和生态容量；由于土地稀少，建筑采用楼居的方式增加居住面积；为了适应山地气候，民宅以四水归堂的天井院落为单元，纵向形成多进堂屋，利用高差变化使后进高于前进，达到隔热和通风的效果。

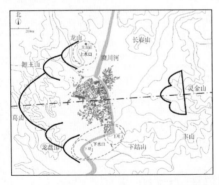

呈坎村布局（左）村貌（右）图

七、华南村镇区

华南村镇区可进一步划分为浙闽沿海村镇亚区、珠江三角洲村镇亚区、琼雷及南海诸岛村镇亚区和台湾村镇亚区，也是闽越文化、岭南文化、客家文化的重要汇聚地（王恩涌等，2008）。

1. 自然地理环境特征

浙闽沿海村镇亚区以山地丘陵地貌为主，地处亚热带季风区，主要生长常绿阔叶林。珠江三角洲村镇亚区位于珠江三角洲冲积平原，地形平坦，工农业发达，植被为常绿季雨林，群落组成以樟科、壳斗科、桃金娘科、桑科等热带和亚热带植被为主。台湾村镇亚区以山地丘陵为主，环岛分布有狭窄的沿海平原，天然植被种类复杂多样，岛北部的地带性植被属于亚热带季风常绿阔叶林，南部地区则是热带季雨林和雨林。琼雷及南海诸岛村镇亚区地貌同台湾地区类似，植被种类丰富，群落结构复杂，除雨林季雨林广布之外，红树林在海南岛及雷州半岛沿海均有分布，是具有区域特色的植被景观（郑度等，2008；周立三，2017）。

2. 村镇传统建筑景观

该区域的住宅形式多样，以楼居为主，屋顶坡度大，屋檐外伸，相连住宅建成拱廊式或骑楼式较多，是南方民居建筑内部空间与外部空间、民居与街道之间的有机融合。由于华南地区每年都有遭受台风袭击的可能，因此民居建筑朝向、建筑布局及用料都十分考究，以最大限度的减轻台风的破坏。

在珠江三角洲村镇亚区，广东民居类型很多，各地有自己的特点，但大多以"间"作为民居基本单位，由"间"组成"屋"，围绕天井组成院落，各种类型的民居平面就是由这些院落组合发展而成。广东常见的民居有竹筒屋、明字屋、三间两廊、大型天井式院落民居类型；广西民居按结构划分，大致保存有干栏式、半干栏式和砖木地居式三种主要类型，由于民族的不同和地区差异，它们在造型特征、内部空间、平面布局等方面都有不同和创新之处。建筑风格上主要有传统的岭南风格，以本土原生的"干栏"穿斗木构架建筑为主，同时受到合院建筑的影响；第二类是形制完善、中轴对称的中原建筑风格；第三类是综合岭南气候形成的南洋建筑风格，在形制、装饰上均受到东南亚国家的影响（金其铭，1989）。

在琼雷及南海诸岛村镇亚区，雷州半岛的民居较为突出的一点是具有严密的防御功能，布局多为三面房屋一面墙或四面房屋围成一个院落天井，正屋一般为三开间，正中一间为厅堂，左右为卧室，大门一般是开偏门，方向依据房屋坐向而定，多向东南。民居屋顶为硬山式，具有良好的抗风、防火功能。海南岛的汉族民居多数处于岛东沿海，与雷州半岛的民居一样，平面类型与广东各地民居类似，大致也是单开间式、双开间式和三开间式三种形式。建筑外观多为土墙瓦面，很少装饰，部分侨胞建造的住宅外观吸收了外来建筑的一些式样与手法，如拱券、柱饰等，当地匠人也结合地区自然地理条件，创造了柱廊式建筑外貌。

在浙闽沿海村镇亚区，特别是赣闽粤交界地区的客家人分布区，以土楼（闽西）、围垅屋（梅州）及围屋（赣南）为代表的建筑景观最具特色。这类建筑源于客家人对中原传统文化的认同，适应了当时聚居生活和防御要求。以闽西土楼为例，其产生于宋元成熟于明清至民国时期，选址充分考虑丘陵地形和气候暖湿的自然条件，依山傍水，藏风聚气。按照形态可分为圆形土楼、方形土楼和府第式土楼（又称五凤楼）等，其他形式的土楼如椭圆形、凹字形、半圆形则常常是受到地形限制而因地制宜建造的结果。圆形土楼最具特色，具有房间均等、内院空间大、屋顶规整、施工简便、抗震抗风性能好等优点；方形土楼的数量最多，特点是纵轴对称、主次分明、房间规整；闽西南地区的五凤楼后高前低、层层跌落，受传统宅院式民居的影响更大一些，多采用中轴线布局，从前到后依次为前堂、中堂和后堂。土楼的材料选用上以当地最为原始的土木石为主，结构形制注重土木结合，以夯土的外墙和楼内的木构架为主要支撑结构，围合而成的内部空间里，聚族而居，强调向心统一、空间均等与和谐相处。土楼还有一个显著特征就是竖向分配空间，一层为厨房，二层为谷仓，三层以上为卧房，一层一般不开窗户，但会设有尺寸极小的烟囱洞口，三层以上开小窗，外小里大，方便防御和观察（薛林平等，2017）。

对于台湾村镇亚区的聚落形态，日本学者富田芳郎认为台湾北部为集村型，南部为散村型，中部则为迁徙型。从台湾文化的长期发展过程来看，其显著特征是移民社会，寻根追源，对大陆故土有强烈的认同感，这在台湾传统村落建筑、聚落景观中根植深厚。闽粤移民多选择坐北朝南或坐东朝西的方位建造房屋，常见的民居平面布局有一条龙式、单伸手式、三合院式、四合院式等。在台湾传统民居系统中，高山族民居建筑多为单间，巧于利用石壁，多将一部分陷于地下以便更好地抗击台风，入口处低矮，至室内多呈台阶状逐步升高，中部设有火塘。建筑结构多为纵列木支撑结构，屋顶采用双坡悬顶，也有横向梁架结构，设有竹木结构的棚屋或椭圆顶面的茅屋。装饰上使用大量原始图腾信仰元素，涂以红绿色搭配黑白色，图案饱满，色彩明丽，反映出中华文化与当地文化的交融（李乾朗等，2009）。

除台湾省高山族外，华南地区作为中国壮族、黎族、瑶族、苗族、侗族等少数民族的聚居地区之一，也形成了具有不同民族特色的多样化建筑景观。壮族村寨多分布于山坡之上，以壮族干栏（又称"麻栏"）最具特色，村寨一般以宗族为单位，居屋往往形成若干组团，组团内每家每栋木屋独立，组团之间随地势的起伏或溪涧相隔而保持一定距离，高大茂密的榕树或樟树是壮族村寨的风水树，也是壮族村寨的标志；分布在海南岛五指山的黎寨依山傍水，较为原始的黎寨为船形屋，此后演变为竹木结构的"金字屋"；瑶寨多散落在山岭之间，两层竹木结构房屋居多，平面布局十分灵活；侗寨多按族姓分片集中居住，村镇聚落较为紧凑，房舍林立，很少独居，与苗、瑶等恰好相反。

专栏 9-7　华南村镇区 名镇名村

1. 广东省开平市赤坎镇

赤坎镇位于珠江三角洲西南部，广东省开平市中部的潭江之滨，南依百足山，因建在潭江北岸的红土地而得名。赤坎镇始建于清朝，繁荣于近代华侨经济的崛起，是远近闻名的侨乡。赤坎依托便利的水陆交通，曾是周边地区重要的货物集散地，建筑物多为货物的存储使用，因此建筑风格以骑楼为主。骑楼依水而建，是侨民将西洋建筑与岭南建筑结合的产物，不仅能充分运用马路的空间，而且适应南方潮湿多雨、炎热高温的气候特征。骑楼一般高二三层，从下而上依次为柱廊、漏乘、山花。赤坎镇近代建筑群 600 多座骑楼绵延 3km，被誉为侨乡一绝，其形成壮大是以商业为主导的村落格局与近现代的建筑形式相结合的产物，在延续传统的坪镇格局的同时，引进国外的建筑风格、艺术形式和新的建筑材料，形成独特的建筑特色。大量西方风格的装饰浮雕和中国传统的吉祥纹饰均被应用到骑楼墙面的装饰上，整体风格包括哥特式、古罗马券廊式、巴洛克式和中国传统式，因此赤坎镇也被称为"中西合璧的文化古镇"。

2. 福建省连城县宣和乡培田村

培田村位于福建省连成县中西部，村落北、东、南三面环山，主要民居朝向东面和东南面。村落正东的笔架山防御了夏秋台风的侵袭，也成了古村落的朝山，笔架又体现了人们崇尚文化、"耕读传家"的传统理念。目前保存有 30 幢高堂华屋、21 座吴家祖祠、6 处私家书院，形成一个布局合理、错落有致的明清建筑群。村落结构中心是一条千米长的古街，贯穿全村，旁列古祠、民居、商铺，把错落的民居建筑连为一体，是培田村的主要商业集市，街道边有水圳穿街过巷，通达各户。培田村民居形式多采用"九厅十八井"的合院建筑结构，这是南迁的客家人根据原祖籍地北方中原一带的合院建筑形式，针对南方潮湿多雨的气候特点而构建的民居组合体，采用中轴线对称布局，厅与庭院结合，适应了客家人聚族而居、尊祖敬宗的心理需求。每座古建筑都布有暗沟，用来排泄家家户户的天井雨水。天井将民居屋面流下来的雨水汇聚一处，顺沟而出，流入石砌水池，满足"四水归堂，财源攘滚而来"的聚财心理。

八、西南村镇区

西南村镇区可进一步划分为秦岭大巴山地村镇亚区、四川盆地村镇亚区、川滇村镇亚区、滇南村镇亚区、黔鄂湘村镇亚区 5 个亚区，长期以来受到巴蜀文化、滇云文化、黔贵文化的深刻影响（王恩涌等，2008）。

1. 自然地理环境特征

西南村镇区地貌类型复杂多样，是中国生物资源最为丰富的地区。受区域气候与地形条件影响，植被组成复杂，既有热带、亚热带特征，又有温带、寒温带性质，多样性程度普遍高于中国其他地区。其中，滇南村镇亚区主要位于滇南谷地，水热条件优越，区内的西双版纳以季雨林和落叶季雨林为主；川滇村镇亚区主要植被类型为亚热带常绿落叶灌丛和疏林；黔鄂湘村镇亚区地貌以高原为主，区内分布有典型的喀斯特地貌，生长着亚热带常绿针叶林、常绿落叶阔叶混交林、常绿栎林及石灰岩落叶阔叶林；四川盆地村镇亚区地形平坦开阔，农业发达，发育亚热带常绿阔叶林、竹林等，松栎混交林在四川盆地北部也有分布；秦岭大巴山地村镇亚区地形以山地丘陵为主，汉中谷地分布其中，自然植被具有一定过渡性，南坡基带代表性植被类型为含常绿树种的落叶阔叶混交林，北坡则为落叶阔叶林（郑度等，2008；周立三，2017）。

2. 村镇传统建筑景观

该区传统建筑防热防潮功能显著，御寒防风的功能较弱。主要是由于受秦岭和大巴山脉的阻挡，地区气候温暖，降水丰沛，冬季受寒潮影响相对微弱，住宅建筑逐渐适应这一气候特点，这与华北村镇区、青藏村镇区和华南村镇区均有明显差异。

秦岭大巴山地村镇亚区较盆地地区的海拔高，气温相对较低，在居住形式上，川北与陕南两地相互影响，有不少类似之处，同时也兼有关中地区和中原北方地区的一些特色。受地形条件影响，院落组合多为小规模的三合院或四合院，院落类似北方民居的院落，较为宽大，天井形式也与关中民居相似，大型的府第庄园四合院组群则分布较少；空间形态上因雨水较川南等地偏少，温度偏低，建筑空间并不高敞；建筑形制以一字形、曲尺形或小型三合院居多，结合山地自由变化，形态多样，朴实而粗犷。

四川盆地村镇亚区地形平坦，村镇聚落分布较其他亚区更为密集。村镇多大中型四合院建筑组群，民居周围常种植竹林、乔木，形成一个个"绿岛"，在菜花黄稻谷香的田野中分外鲜明，谓之"林盘"，是成都平原的特色景观。此外，民居的形态轻盈飘逸，木穿斗纤巧精细，因多雨炎热，多出大挑檐，与秦岭大巴地区有明显差异，屋顶覆以厚实精致的茅草，因而茅舍草顶与"林盘文化"的人居环境被认为是该区民居的典型风貌。

川滇村镇亚区的昆明地区，"一颗印"住宅是汉族、彝族普遍采用的一种住宅形式，由正房、耳房（厢房）和入口门墙合成正方如印的外观。正房多为三开间，左右耳房各一间，称为"三间两耳"，与一明两暗的汉族传统住宅形式基本类似，也有左右开两间的，称为"三间四耳"；"一颗印"建筑的天井狭小，正房、耳房面向天井挑出腰檐，房屋高而天井小，可挡住太阳直射，适应于高原气候特征；大门多居中设置，门内有倒座或门廊。因此，"三间四耳倒八尺"成为"一颗印"住屋最典型的格局（金其铭，1989）。

专栏 9-8 西南村镇区 名镇名村

1. 重庆市北碚区偏岩古镇

偏岩古镇位于重庆市北碚区，华蓥山南麓，始建于清康熙年间，曾是一座通往华蓥故道的工商古镇，一些湖广居民举家迁徙至此，建成一个商业发达、文化繁荣的川东经济贸易中心。因横街处有一悬崖倾斜，故得名"偏岩"。古镇依山傍水，阴阳迭分，街道主要部分沿着河道一侧双排并列布局，两排建筑中间形成街巷。在街巷两端，分别形成围合空间并演变成单面建筑面向河道，主街临河一侧建筑略低于依山建筑，后者可以获得良好的视景与河风。古镇中段有青石板桥横跨河流连接镇外，以桥为界主街被拦腰分为上街和下街。主街以青石铺筑而成，街道两侧店铺云集，建筑极具川东民居风格，多为木竹结构，或以木板为墙，或以竹编篱笆糊粉为墙，简朴清新，屋顶多为硬山顶或悬山顶。主街几无梯次，空间序列依地势起承转合，街区中的禹王庙与古戏台是古镇的公共集聚地，是古镇民俗文化的重要体现。

2. 贵州省安顺市西秀区七眼桥镇云山屯村

云山屯村位于安顺市云鹫山峡谷中，始建于明洪武十四年，居民均为古时屯堡军户的后裔，因此也被称为"屯堡人"。云山屯村主要由民居、寺庙、屯门、屯墙、屯楼及古街道组成，建筑风格既有江南地区门、窗、楼、室等细节处理，又融入了贵州特有的石质建筑特点，是明代关隘屯堡文化的典型代表。村寨呈弧带状分布，形态状如长龙，周围群山环绕，有前后屯墙的两个城门，前屯门用巨石垒砌而成，两侧城墙上有炮眼、垛口和哨棚，构成了整套作战防御体系。一条东西向的主街纵贯全屯，将碉楼、近代学堂、戏台、财神庙等公共建筑衔接，聚落各民居建筑依山就势，拾级而上，形成空间层次错落明朗的外部空间形态，整体聚落则被围含在"南北环山，东西有墙"相对封闭的空间内。民居大多采用穿斗木构架结构，构架承重，围墙只起到围护功能，多用石块砌成，墙体因石料大小而具良好的层次感。云山屯建筑群融汇了明代以来历代民居建筑的发展演变，融防、守、住为一身，集技术与艺术于一炉，合人文与自然为一体，是中国景观建筑与历史文化的重要遗产。

西南村镇区也是中国少数民族分布最广的地区，不同少数民族的建筑景观特色鲜明。例如，吊脚楼是分布在黔鄂湘村镇亚区山区土家族的主要建筑形式，结合当地山多岭陡、潮湿多雨的特点而建造的具有典型生态适应性的传统山地建筑，底层架空，并在转角欲子部位做一圈转廊，转廊出挑较大，均不落地，从底部仰视如同吊在半空，形成"吊脚"。凉山地区的彝族住宅多为"瓦板房"，分布在云南等地的彝族住宅则为"土掌房"。白族民居建筑均为独立封闭式住宅，类似于四合院，民居院落主要由院墙、大门、照壁、正房及左右耳房组成，往往比较注重门楼照壁建筑和门窗的雕刻以及山墙的彩绘。此外，在少数民族聚集的滇南村镇亚区，以傣族的"干栏竹楼"、景颇族的"矮脚竹楼"为代表的干栏式民居，以纳西族井干木楞房为代表的井干式民居，以拉祜族的"挂墙房"为代表的落地式民居等各种形制，分别代表各民族的文化特色，共同构成了西南村镇区丰富多彩、形制各异的村镇建筑景观。

九、西北村镇区

西北村镇区可进一步划分为陇东关中村镇亚区、河西走廊村镇亚区、南疆村镇亚区、北疆村镇亚区4个亚区，是三秦文化、甘陇文化、新疆文化、西域文化等主要分布区（王恩涌等，2008）。

1. 自然地理环境特征

西北村镇区深居中国内陆，地形起伏较大，地貌类型多样，荒漠、戈壁、绿洲广布，宽广的高平原、盆地等类型占据主导。陇东关中、河西走廊及南疆村镇亚区均属于暖温带地区，制约该区农业及村镇发展的关键因子为淡水资源，除关中平原等少部分季风气候区降水较多外，大部分地区位于降水稀少的非季风气候区。其中，陇东关中村镇亚区分布有狭长的关中平原，地形平坦，是传统农业生产和中华文化的发源地之一，植被类型为温带落叶阔叶林。以西的河西走廊、南北疆村镇亚区，基本属于干旱半干旱地区，沙漠、戈壁广布，自然植被以荒漠草原和荒漠为主，部分山地降水较多地区出现针叶林、灌木丛及高山草原，适宜游牧业发展。此外，这些地区的河流谷地、山麓地带形成的诸多绿洲是农业和村镇布局的主要区域，形成了典型的绿洲灌溉农业生态景观（郑度等，2008；周立三，2017）。

2. 村镇传统建筑景观

平顶土房是本区村镇最主要的建筑形式。西北村镇区光照充足，热量资源较为丰富，但降水稀少，相对湿度小，除关中、陇东地区的瓦房较多外，其他多数地区具有建造土顶土墙平顶房屋的条件，可不致因雨水过多而坍塌。此外，在哈萨克族、蒙古族等分布地区，也存在毡房、蒙古包等游牧型聚落景观建筑形式。

陇东关中村镇亚区的建筑不同于华北四合院，也不同于黄土高原地区的窑洞式住宅，民居布局紧凑，层次分明，厅房与厦房主从有序，多为一面坡式房屋，"房屋半边盖"是其建筑传统。四合院横向布局，大门开在南面正中，庭院狭窄，形成纵深狭长的矩形天井，又被称为"窄院民居"。此外，该亚区也分布有正房为"一明两暗"的双坡屋面，厢房为"一明两暗"或"一明一暗"的单坡屋面。宅院的空间布局依巷道不同区分，在一些地区，"斜阳照墟落，穷巷牛羊归"的传统乡村意境仍然可见。

河西走廊村镇亚区逐渐为平顶房屋所替代，建筑形态简朴，两面坡式住房较多见于城镇、工厂，水资源成为主导聚落分布的核心要素。一般而言，三间或五间朝南正房，或院内由两个正门组成的各一明两暗三间正房，加上少量厢房，院内比较空阔，或种蔬菜，聚落外围栽种大量杨树。在武威一带地区还分布有特色城堡院落，住宅外面有生土夯筑的高大厚重的土墙，院落方正，院内房屋低于院墙，整个村庄好似一个个古代城堡构成。南疆村镇亚区的村镇建筑，平顶与两面坡式并存，一般成排或成栋的新建房屋或房屋进深较大的多采用两面坡式，其他均为平顶，但无论哪种屋顶形式，均以土顶为主。北疆村镇亚区以牧业为主，典型建筑多为流动性毡房及蒙古包（金其铭，1989；陈振东，2009）。

就少数民族而言，维吾尔族的房屋多用土墙木架密肋平顶或土拱平顶，以泥沙石灰等混合泥土铺盖其上，称为土拱住宅，一般有4个组成部分：①基本生活单元，当地人称"沙拉依"，即由一明两暗三间房组成的一组房间组合，类似于汉族的一明两暗的建筑型式，不同之处在于维吾尔族的中间房屋小、两侧大，与汉族型式相反；②辅助用房大都增建在基本生活单元一侧或两侧；③连廊，维吾尔族民居建筑各个房间一般均采取横向排列布局，这种连廊可以在一个院落中将所有的居住功能都串联在一条走廊之内；④厨房。

毡房则是哈萨克族牧民的主要居住建筑，布局单一，是一种从平面到立体的形状，既能遮阳隔热又能避寒挡风，既可搭建于平地也可搭建于起伏不平的狭小空地。毡房内的陈设合理，生活起居功能齐全。

专栏 9-9 西北村镇区 名镇名村

1. 甘肃省永登县连城镇

连城镇位于永登县西南，背倚石屏山，西眺笔架山，右揽大通河，是全国闻名的冶金谷腹地，素有"八宝川"之美称。连城作为甘青要道、河西门户，自古就是中原地区连通西北的重镇，成为中原文化与边疆文化、汉族与少数民族地区

连城镇影像图（左）和麻扎村（右）图

交流的重要节点。连城民居的形制与中原地区多有相似，主要以一进院的小四合院形式为主，院落布局讲究方位，根据罗盘测定和周围环境的不同分出很多向，根据向的不同安排堂屋、大门、水洞等的方向和位置，体现了当地独特的民居建筑习俗和建筑风格。从明初至民国，连城均为鲁土司统治的中心地区，建于明初的鲁土司衙门是甘青边界众多土司建筑中保存较为完整的一座宫殿式古建筑群，整个建筑依山傍水，坐北朝南，结构严谨，俗称"三十六院、七十二道门"，集官式建筑与地方特色为一体，融汇汉藏民族建筑风格于一身，充分体现了汉藏民族融合的特征。

2. 新疆维吾尔自治区鄯善县吐峪沟乡麻扎村

麻扎村坐落于新疆维吾尔自治区火焰山南麓吐峪沟大峡谷，地处干旱少雨的温带大陆性气候区，是迄今新疆地区保存最好、最古老的维吾尔族村落，也是新疆地区东部伊斯兰文化背景下村落格局形态的典型代表。"麻扎"为阿拉伯文的音译，意为"圣地""圣徒墓"。整个村落依托吐峪沟峡谷和溪流布局，随形就势，以峡谷东西山峰为界，顺溪流、沿峡谷夹溪依山而建，民居建筑则分布于穿村而过溪流两岸的山麓坡地上。村中心建有尖塔高耸的清真寺，构成了村落的生活中心与公共中心，若干居住组团环绕周围，使得村落具有空间布局上的向心关系和等级秩序。村内的街巷空间由"主街—支巷—宅前巷道"三级组成，住宅建筑继承了上千年用黄黏土建造房屋的习惯，当地流传着这样的俗语："土房土房，土坯砌墙，不用木材不用砖墙，冬暖夏凉干净舒爽。"正因如此，整个村落的色彩以土黄色为主，由弯曲和深浅不一的小巷相连。民居的门窗古朴，刻有花卉、果实等多种纹样的木雕木饰，反映当地居民浓郁的生活气息。

十、青藏村镇区

青藏村镇区可进一步划分为青海陇西村镇亚区、青藏高寒村镇亚区、藏南川西村镇亚区，是藏文化的主要分布区域（王恩涌等，2008）。

1. 自然地理环境特征

青藏高原号称"世界第三极"，面积广阔，海拔高且相对高差大，植被的水平地带性规律及山地垂直地带性规律均发育较好，气候由东南部的暖热湿润，逐渐过渡到西北部的寒冷干旱。其中，青海陇西村镇亚区处于黄土高原、西北内陆向青藏高原过渡的边缘地带，主要地貌单元为柴达木盆地以及祁连山等边缘山地，自然植被也具有内陆温带草原与高原草甸过渡的特征。青藏高寒村镇亚区有昆仑山、巴颜喀拉山、唐古拉山等横贯东西，藏北高原、青西南高原等构成了青藏高原的主体，地势开阔平缓，呈现出波状起伏的高原面；大量河流发源于此，流淌过程中形成了深切的河流谷地；

自然植被以高寒草原、高寒荒漠为主。藏南川西村镇亚区的主要地貌单元为纬度较低的藏南谷地、横断山系以及喜马拉雅山地等。自高大山脉的山麓至山顶，自然景观随水热条件变化大致出现"森林—草原—荒漠—积雪"的垂直分异；河流谷地因海拔相对较低，热量条件稍好，降水受西南季风和地形的影响显著，农业生产主要集中于此，也是村镇聚落的主要分布区域（郑度等，2008；周立三，2017）。

2. 村镇传统建筑景观

青藏村镇区 3 个亚区之间的建筑景观分异并不主要体现在亚区之间，而是存在农区与牧区、藏族与其他民族之间的差异。其中，农区以方形房屋、牧区以各式帐篷为主。由于青藏地区降水较少，屋顶多为平顶，外形虽有变化，但布局基本相同。农区传统民居的平面大多是"凹"字形和"L"字形平房，每户有一个封闭的院落，外墙不开窗，一般沿院墙四周布置房间。房屋中间设一大间，是全家聚集和活动的场所，一侧为厨房，另一侧为库房和卧室，受建筑材料的限制，房屋层高较低。外围院落一般都很宽敞，以土坯或杂木构筑围栏，院内设置必要的附属建筑。民居主体结构仍以土坯墙构建为主，近年来随着人们生活水平的提高，楼房开始逐渐增多。游牧的藏民多用帐篷，便于迁徙，与蒙古包不同的是藏民的传统帐篷多为方形，也有八角形和十二角形等形制，以牛毛帐篷最为普遍，帐内中轴线设立柱子，立柱用坚硬细木杆，数量根据帐篷大小确定，大多牦帐为四根柱，纵向排列，帐外用牛毛绳固定在木桩上，并用木杆顶住绳以形成内部空间（金其铭，1989）。

专栏 9-10　青藏村镇区 名镇名村

1. 西藏自治区萨迦县萨迦镇

萨迦镇位于西藏自治区日喀则市萨迦县西部的仲曲河上游。"萨迦"藏语意为灰色土，被誉为"第二敦煌"的萨迦寺就建于此，寺内藏书、藏经卷帙浩繁，绘画和雕塑艺术发达。在西藏地区，典型村镇的分布与宗教密不可分，寺庙等宗教建筑成为聚落景观的重要内容。萨迦寺分为南北两寺，目前仅存萨迦南寺，坐落于仲曲河南岸的平原上，平面呈正方形，建有两圈城墙，上修垛口，并修建四个城堡和四个角楼，对称分布。城外设有护城河，城门为"工"字形，整个平面类似大"回"字套小"回"字，具有较强的防御性。从整体上看，萨迦南寺融汉藏建筑风格于一体，是藏式平川式寺庙建筑的代表。

2. 西藏自治区尼木县吞巴乡吞达村

吞达村地处西藏中南部的尼木县，位于雅鲁藏布江中游北岸，美丽的吞达沟谷底部。吞巴河是吞达村聚落生活和农业生产的主要保障，水系贯穿着吞巴人日常生产、生活、宗教、技艺等方方面面。吞达村依河而建，沿河流走向呈带状分布，谷底溪流成网，良田与树林交错，民居院落相对独立，整个村落散布在狭长的河谷地带。民居多以院落为主，平面布局常采用矩形、"L"形等建筑风格，建筑内设立独立的经堂，并在门上进行宗教装饰，体现出浓郁的藏族民居特色。吞达村是藏文鼻祖之乡（是藏文创始人吞米桑布扎的故里）、水磨藏香之源（藏香生产工艺被评定为国家级非物质文化遗产），目前在吞巴河上还完整保留藏香水磨上百座，沿河流自然曲线分布，构成一道亮丽景观。

此外，在藏族居住区，民族生活生产习惯在聚落以及建筑艺术风格上均有体现，寺庙等宗教式建筑活动场所往往构成较大聚落的中心。藏式建筑一般以柱网结构的形式布置平面，面积大小由柱子多少决定，民居的长度多大于进深是其重要特点之一。藏族习惯采用石块建筑，砌石技术熟练，多形成外为石墙、内为梁木楼层的楼房，高二三层不等，底层为牲畜以及储藏草料的地方，二层居住，三层为晒台和晾晒谷场。历史上贵族及农奴主的住宅，一般为三到五层，围墙形成的庭院或天井，山区的堡寨常建有石碉以作防御，平面方形，墙体厚实，易守难攻（木雅·曲吉建才，2009）。

第十章　中国村镇发展的思考与展望

第一节　新时代中国村镇发展的重大战略机遇

一、村镇发展进入新一轮转型期

当前，中国经济正由高速增长阶段转向高质量发展阶段，村镇发展处于大变革、大转型的关键时期。回顾发达国家和地区的乡村发展历程，在经历快速城镇化与工业化之后，都曾经面临过城乡二元矛盾逐渐激化，乡村逐渐衰落，发展难以健康持续发展的问题。从国际经验看，农业为工业化积累大量资本和剩余劳动力，在工业化发展到一定程度之后，各国普遍开始实施"工业反哺农业，城市反哺乡村"的政策。而当人均 GDP 达到 5000 美元以上、城镇化率达到 50% 以上时，往往进入大规模的反哺阶段。

受政治、经济、社会体制和结构等重大变革的影响，中国村镇经历了一个曲折的重构过程，主要分为四个阶段：一是近代的农业商品化（乡村工业萌芽）和"乡村建设运动"；二是新中国成立后的"土地改革"和"公社化运动"；三是改革开放后的快速城镇化和工业化进程；四是新时期开展的乡村建设。改革开放 40 余年来，中国常住人口城镇化率从 1978 年的 17.92% 提高到 2018 年的 59.58%，平均每年提高 1 个百分点以上。大规模城镇化进程驱动了城乡间和地域间人口、土地、资金等生产要素的流动，一方面带动了社会经济发展水平的持续提高和现代生产、生活方式的扩散，整体上加速了乡村现代化进程；另一方面，乡村地区一系列的要素转移、结构变化和功能转换又导致传统乡村社会和文化在应对外部变化和挑战时出现不协调、不适应的新问题。1978~2018 年，中国乡村人口从 7.90 亿下降到 5.64 亿，大量人口外流导致部分乡村"空心化"现象严重，劳动力短缺、本地市场萎缩和经济衰退等问题愈发凸显。2005 年党的十六届五中全会提出，要按照"生产发展、生活宽裕、乡风文明、村容整洁、管理民主"的要求，扎实推进社会主义新农村建设，对于乡村聚落的空间布局起到了一定的引导作用。2015 年，国家发布《美丽乡村建设指南》，强调乡村宜居、宜业和可持续发展，2017 年，党的十九大提出实施乡村振兴战略，各地在此基础上推行的特色小镇、田园乡村建设等具体举措是对乡村振兴战略的落地生根，无疑会对乡村聚落的空间布局、功能结构及转型产生深远影响。

二、乡村振兴战略提出城乡融合发展的新要求

党的十九大报告提出实施乡村振兴战略，明确要求坚持农业农村优先发展，建立健全城乡融合发展体制机制和政策体系。2018 年中共中央、国务院印发的《乡村振兴战略规划 (2018—2022 年)》要求"顺应村庄发展规律和演变趋势""按照集聚提升、融入城镇、特色保护、搬迁撤并的思路，分类推进乡村振兴"。长期以来，城乡之间和乡村内部发展的不平衡，已经成为新时期中国社会主要矛盾的一个重要方面。为提升乡村发展动力，健全城乡之间要素流动机制，中央先后出台和提出了新农村建设、新型城镇化建设、美丽乡村建设等一系列政策措施，十九大报告提出的乡村振兴战略，要求"加快推进农业农村现代化""深化农村土地制度改革""发展多种形式适度规模经营""实现农村一二三产业深度融合发展"。推进乡村全面振兴，核心是重塑工农城乡关系，扭转长期以来"重工轻农、重城轻乡"的思维定势，打破城乡二元分割的体制障碍，做到以工促农、以城带乡，推动城乡要素平等交换、公共资源均衡配置，真正建立起城乡融合发展体制机制。

2019 年 5 月，中共中央、国务院《关于建立健全城乡融合发展体制机制和政策体系的意见》正式发布，直面当前中国在城乡发展中面临的城乡要素流动不顺畅、公共资源配置不合理、城乡融合发展的体制机制障碍尚未消除等根本问题，成为现阶段推进城乡融合发展的顶层设计。应该看到，二者协同共促，为当前及今后一个时期中国城乡关系重塑、农业农村现代化发展指明了方向，是新时期建设城乡命运共同体的关键所在。坚决破除妨碍城乡要素自由流动和平等交换的体制机制壁垒，促进各类要素更多向乡村流动，在乡村形成人才、土地、资金、产业、信息汇聚的良性循环，将为乡村振兴注入新动能。

特别需要指出的是，中国城乡要素配置不畅和城乡发展不平等的最大障碍是城乡二元土地制度，土地制度的改革将对新时期乡村空间的进一步优化产生巨大的影响。近年来，国家对农村土地制度的改革探索愈加深入，2019 年 8 月 26 日，十三届全国人大常委会第十二次会议审议通过《中华人民共和国土地管理法》修正案，这是对多年土地制度改革成果包括全国 33 个试点县 (市、区)"三块地改革"的系统总结、固化，标志着中国土地治理体系向前迈进了重要一步。修改后的《中华人民共和国土地管理法》在坚持土地公有制和市场经济体制的大前提下，逐步强化市场机制在土地资源配置中的决定作用；注重市场与政府的关系处理、保持公权力与私权利中的土地利益平衡，应是新时代修法与治理的两大价值目标。对农村土地征收、集体经营性建设用地入市和宅基地管理的法律规定作出若干调整，取消了多年来集体建设用地不能直接进入市场流转的二元体制，将改变土地市场供应格局。为下一步推进城乡融合、乡村振兴发展打下了良好基础，进一步破除约束乡村发展的体制机制障碍，进一步提升乡村地区的功能价值，推动乡村振兴发展。

三、精准扶贫与乡村振兴战略的有机衔接

精准扶贫与乡村振兴是围绕中国"三农"问题实施的重大举措，两者正处于历史的交汇期。新中国成立以来，中国村镇发展取得了举世瞩目的成就，农民生活实现了由温饱不足到整体小康的历史性跨越。然而，由于自然地理、区位条件等发展基础的差异，中国村镇发展仍存在显著的不均衡特征。较之于东部沿海地区，中西部地区仍有大量区县处于贫穷落后状态，摆脱贫困成为这些地区乡村发展的首要任务。另一方面，着眼于社会主要矛盾和城乡关系的转变，乡村振兴战略成为新时代补齐乡村发展短板、解决"三农"问题的总抓手，尤其是在贫困地区这一城乡发展不平衡和乡村发展不充分最突出的地区（陆益龙，2018）。

当前，中国贫困地区乡村正处于脱贫攻坚的决胜时期和乡村振兴的开局阶段。乡村振兴视角下的精准扶贫则对现阶段脱贫攻坚提出了更高的要求和目标，强调在贫困的多维性和复杂性基础上深化对农村贫困和反贫困的科学认知，进而通过特色产业发展与利益联结机制、系统化的制度建设与创新、农业供给侧结构性改革等措施补齐乡村人、地、业等要素短板，为乡村长效发展机制的建立和完善奠定坚实基础（郭远智等，2019）。脱贫攻坚和乡村振兴两大战略的共同点在于，都旨在做到"三个消除"，即消除绝对贫困、消除城乡差距、消除社会偏见。脱贫攻坚是乡村振兴的基础，乡村振兴是脱贫攻坚的动力，二者相辅相成。

第二节　当代乡村发展和建设中面临的挑战

1. 城乡区域发展不平衡仍是最大短板

中国乡村地区的发展呈现出较大的区域差距。在东部沿海地区大城市的辐射带动下，周边地区的乡村打破了传统的封闭局面，逐步融入区域空间格局。乡村也开始享受城市化的公共服务。比如东莞市的虎门镇，经济实力和空间形态甚至已经达到了中等城市的水平。但是也应当看到，大部分村镇仍存在各类问题，发展受到阻滞。广东省作为中国经济最为发达的省份之一，仍有 2 个地级市、21 个县的农民收入低于全国平均水平，粤东、粤西、粤北地区农民收入仅相当于珠江三角洲地区的 66%、73%、67%，截至 2017 年底仍有 59.5 万相对贫困人口未脱贫，贫困发生率 1.52%。此外，水、电、气、路、网等基础设施建设历史欠账较多，投入不足与重复建设问题并存，乡村生活垃圾、污水处理设施是突出短板。目前安徽省农村无害化卫生厕所普及率不到 50%，已建成污水集中处理设施的乡镇不到 50%；教育、医疗、卫生、文体、社保等基本公共服务难以满足群众对美好生活的向往。其中基础教育、医疗卫生服务质量

和水平不高是面临的突出问题，乡村基本办学条件较差，教师编制存在结构性矛盾，且待遇较低，面临着资源不足和普惠性不够双重矛盾；村级医疗卫生室尚未实现全覆盖，医疗设施设备不足，运转经费保障水平低。而在内陆欠发达地区，大量远离大城市的乡村，呈现出与东部沿海的明星乡镇完全不同的状态。这种巨大差距的背后，是市场化条件下乡村公共服务政策的缺失。

2. 乡村要素投入和部门协调推进的体制机制尚未形成

许多地方乡村振兴尚未建立稳定的资金投入机制。在部分地区，乡村振兴过度依赖财政专项资金，投入渠道有待拓宽，土地出让金、政府债务资金等用于乡村振兴的比例较低。由于缺乏有效激励约束机制，金融资本和社会资本进入农业农村的意愿不强。乡村公益性设施用地紧张，新产业新业态发展用地供给不足，农业设施用地建设标准低、审批手续繁杂，推动现代农业发展必要的配套设施用地和附属设施用地审批难度较大。同时，激励引领规划、科技、经营管理等各类人才服务乡村振兴的保障政策尚不完善，特别是熟悉农村、了解农业的乡村规划人才缺乏，导致农房建设无序，有新房无新村，规划脱离实际，乡村建设规划、土地利用规划、产业发展规划、环境保护规划之间的协调性不够。此外，深化农村综合改革缺乏法治保障，农村土地征收、集体经营性建设用地入市、宅基地制度改革、农村承包土地经营权和农民住房财产权抵押仅在试点地区开展，农村集体产权制度改革缺乏上位法支持，农村资源变资产的渠道尚未打通。一些地方制定的乡村振兴政策文件针对性和可操作性不强，财政、发改、住建、环保、农林等部门推动乡村振兴的政策措施仍有待进一步协调，条块项目和资金需要进一步整合。

3. 乡村产业发展质量仍需提升

乡村产业振兴基础仍不牢固，发展质量和综合效益提升是实现乡村产业振兴的又一突出难题。农业生产结构不够优化，农产品供给仍以大路货为主，优质绿色农产品占比较低。农业科技创新能力不强，科技成果转化不快，基层农业技术服务人员数量不足，且服务缺乏针对性，缺少农产品从产地到餐桌、从生产到消费、从研发到市场的全产业链科技支撑。因此，农业存在有产品无品牌、有品牌无规模、有规模无产业等问题。以广东省为例，目前农业科技投入占总量的比重不到10%，农业科技成果转化率只有50%。农产品深加工能力不强，农业企业规模普遍较小，且大多数停留在初级加工状态，农产品标准化程度低，产品质量认证滞后，产业链条短、附加值不高。与农业现代化相适应的社会化服务体系发展不充分，仓储、冷链、物流、信息咨询等服务较为缺乏，农村地区物流经营成本高，影响农村电商发展。此外，在一二三产融合方面，对乡村旅游、休闲农业等新产业、新业态发展的统筹规划不够，个别地方产业项目一哄而上、可持续性较差、同质化现象较为突出的问题依然存在。

4.农村地区基层社会治理有待加强

由于大量青壮劳动力外出务工，农村"空心化"现象普遍。根据国家统计局发布的农民工监测调查报告，2016 年中国农民工总量达到 2.82 亿人，1980 年及以后出生的新生代农民工已逐渐成为主体，占总量的 49.7%。许多乡村地区青壮劳动力过速非农化加剧了"三留人口"问题，难以支撑现代农业与新农村建设，也给乡村治理带来挑战。过去以血缘关系为纽带的"熟人社会"进一步转向以业缘关系为依托的"原子化"社会，村落共同体呈不断瓦解的态势。以河南省为例，部分县外出务工人员占农村劳动力比重已达 75% 以上，乡村"熟人社会"的治理结构和约束机制逐步发生变化，"散"的特征更加明显，客观上造成乡村治理难度加大。一些地方行政村所辖自然村较多，存在"治权"与"产权"脱节现象，农村集体资产属于自然村即村民小组所有，但自然村有资产却缺乏自治组织，个别的还没有建立基层党组织，行政村有自治组织却没有集体资产，难以有效实施管理，这在一定程度上束缚了对农村资源资产的有效整合。同时，一些地方将推动乡村振兴的主要精力、资源、项目集中投向核心村，对自然村的整治建设重视不够，行政村与自然村之间发展不均衡。基层普遍认为村民委员会三年一届时间较短，一些村干部"一年看、两年干、三年等着换"，不利于持续稳定开展乡村振兴工作。乡镇一级机构设置和职能配置仍待优化，事权和财力不匹配，推动乡镇行政管理与基层群众自治有效衔接和良性互动仍需下功夫。

5.农业农村绿色发展任重道远

习近平总书记指出，推进农业绿色发展是农业发展观的一场深刻革命。要提高农业可持续发展水平，必须推进绿色发展。农业是生态产品的重要供给者，乡村是生态环境的主体区域，生态是乡村最大的发展优势。要统筹农业生产保供给、保收入、保生态的任务，三者缺一不可。

党的十八大以来，中国农业农村经济发展取得历史性成就。粮食等农产品综合生产能力、农业现代化水平、农民收入水平显著提高。农业生产方式、经营方式、资源利用方式，农产品供求关系、工农城乡关系等发生深刻变革，农业绿色发展理念深入人心。进入新时代，中国开启了全面建设农业强国的新征程。从目标导向来看，人民群众更加关注质量安全、生态安全，要求不仅提供优质安全的农产品，还要提供清新美丽的田园风光、洁净良好的生态环境；从问题导向看，农业供给侧结构性矛盾比较突出、农业资源之弦已经绷得太紧，原有的发展方式已难以为继，拼资源拼消耗的老路走不通了，倒逼必须加快转型升级。

当前中国农业生态功能恢复和建设任务仍十分艰巨，一些地方发展农业生产仍是拼资源拼消耗的传统方式，化肥、农药、兽药和饲料等农业投入品过量使用，畜禽养殖废弃物资源化利用不够，农业面源污染严重。尽管化肥、农药零增长行动取得了一定成效，但由于前期使用基数大，施用总量仍保持在较高水平，减量行动成效不够明显，一些经营者回收农药包装和废弃物不力，对环境造成不同程度污染。废水灌溉、废气排放、固体废物倾倒、堆放和填埋、地膜残留、设施农业发展不规范等多种问题叠加，造成不少地方的耕地和地下水污染，对农村生态安全形成威胁。生态补偿机制尚需完善，一些村庄处于生态保护禁止、限制开发区，付出的机会成本较多，却没有得到相应的政策扶持和经济补偿。因此，转变发展方式是农业高质量发展的必由之路，必须大力推进绿色发展。

第三节　中国村镇发展的趋向与展望

一、村镇发展的新趋向

1. 村镇发展新政策聚焦"粮食安全"和"乡村独特价值"

党的十八大以来，中央出台的一系列乡村发展政策着重强调"粮食安全"的重要性和对乡村"自然生态和人文乡愁"等独特价值的认同。2013年中央农村工作会议着重提出了确保粮食安全、确保农产品质量和食品安全及确保广大人民群众"舌尖上的安全"等若干个关注传统农业发展的措施和指示。2014年中央一号文件《关于全面深化农村改革加快推进农业现代化的若干意见》也明确提出"促进生态友好型农业发展""加大生态保护建设力度"等相关内容。

习近平总书记在谈到农村发展问题时多次指出生态环境和乡村文化的重要性，强调"既要绿水青山，也要金山银山。宁要绿水青山，不要金山银山，而且绿水青山就是金山银山"，要让老百姓"望得见山、看得到水、记得住乡愁"，保护弘扬传统优秀文化，延续历史文脉，提升生活品质，"注意保留村庄原始风貌，慎砍树、不填湖、少拆房，尽可能在原有村庄形态上改善居民生活条件"。

2. 新型资本进入村镇，促进乡村产业快速转型

随着城乡融合进程的加快，乡村地区的价值也得到更大的认同，各类资本抓住乡村地区的"核心价值"进入乡村，促进了乡村新产业、新业态的发展。

首先，越来越多的企业和个人为了食品安全和食品健康而投资农业。随着农业产业链整合，巨大的涉农投入和日益增长的有机农业需求，使得农业正在成为经济增长热点，从传统的基础产业向新型"成长型"产业转变。

其次，乡村旅游产业成为乡村最大的潜力产业之一。随着城市人民生活水平的提升，休闲度假时代已经到来，结合大城市周边交通设施的改善，自驾游等旅游方式加速了乡村休闲旅游产业的发展。迄今为止，中国乡村旅游已经大体经历了"近郊农家乐""景区观光游""休闲体验农业""养生度假游"等四个阶段，形成了吃、住、休闲、体验和文化品位等多元一体的乡村旅游发展前景。

此外，创意产业和现代设计产业将结合乡村旅游快速发展。信息时代下，物联网、

电商、定制化产业模式等将为农村小型特色创意产业和现代设计产业带来新的机会，传统手工产业在融入时尚元素和现代营销手段后，亦将重新焕发活力。

3. 绿色环保已经成为乡村旅游品牌的又一亮点

乡村旅游能够提供更为复合和多样的休闲功能。田园生活是大多数中国人的向往，人们开始从关注养生向关注"养心"转变。乡村旅游的概念不仅仅停留在接触大自然、放松心情的层面上，通过不断深入挖掘人们的精神需求，更强调绿色环保、以人为本。

正在兴起的"无景点观光"旅游产品就是一种新发展趋势。很多追求乡村度假休闲旅游者最新的理念就是：放下一切！把自己交给自然，过一种简单的生活。爬山、散步、骑车、钓鱼，或者闭上眼睛，不思考也不说话，静听四周的鸟鸣声、山间的流水声、竹海的摇曳声。这种"无景点观光"模式在国内才刚刚起步。不破坏自然环境、做到人与自然的真正融合，也成为当前乡村旅游的新"卖点"。

此外，绿色环保、低碳也越来越成为乡村旅游的主旋律。低碳环保的设计理念已经成为乡村旅游吸引游客的一个重要原因。保留原始的乡村泥坯房，在不破坏原有房屋框架结构的前提下，利用旧原料，根据房子本身的特点进行全新的设计，老树圆桌、石墩凳子、茅草棚吧台、竹篾垃圾桶……一切装饰都保留和深化了当地材料的质地与风格，融进新的设计元素，体现出自然和现代感的融合，表达出设计者的原生态理念。同时不少农家乐还倡导低碳的出行方式，以及没有空调、没有煤气，夏天靠风扇、冬天靠火炉的低能耗生活方式，客人被要求节约用水用电，鼓励自己动手做早餐等。这些融合了绿色环保和低碳体验的生活方式吸引了大量的城市"新游客"。可见未来很长一段时间，低碳环保都将成为乡村旅游的一个主旋律。

4. 挖掘本土特色与生态节能的乡土建筑成为新趋势

中国乡村地区地域广阔，形态各异，近年来在探索乡村地区本土建筑与生态节能方面的理念与技术快速发展，出现了多种各具特色的建筑形式和技术突破。许多高校一直致力于对乡村建筑节能和适宜性生态建筑的研究，并取得了显著的成果。

以西安建筑科技大学在黄土高原低能耗窑居建筑为例，针对黄土高原大陆性气候及窑洞冬暖夏凉等特点，以及传统土窑阴暗潮湿、空间单调的问题，研究团队构建了低能耗窑居模式和方案，集成运用了被动太阳能、自然通风、复式空间、蓄热构造等适宜性技术，并完成了一期80余孔窑洞的工程应用示范研究（Zhu et al., 2014）。实测结果表明，新窑居建筑保持了传统窑居的冬暖夏凉特性，在自然运行条件下，可满足住户的基本舒适需求，同时在外观上保持了黄土高原传统窑居的建筑特色。该建筑得到了村民的高度评价，如延安枣园村民自发联建了大量低能耗窑居建筑。

二、城乡融合背景下村镇发展的展望

党的十九大以来，随着乡村振兴战略以及建立健全城乡融合发展体制机制和政策体系意见的落地实施，城乡融合已经成为党和国家在全面建成小康社会的决胜阶段、不断推进社会主义现代化强国建设征程上解决好"三农"问题所提出的新方略和新道路。与以往"重城轻乡"、城乡二元对立、城乡分离割裂的发展方式不同，城乡融合发展，就是关注新型城镇化与乡村振兴战略的协调统一，确保在各自侧重的地理空间和发展领域发挥最大效力，形成城乡互促、城乡对流的融合状态。未来较长时期内必须坚持新型城镇化与乡村振兴双轮驱动，借助城市力量解决好"三农"问题，借助乡村力量发展好城市，在城乡之间形成双向互动、互为依存的城乡融合发展格局。

1. 村镇空间向多元化方向演化

当前，中国乡村进入到转型发展的关键时期，乡村发展的内部、外部环境都在孕育巨大的变革动力，探究乡村聚落的发展演变规律是当前农村改革实践的现实需求。伴随城镇化的快速推进，中国城乡的社会、经济、空间等进入快速重构期。就乡村聚落而言，在城镇化的背景下呈现出多元化的发展趋向。一部分村镇越来越城镇化，甚至不亚于中小城镇；一部分向特色化、专业化方向演变，成为历史文化保护村、旅游村、工业村、现代农业村等；一部分则出现了既有扩张又存在内部"空心化"的现象，还有部分村镇出现了人口外流引发的衰退乃至消亡（李红波，2012）。城乡关系不断解构、村镇空间持续分化始终伴随着中国社会经济的深刻转型，村镇空间分化实质上是城乡相互作用过程中村镇价值和功能的蜕变。

2. 村镇空间向现代化方向发展

乡村现代化包括农业现代化、经济现代化、基础设施和住房现代化、社会现代化等四个方面的内容（房艳刚，2015）。近现代以来，乡村的现代化是社会经济发展必经的过程，是时代赋予乡村的历史任务。城乡资源的空间重构是改造传统农村、推进农村现代化的一条有效途径。推进城乡资源空间重构，就是从城乡发展一体化角度，以城乡发展功能分工为基础，立足于以土地资源为核心的城乡要素空间配置与优化。主要包括四个方面的内容：一是人口和劳动力资源从农村向城镇的合理集聚，帮助农民实现就地、就近就业。二是通过城乡建设用地增减挂钩等途径，节约建设用地，加快建设用地的空间整合和优化。三是开展农地资源的综合整治，对田、水、路、林、村进行统一规划和综合整理，建成规模的优质田，并改善农业生产条件和生态环境，提高农业产出水平。四是推进公共基础设施的优化布局，尽可能的覆盖至全部村民，并有序推动农民主动离开分散的农庄而集中居住。整体上，一部分村庄凭借良好的区位或资源禀赋优势，通过融入城镇化、工业化、信息化进程，较早实现了乡村现代化。

3. 村镇空间向多功能方向发展

传统意义上，乡村是以农业生产为主的地域空间，是相对于城市而言的一种地域空间类型。随着经济社会不断发展，乡村土地利用方式变化剧烈，地域功能多样化的属性日益明显，乡村发展定位呈现出多元化的特征，乡村地区未来将走向区域差异化的路径。农业除了生产食物和纤维，还有可再生资源管理、提供生态服务、保护文化和生物多样性等多元功能。围绕发展现代农业、培育新产业新业态，完善农企利益紧密联结机制，实现乡村经济多元化和农业全产业链发展。乡村特色发展是乡村多功能转型的具体表现，社会发展过程中人类对乡村地域生产、消费和生态等多元价值的需求变化驱动了乡村空间的不断演化。多功能乡村空间发挥了城乡系统中属于乡村地域的比较优势和核心价值，表明乡村空间转型并非是一种形式对另一种形式的线性替换，传统"乡村－城市"的二元框架不足以一概而论，快速城镇化进程中的乡村空间转型并不会走向终结，而是变得更加多元化。

参 考 文 献

白小虎 . 2010. 产业分工网络与专业市场演化——以温州苍南再生晴纶市场为例 . 浙江学刊, （6）: 190-197.

蔡昉 . 2018. 把乡村振兴与新型城镇化同步推进 . 中国乡村发现, （4）: 12-16.

曹诗图 . 1999. 地理环境概念辨析 . 地理与地理信息科学, （2）: 67-70.

陈东有 . 1994. 运河经济文化的形成 . 中国典籍与文化, （2）: 21-27.

陈忠平 . 1988. 明清时期南京城市的发展与演变 . 中国社会经济史研究, （1）: 39-45, 92.

崔功豪, 马润潮 . 1999. 中国自下而上城市化的发展及其机制 . 地理学报, 54（2）: 12-21.

崔明, 覃志豪, 唐冲, 等 . 2006. 我国新农村建设类型划分与模式研究 . 城市规划, 30（12）: 27-32.

陈芳惠 . 1984. 村落地理学 . 台中: 五南图书出版公司 .

陈光庆, 夏军 . 2016. 江苏古村落 . 南京: 南京出版社 .

陈锐 . 2016. 乡村建设的儒学实验——现代化视角的梁漱溟"邹平建设实验"解读 . 城市规划, 40（12）: 130-136.

陈威 . 2007. 景观新农村: 乡村景观规划理论与方法 . 北京: 中国电力出版社 .

陈晓键, 陈宗兴 . 1993. 陕西关中地区乡村聚落空间结构初探 . 西北大学学报 (自然科学版),(5):478-485.

陈晓敏 . 2009. 福建省龙岩市新罗区: 科学定位、分类指导推进新农村建设 . 城乡建设（5）: 49-50.

陈有川, 马璇 . 2017. 县（市）域村庄人口变化的空间分布与影响因素——以山东省招远市为例 . 城市发展研究, 24（3）: 137-142.

陈振东 . 2009. 新疆民居 . 北京: 中国建筑工业出版社 .

程建军 . 1992. 风水与建筑 . 南昌: 江西科学技术出版社 .

邓伟志, 徐榕 . 2001. 家庭社会学 . 北京: 中国社会科学出版社 .

邓祥征, 钟海玥, 白雪梅, 等 . 2013. 中国西部城镇化可持续发展路径的探讨 . 中国人口•资源与环境, 23（10）: 24-30.

杜赞奇, 王福明 . 2008. 文化、权力与国家: 1900—1942 年的华北农村 . 南京: 江苏人民出版社 .

段进 . 2006. 世界文化遗产西递古村落空间解析 . 南京: 东南大学出版社 .

樊杰, 陶普曼 . 1996. 中国农村工业化的经济分析及省际发展水平差异 . 地理学报, 63（5）: 398-407.

樊树志 . 1990. 明清江南市镇探微 . 上海: 复旦大学出版社 .

范念母 . 1991. 北京市近郊区乡域规划——城乡接合部规划探析 . 城市规划, 15（6）: 12-18.

方彭 . 2006. 新农村建设规划编制指导原则初探 . 建筑学报, （11）: 60-63.

方创琳, 刘海猛, 罗奎, 等 . 2017. 中国人文地理综合区划 . 地理学报, 72（2）: 179-196.

房艳刚, 刘继生 . 2015. 基于多功能理论的中国乡村发展多元化探讨——超越"现代化"发展范式 . 地理学报, 70（2）: 257-270.

费孝通 . 1948. 乡土中国 . 北京: 三联书店 .

费孝通 . 1996. 论中国小城镇的发展 . 中国农村经济, 12（3）: 3-5.

费孝通 . 1999. 江村经济 . 北京: 群言出版社 .

费孝通 . 2008. 乡土中国 . 北京: 人民出版社 .

冯尔康.1996.中国古代的宗族与祠堂.北京:商务印书馆.

傅伯杰.2001.景观生态学原理及应用.北京:科学出版社.

傅伯杰,刘国华,陈利顶,等.2001.中国生态区划方案.生态学报,21(1):1-6.

高文杰,连志巧.2000.村镇体系规划.城市规划,(2):30-32.

高旭光.1988.论传统观念.复旦大学学报(社会科学版),(3):75-79.

郜晓雯,曹广忠,刘涛.2011.义乌村镇产业布局模式研究.地域研究与开发,30(4):26-30.

耿建.2011.产业发展与村镇空间结构组织的关系分析.小城镇建设,29(11):57-61.

谷晓坤,陈百明,代兵.2007.经济发达区农村居民点整理驱动力与模式——以浙江省嵊州市为例.
    自然资源学报,22(5):701-708.

顾朝林.1992.中国城镇体系:历史·现状·展望.北京:商务印书馆.

顾朝林,张晓明,张悦,等.2018.新时代乡村规划.北京:科学出版社.

郭晓东,马利邦,张启媛.2013.陇中黄土丘陵区乡村聚落空间分布特征及其基本类型分析——
    以甘肃省秦安县为例.地理科学,33(1):45-51.

宫同伟,史津.2010.产业村庄集群——由寿光蔬菜探析农村发展新趋势.农村经济与科技,(12):
    23-25.

国家发展改革委宏观经济研究院,国家发展改革委农村经济司课题组.2016.产业融合:中国农村
    经济新增长点.北京:经济科学出版社.

韩非,蔡建明,刘军萍.2010.大都市郊区小城镇的经济地域类型及其空间分异探析——以北京市为例.
    城市发展研究,17(4):123-128.

何基松.1984.关于安庆地区集镇类型的划分.小城镇建设,2(3):27.

贺灿飞,毛熙彦,等.2016.村镇区域发展与空间优化:探索与实践.北京:北京大学出版社.

洪亘伟,刘志强.2009.我国城镇密集地区新农村建设类型研究.城市发展研究,16(12):70-74.

侯力.2007.从"城乡二元结构"到"城市二元结构"及其影响.人口学刊,(2):32-36.

胡宝贵.2008.北京农村产业发展理论与实践.北京:中国农业出版社.

胡彬彬,吴灿.2018.中国传统村落文化概论.北京:中国社会科学出版社.

黄渭金.1998.河姆渡稻作农业剖析.农业考古,(1):124-130.

黄汉民,陈立慕.2012.福建土楼建筑.福州:福建科学技术出版社.

黄浩.2008.江西民居.北京:中国建筑工业出版社.

黄忠怀.2005.20世纪中国村落研究综述.华东师范大学学报(哲学社会科学版),37(2):
    110-116.

黄宗智.2000.长江三角洲小农家庭与乡村发展.北京:中华书局.

金其铭.1982.农村聚落地理研究——以江苏省为例.地理研究,1(3):11-20.

金其铭.1988.农村聚落地理.北京:科学出版社.

金其铭.1989.中国农村聚落地理.南京:江苏科学技术出版社.

金其铭,董昕,张小林.1990.乡村地理学.南京:江苏教育出版社.

景遐东.2006.江南文化传统的形成及其主要特征.浙江师范大学学报(社会科学版),31(4):
    13-19.

康璟瑶,章锦河,胡欢,等.2016.中国传统村落空间分布特征分析.地理科学进展,35(7):
    839-850.

李兵弟.2009.改革开放三十年中国村镇建设事业的回顾与前瞻.规划师,25(1):9-10.

李恒.2006.外出务工促进农民增收的实证研究——基于河南省49个自然村的调查分析.农业经济问

题，25-28.

李红波 .2015. 转型期乡村聚落空间重构研究：以苏南为例 . 南京：南京师范大学出版社 .

李红波，张小林 .2012. 城乡统筹背景的空间发展：村落衰退与重构 . 改革，（1）：148-153.

李红波，张小林，吴江国 .2014. 苏南地区乡村聚落空间格局及其驱动机制 . 地理科学，34（4）：438-446.

李红波，张小林，吴启焰 .2015. 发达地区乡村聚落空间重构的特征与机理研究——以苏南为例 . 自然资源学报，30（4）：592-603.

李立勋 .2005. 城中村的经济社会特征——以广州市典型城中村为例 . 北京规划建设，（3）：34-37.

李乾朗，阎亚宁，徐裕健 .2009. 台湾民居 . 北京：中国建筑工业出版社 .

李秋香，罗德胤，贾珺 .2010. 北方民居 . 北京：清华大学出版社 .

李诗婷，石建业，徐文丽 .2015. 转型背景下城镇统筹规划编制的探讨——以《东莞市塘厦镇总体规划（2012—2020）》为例 . 华夏地理，(5): 3-4.

李珽 .2009. 基于分类指导原则的广州市番禺区新农村规划探析 . 规划师，（25）：79-81.

李同升，陈大鹏 .2002. 区域小城镇的空间类型与发展规划研究——以宝鸡市域为例 . 城市规划，26（4）：38-41.

李旭旦 .1984. 人文地理学 . 上海：中国大百科全书出版社 .

李炎贤 .1996. 丁村文化研究的新进展 . 人类学学报，（1）：21-35.

李玉恒，阎佳玉，武文豪，等 .2018. 世界乡村转型历程与可持续发展展望 . 地理科学进展，37（5）：627-635.

李玉红，王皓 .2020. 中国人口空心村与实心村空间分布——来自第三次农业普查行政村抽样的证据 . 中国农村经济，（4）：124-144.

李裕瑞，刘彦随，龙花楼 .2011. 黄淮海地区乡村发展格局与类型 . 地理研究，30（9）：1637-1647.

李裕瑞，尹旭 .2019. 镇域发展研究进展与展望 . 经济地理，39（7）：1-8.

李智，张小林，李红波，等 .2018. 江苏典型县域城乡聚落规模体系的演化路径及驱动机制 . 地理学报，73（12）：2392-2408.

梁雪 .2001. 传统村镇实体环境设计 . 天津：天津科学技术出版社 .

刘滨谊，陈威 .2005. 关于中国目前乡村景观规划与建设的思考 . 小城镇建设，（9）：45-47.

刘和涛 .2015. 县域城镇体系规划统筹下"多规合一"研究 . 华中师范大学硕士学位论文 .

刘慧 .2002. 我国农村发展地域差异及类型划分 . 地理学与国土研究，（4）：71-75.

刘加平 .2000. 建筑物理 . 北京：中国建筑工业出版社 .

刘李峰 .2008. 乡村建设三十年：历程与启示 . 城乡建设，（9）：18-20.

刘沛林，董双双 .1998. 中国古村落景观的空间意象研究 . 地理研究，17（1）：31-37.

刘沛林，刘春腊，邓运员等 .2010. 中国传统聚落景观区划及景观基因识别要素研究 . 地理学报，65（12）：1496-1506.

刘石吉 .1987. 明清时代江南市镇研究 . 北京：中国社会科学出版社 .

刘淑英 .1993. 浅谈小城镇总体规划 . 小城镇建设，（4）：9.

刘淑英 .2002. 城市规划与经营城镇——小榄镇的实践 . 城乡建设，（7）：23-24.

刘叙杰 .2009. 中国古代建筑史 第 1 卷 原始社会、夏、商、周、秦、汉建筑 . 第 2 版 . 北京：中国建筑工业出版社 .

刘彦随，刘玉 .2010. 中国农村空心化问题研究的进展与展望 . 地理研究，29（1）：35-42.

刘彦随 .2018. 中国新时代城乡融合与乡村振兴 . 地理学报，73（4）：637-650.

刘晔，樊连贵 . 2015. 光影乡愁：寻梦河北名村古镇 . 北京：电子工业出版社 .

刘之浩，金其铭 . 1999. 试论乡村文化景观的类型及其演化 . 南京师范大学学报（自然科学版），（4）：120-123.

刘自强，李静，鲁奇 . 2008. 乡村空间地域系统的功能多元化与新农村发展模式 . 农业现代化研究，29（5）：532-536.

娄成武，杜宝贵 . 2015. 行政管理学 . 第 2 版 . 北京：高等教育出版社 .

龙花楼，李裕瑞，刘彦随，等 . 2009. 中国空心化村庄演化特征及其动力机制 . 地理学报，64（10）：53-63.

龙花楼，刘彦随，邹健 . 2009. 中国东部沿海地区乡村发展类型及其乡村性评价 . 地理学报，64（4）：426-434.

卢道典，黄金川 . 2012. 从增长到转型——改革开放后珠江三角洲小城镇的发展特征、现实问题与对策 . 经济地理，32（9）：21-25.

罗震东，高慧智 . 2013. 健康城镇化语境中的小城镇社会管理创新——扩权强镇的意义与实践 . 规划师，（3）：18-23.

陆希刚 . 2006. 明清时期江南城镇的空间分布 . 城市规划学刊，（3）：29-35.

苗长虹 . 1998. 乡村工业化对中国乡村城市转型的影响 . 地理科学，（5）：18-26.

马晓冬，李全林，沈一 . 2012. 江苏省乡村聚落的形态分异及地域类型 . 地理学报，67（4）：516-525.

马航 . 2006. 中国传统村落的延续与演变——传统聚落规划的再思考 . 城市规划学刊，（1）：102-107.

孟欢欢，李同昇，于正松 . 2013. 安徽省乡村发展类型及乡村性空间分异研究 . 经济地理，33（4）：144-148.

木雅·曲吉建才 . 2009. 西藏民居 . 北京：中国建筑工业出版社 .

宁启蒙 . 2010. 基于城乡统筹的县域村镇体系规划编制研究 . 湖南大学硕士学位论文 .

宁越敏 . 1998. 新城市化进程——90 年代中国城市化动力机制和特点探讨 . 地理学报，53（5）：88-95.

彭一刚 . 1992. 传统村镇聚落景观分析 . 北京：中国建筑工业出版社 .

彭震伟 . 2018. 小城镇发展作用演变的回顾及展望 . 小城镇建设，36（9）：16-17.

彭智勇 . 2007. 空壳村：特征、成因及治理 . 理论探索，（5）：118-119.

潘谷西 . 2009. 中国古代建筑史（1~4 卷）. 第 2 版 . 北京：中国建筑工业出版社 .

乔家君 . 2011. 中国乡村社区空间论 . 北京：科学出版社 .

乔启明 . 1947. 中国农村社会经济学 . 北京：商务印书馆 .

秦红岭 . 2005. 中国传统建筑文化的继承问题 . 中外建筑，（8）：42-43.

邱中郎，顾玉珉，张银运，等 . 1973. 周口店新发现的北京猿人化石及文化遗物 . 古脊椎动物与古人类，（2）：109-131.

邱益中 . 1995. 江苏泰县乡村经济类型划分研究 . 经济地理，15（3）：73-79.

任放 . 2002. 明清市镇的功能分析——以长江中游为例 . 浙江社会科学，（1）：149-156.

任放，杜七红 . 2000. 施坚雅模式与中国传统市镇研究 . 浙江社会科学，（5）：112-116.

单德启 . 2009. 安徽民居 . 北京：中国建筑工业出版社 .

单勇兵，马晓冬，仇方道 . 2012. 苏中地区乡村聚落的格局特征及类型划分 . 地理科学，32（11）：1340-1347.

盛强，徐勇，张煜，等.2009.基于南充市小城镇发展的动力机制研究.中国集体经济，（7）：48-50.

石忆邵.2000.小城镇发展若干问题.城市规划学刊，7（1）：30-32.

史秋洁，刘涛，曹广忠.2017.面向规划建设的村庄分类指标体系研究.人文地理，32（6）：121-128.

税伟，张启春，王山河.2005.城市化对城市近郊乡村旅游地生命周期的影响分析.地域研究与开发，24（6）：89-92.

宋伟，陈百明，张英.2013.中国村庄宅基地空心化评价及其影响因素.地理研究，32（1）：20-28.

苏秉琦.1965.关于仰韶文化的若干问题.考古学报，（1）：51-82.

谭练，林立.1994.前进中的塘厦——访东莞市塘厦镇党委书记杨谭业同志.广东科技，(12):2.

陶婷婷，杨洛君，马浩之，等.2017.中国农村聚落的空间格局及其宏观影响因子.生态学杂志，36(5)：1357-1363.

汤铭潭.2012.小城镇发展与规划.北京：中国建筑工业出版社.

屠爽爽，龙花楼，李婷婷，等.2015.中国村镇建设和农村发展的机理与模式研究.经济地理，35(12)：141-147.

王恩涌，胡兆亮，周尚意，等.2008.中国文化地理.北京：科学出版社.

王金平，徐强，韩卫成.2009.山西民居.北京：中国建筑工业出版社.

王娟，王军.2005.中国古代农耕社会村落选址及其风水景观模式.西安建筑科技大学学报（社会科学版），（3）：17-21.

王凯.2006.50年来我国城镇空间结构的四次转变.城市规划，30（12）：9-14.

王明田.2019.村庄规划进入新的历史阶段.小城镇建设，37（6）：1.

王文卿，陈烨.1994.中国传统民居的人文背景区划探讨.建筑学报，（7）：42-47.

王新哲.2011.大寨的建设历程及新农村规划.城市规划学刊，（3）：103-110.

王雪芹，戚伟，刘盛和.2020.中国小城镇空间分布特征及其相关因素.地理研究，39（2）：1-18.

王跃生.2003.华北农村家庭结构变动研究——立足于冀南地区的分析.中国社会科学，（4）：93-108.

王云才，郭焕成，张海鹏，等.2001.京郊现代乡村社区建设与风貌塑造——以房山区韩村河镇为例.北京规划建设，（6）：54-55.

王智平.1993.不同地貌类型区自然村落生态系统的比较分析.农村生态环境，9（2）：11-15.

王志宪，程道平.2004.流域管理学研究重点的思考.山东师范大学学报（自然科学版），19（2）：58-61.

汪德根，吕庆月，吴永发，等.2019.中国传统民居建筑风貌地域分异特征与形成机理.自然资源学报，34（9）：1864-1885.

吴江国，张小林，冀亚哲，等.2013.县域尺度下交通对乡村聚落景观格局的影响研究——以宿州市埇桥区为例.人文地理，28(1):110-115.

吴敬琏.2002.农村剩余劳动力转移与"三农"问题.宏观经济研究，（6）：6-9.

吴康，方创琳.2009.新中国60年来小城镇的发展历程与新态势.经济地理，29（10）：1605-1611.

吴良镛.1999.世纪之交展望建筑学的未来——国际建协第20届大会主旨报告.建筑学报，（8）：6-11.

魏后凯.2010.我国镇域经济科学发展研究.江海学刊，（2）：80-86.

温铁军，谢扬，叶耀先，等.2000.小城镇建设与西部大开发——第二届"小城镇大战略"高级研讨会.小城镇建设，18（6）：21-30.

肖笃宁，钟林生.1998.景观分类与评价的生态原则.应用生态学报，（2）：217-221.

肖笃宁，李晓文．1998.试论景观规划的目标、任务和基本原则.生态学杂志，17（3）：47-49.

肖飞，杜耘．2012.江汉平原村落空间分布与微地形结构关系探讨.地理研究，31（10）：1785-1792.

肖唐镖．2010.宗族政治：村治权力网络的分析.北京：商务印书馆.

徐智邦，王中辉，周亮，等．2017.中国"淘宝村"的空间分布特征及驱动因素分析.经济地理，37（1）：107-114.

徐坚．2002.浅析中国山地村落的聚居空间.山地学报，20（5）：526-530.

徐少君，张旭昆．2004.1990年代以来我国小城镇研究综述.城市规划汇刊，11（3）：79-83.

徐勇．2019.国家化、农民性与乡村整合.南京：江苏人民出版社.

许学强，周一星，宁越敏．2009.城市地理学.第二版.北京：高等教育出版社.

薛林平，潘曦，王鑫．2017.美丽乡愁——中国传统村落.北京：中国建筑工业出版社.

闫琳，王健．2010.产业群落协作——北京村庄体系规划中的产业引导方法探索.北京规划建设，（1）：38-42.

杨忍，刘彦随，龙花楼，等．2016.中国村庄空间分布特征及空间优化重组解析.地理科学，36（2）：171-179.

杨善华．2003.家族政治与农村基层政治精英的选拔、角色定位和精英更替——一个分析框架.社会学研究，（3）：101-108.

杨伟宏，惠晓峰．2009.20世纪二三十年代乡村建设运动的启示.探索与争鸣，（10）：56-58.

姚龙，刘玉亭．2015.基于聚类分析的城郊地区乡村发展类型——以广州市从化区为例.热带地理，35（3）：427-436.

姚士谋，张平宇，余成，等．2014.中国新型城镇化理论与实践问题.地理科学，34（6）：641-647.

叶晓甦，周春燕．2009.经济发达地区镇域中心商务区功能探索——以广东省中山市小榄镇为例.城市发展研究，16（1）：95-101.

叶兴庆．2018.新时代中国乡村振兴战略论纲.改革，（1）：65-73.

叶裕民．2010.农民工迁移与统筹城乡发展.中国城市经济，（3）：46-51.

叶玉瑶，张虹鸥．2008.城市规模分布模型的应用——以珠江三角洲城市群为例.人文地理，（3）：40-44.

叶玉瑶，张虹鸥，吴旗韬．2014.珠江三角洲村镇产业用地整合的策略、模式与案例分析.人文地理，29（29）：96-100.

雍振华．2009.江苏民居.北京：中国建筑工业出版社.

游宏滔，王士兰，汤铭潭．2008.不同地区、类型小城镇发展的动力机制初探.小城镇建设，26（1）：13-17.

于凤芳，徐红，许景伟．2008.矿产型农村居民点现状分析及整理对策——以山西省北部的小破堡村为例.国土与自然资源研究，（2）：31-32.

于燕，洪亘伟，刘志强，等．2019.基于出行大数据的苏州村镇空间可达性及优化策略.规划师，35（5）：81-87.

袁源，张小林，李红波，等．2019.西方国家乡村空间转型研究及其启示.地理科学，39（8）：1219-1227.

曾尊固，陆诚．1989.江苏省乡村经济类型的初步分析.地理研究，8（3）：78-84.

张步艰．1990.浙江省农村经济类型区划分.经济地理，10（2）：18-22.

张川．2018.从全域到村庄：南京市江宁区美丽乡村规划建设路径探索.小城镇建设，36（10）：13-20.

张家诚 . 1991. 中国气候总论 . 北京：气象出版社 .

张剑文 . 2019. "农业学大寨"社会动员背景下的中国新村规划建设 . 建筑师，（5）：90-96.

张鑑，赵毅 . 2016. 新型城镇化背景下江苏镇村布局规划的实践与思考 . 乡村规划建设，（1）：14-24.

张俊 . 2006. 城镇化进程中村落拟城化现象研究 . 同济大学学报（社会科学版），（4）：36-40.

张立 . 2012. 新时期的"小城镇、大战略"——试论人口高输出地区的小城镇发展机制 . 城市规划学刊，（1）：23-32.

张敏，顾朝林 . 2002. 农村城市化："苏南模式"与"珠江模式"比较研究 . 经济地理，22（4）：483-486.

张南，周伊 . 1988. 春秋战国城市发展论 . 安徽史学，（3）：9-14.

张全明 . 1998. 论中国古代城市形成的三个阶段 . 华中师范大学学报（人文社会科学版），（1）：83-89.

张晟泽，黄鑫 . 2015. 加快镇村经济发展的调查与思考 . 江苏农村经济，（12）：37-39.

张同铸，宋家泰，苏永煊，等 . 1959. 农村人民公社经济规划的初步经验 . 地理学报，（2）：107-119.

张文宏 . 1999. 天津农村居民的社会网 . 社会学研究，（2）：108-118.

张小林 . 1999. 乡村空间系统及其演变研究——以苏南为例 . 南京：南京师范大学出版社 .

张玉昆，曹广忠 . 2017. 非农就业对农村居民社会网络规模的影响 . 城市发展研究，24（12）：61-68，100.

张忠法 . 2007. 分类指导新农村建设 . 建设科技，（1）：36-39.

章元善，许仕廉 . 1935. 乡村建设经验 . 北京：中华书局 .

赵虎，郑敏，戎一翎 . 2011. 村镇规划发展的阶段、趋势及反思 . 现代城市研究，（5）：47-50.

赵静 . 2010. 当前中国农村家庭结构现状调查研究 . 经济研究导刊，（3）：42-43.

赵松乔 . 1983. 中国综合自然地理区划的一个新方案 . 地理学报，38（1）：1-10.

赵英嫒 . 2015. 华西村发展模式的建设与改革研究 . 吉林建筑大学硕士学位论文 .

赵勇 . 2008. 中国历史文化名镇名村保护理论与方法 . 北京：中国建筑工业出版社 .

翟礼生 . 2008. 村镇建筑综合自然区划和建筑体系研究：江苏、贵州和河北三省的理论与实践 . 北京：地质出版社 .

中国大百科全书总编辑委员会《地理学》编辑委员会 . 1984. 中国大百科全书·地理学 . 北京：中国大百科全书出版社 .

周华荣 . 1999. 新疆北疆地区景观生态类型分类初探：以新疆沙湾县为例 . 生态学杂志，（4）：69-72.

周岚 . 2014. 人居环境改善与美丽乡村建设的江苏实践 . 小城镇建设，（12）：22-23.

周立军，陈伯超，张成龙，等 . 2009. 东北民居 . 北京：中国建筑工业出版社 .

周立三 . 2000. 中国农业地理 . 北京：科学出版社 .

周榕 . 2004. 新形势下珠江三角洲城镇化特征及城市规划对策 . 清华大学硕士学位论文 .

周晓娟 . 2014. 城乡统筹视角下的上海村庄产业发展规划研究 . 上海城市规划，（3）：28-34.

周一星 . 1995. 城市地理学 . 北京：商务印书馆 .

朱彬，马晓冬 . 2011. 苏北地区乡村聚落的格局特征与类型划分 . 人文地理，26（4）：66-72.

朱东风 . 2009. 江苏小城镇人口发展的时空分异 . 城市规划，33（12）：59-65.

朱喜钢，汪珠 . 2008. 浙江省小城镇的分类与发展模式研究 . 小城镇建设，26（1）：714-720.

朱晓华，丁晶晶，刘彦随，等 . 2010. 村域尺度土地利用现状分类体系的构建与应用——以山东禹城牌子村为例 . 地理研究，29（5）：883-890.

朱灶芳，于海漪 . 2011. 特色景观旅游村镇的可持续发展研究 . 小城镇建设，29（1）：100-104.

郑度 . 2008. 中国生态地理区域系统研究 . 北京：商务印书馆 .

Gu C，Li Y，Han S S. 2015. Development and transition of small towns in rural China. Habitat International，50：110-119.

Hu X L，Li H B，Zhang X L，et al. 2019. Multi-dimensionality and the totality of rural spatial restructuring from the perspective of the rural space system：a case study of traditional villages in the ancient Huizhou region，China. Habitat International，DOI：10.1016/j.habitatint.2019.102062.

Li H B，Yuan Y，Zhang X L，et al. 2019. Evolution and transformation mechanism of the spatial structure of rural settlements from the perspective of long-term economic and social change：a case study of the Sunan region，China. Journal of Rural Studies，DOI：10.1016/j.jrurstud.2019.03.005.

Long H L，Woods M. 2011. Rural restructuring under globalization in Eastern Coastal China：what can we learn from Wales. Manitoba Ministry of Agriculture Food & Rural Initiatives，（6）：70-94.

Schinz A. 1996. The magic square：cities in ancient China. Edition Axel Menges.

Woods M. 2007. Engaging the global countryside：globalization，hybridity and the reconstitution of rural place. Progress in Human Geography，31（4）：485-507.

Wu Y，Chen Y，Deng X，et al. 2018. Development of characteristic towns in China. Habitat International，77：21-31.

Zhu F，Zhang F，Li C，et al. 2014. Functional transition of the rural settlement：analysis of land-use differentiation in a transect of Beijing，China. Habitat International，41（1）：262-271.

Zhu X R，Liu J P，Yang L，et al. 2014. Energy performance of a new Yaodong dwelling，in the Loess Plateau of China. Energy and Buildings，70：159-166.

索 引